高等院校软件工程学科系列教材

软件测试

云服务测试方法与实践

郑炜 吴潇雪 刘中 王春牛 孙小兵 ●编著

Software Testing

Methods and Practices
of Cloud Service Testing

机械工业出版社
CHINA MACHINE PRESS

随着云计算技术的快速发展和广泛应用，云服务已经成为现代信息系统的核心组成部分。然而，由于云服务的复杂性和高度动态性，云服务测试的质量和性能成为一个重要的挑战。本书系统地介绍云服务测试的基本原理和实践方法，旨在帮助读者全面掌握云服务测试的理论基础和实践方法。本书分为基础篇和实践篇两部分：基础篇主要介绍云服务测试相关概念和技术；实践篇主要介绍云服务测试在现实中的具体实践应用，深入浅出地讲解云服务测试相比普通测试的优势与缺陷。希望读者通过本书的学习，能够全面掌握云服务的原理和实践方法，提高利用云计算来解决问题与对软件进行测试的能力。本书既可作为信息类相关专业本科生的教材，也可作为相关从业者的技术指导书。

图书在版编目（CIP）数据

软件测试：云服务测试方法与实践 / 郑炜等编著. -- 北京：机械工业出版社，2025.6. -- （高等院校软件工程学科系列教材）. -- ISBN 978-7-111-78646-7

I. TP311.55

中国国家版本馆 CIP 数据核字第 2025LL6870 号

机械工业出版社（北京市百万庄大街22号　邮政编码100037）
策划编辑：李永泉　　　　　　　　责任编辑：李永泉　王　芳
责任校对：邓冰蓉　张雨霏　景　飞　责任印制：任维东
河北宝昌佳彩印刷有限公司印刷
2025年8月第1版第1次印刷
185mm×260mm・12.5 印张・315 千字
标准书号：ISBN 978-7-111-78646-7
定价：69.00 元

电话服务　　　　　　　　　　　网络服务
客服电话：010-88361066　　　　机　工　官　网：www.cmpbook.com
　　　　　010-88379833　　　　机　工　官　博：weibo.com/cmp1952
　　　　　010-68326294　　　　金　书　网：www.golden-book.com
封底无防伪标均为盗版　　　　机工教育服务网：www.cmpedu.com

前　言

随着云计算技术的快速发展和广泛应用，云服务已经成为现代信息系统的核心组成部分。然而，由于云服务的复杂性和高度动态性，云服务测试的质量和性能成为一个重要的挑战。本书以系统地介绍云服务测试的基本原理和实践方法为目标，旨在帮助读者全面掌握云服务测试的理论基础和实践方法。希望本书能够帮助读者加深对云服务测试的理解，培养读者软件开发全过程的安全意识，为读者的学业或职业生涯带来新的突破。

本书分为基础篇和实践篇两部分。

基础篇介绍云服务测试相关概念和方法。第1章介绍云服务与微服务的基本概念，同时介绍了两者之间的关系以及面对的挑战和解决方案。第2章介绍极限编程技术，包括快速迭代开发、团队协作和沟通、质量保障和风险管理、扩展应用和实践等，为读者奠定全面了解和掌握极限编程的基础。第3章详细介绍了软件测试基本原理，包括软件测试基础知识、软件需求与测试用例设计、黑盒测试与白盒测试技术等。读者通过学习这些软件测试基本原理，能够更好地学习后面的云服务测试方法。

实践篇主要介绍云服务测试的具体实践应用，深入浅出地讲解云服务测试相比于普通测试的优势与缺陷。第4章介绍大规模测试管理，包括全生命周期追溯、团队多角色协作、敏捷测试、需求驱动测试和大规模测试管理实践案例。第5章介绍启发式测试策略与设计，包括根据需求分解测试场景、根据场景分解测试点、根据测试点生成草稿用例、形成整体测试方法和启发式测试策略与测试设计实践案例。第6章为测试执行，介绍功能测试实践、性能测试实践、可靠性和可用性测试实践、韧性测试实践、混沌/拨测等测试实践和测试执行实践案例。第7章为测试自动化，包括自动化测试概述、自动化测试流程和注意事项、自动化单元测试、自动化接口测试以及自动化UI测试。第8章为测试分析与评估，介绍了商用特性评估实践、产品商用评估实践、缺陷分析与管理实践、测试质量看板与质量评估实践案例。

在本书的编写过程中，我们力求简明扼要地介绍云服务测试的各个方面，并结合实际案例详细进行讲解。希望通过本书的学习，读者能够全面掌握云服务测试的基本原理和实践方法，提高利用云服务来解决问题与对软件进行测试的能力，为软件行业的发展贡献力量。

在此，我们要感谢华为云部门的大力支持，感谢夏青山、张运林、吴宇、李铂宇、郝毅等参与了本书的编写工作，感谢宿敏、万锐媛等测试专家的指导。同时，西北工业大学林丽丹、张永杰、苏涟漪以及扬州大学李天赐、翁诗雨、任涛、屈奕繁、姚晨等同学也参与了本书的编写工作，特别是李天赐同学进行了全书的统稿和校对，在此对以上同学表示感谢。另外，本书编写中借鉴了国内外一些学者的优秀研究成果，在此向他们表示诚挚的感谢和敬意！

由于编者水平有限，书中难免存在疏漏，恳请读者批评指正，我们期待与您共同探讨和进步。

编者

目 录

前言

基础篇

第1章 云服务与微服务 2

- 1.1 云服务 2
  - 1.1.1 云计算基础 2
  - 1.1.2 云服务模型 3
  - 1.1.3 云服务的优势 4
  - 1.1.4 云服务的核心功能 5
  - 1.1.5 华为云和CodeArts 7
- 1.2 微服务 9
  - 1.2.1 微服务架构的特点 9
  - 1.2.2 微服务架构的优势 11
  - 1.2.3 微服务架构的挑战 15
- 1.3 云服务与微服务的关系 15
  - 1.3.1 云服务为微服务提供基础设施 16
  - 1.3.2 微服务支持云原生应用 18
  - 1.3.3 云服务与微服务的挑战与解决方案 19
- 1.4 小结 22
- 1.5 习题 22

第2章 极限编程 23

- 2.1 极限编程的定义与起源 23
- 2.2 极限编程的核心原则 23
- 2.3 采用极限编程的原因 24
- 2.4 快速迭代开发 25
  - 2.4.1 计划与迭代 25
  - 2.4.2 用户故事 26
  - 2.4.3 快速反馈和持续集成 27
- 2.5 团队协作和沟通 27
  - 2.5.1 团队协作和常见角色定义 28
  - 2.5.2 简单设计和持续改进 29
  - 2.5.3 开放沟通和信息共享 30
- 2.6 质量保障和风险管理 31
  - 2.6.1 质量保障和测试策略 32
  - 2.6.2 风险管理和迭代计划 32
- 2.7 扩展应用和实践 33
  - 2.7.1 过程改进和团队反思 34
  - 2.7.2 极限编程实践在实际项目中的应用 34
  - 2.7.3 极限编程的挑战和注意事项 35
- 2.8 小结 36
- 2.9 习题 36

第3章 软件测试基本原理 37

- 3.1 软件测试基础知识 37
  - 3.1.1 软件测试的目标 37
  - 3.1.2 软件测试的分类 38
  - 3.1.3 软件测试的原则 39
  - 3.1.4 软件测试生命周期 39

3.1.5 软件测试和质量保证 ………… 40
3.2 软件需求与测试用例设计 ………… 41
　3.2.1 软件需求分析与规约 ………… 41
　3.2.2 测试用例设计原则 ………… 42
3.3 黑盒测试技术 ………… 42
　3.3.1 等价类划分 ………… 43
　3.3.2 边界值分析 ………… 46
　3.3.3 错误推测 ………… 49
　3.3.4 因果图 ………… 50
3.4 白盒测试技术 ………… 52
　3.4.1 程序控制流图 ………… 52
　3.4.2 语句覆盖 ………… 54
　3.4.3 分支覆盖 ………… 56
　3.4.4 条件覆盖 ………… 57
　3.4.5 路径覆盖 ………… 58
　3.4.6 基本路径测试 ………… 58
3.5 小结 ………… 60
3.6 习题 ………… 61

实践篇

第4章　大规模测试管理 ………… 64

4.1 全生命周期追溯 ………… 64
　4.1.1 测试生命周期管理 ………… 64
　4.1.2 需求追溯 ………… 66
　4.1.3 设计追溯 ………… 66
　4.1.4 开发追溯 ………… 67
　4.1.5 缺陷追溯 ………… 68
　4.1.6 审计和验证 ………… 69
4.2 团队多角色协作 ………… 70
　4.2.1 角色定义 ………… 70
　4.2.2 解决开发、测试的协作问题 ………… 70
　4.2.3 沟通与协调 ………… 73
　4.2.4 团队文化与价值观 ………… 74

4.2.5 协作工具与平台 ………… 74
4.3 敏捷测试 ………… 75
　4.3.1 敏捷测试的定义、原则和特点 ………… 75
　4.3.2 敏捷测试的方法和实践 ………… 76
　4.3.3 敏捷测试团队的角色和责任 ………… 77
　4.3.4 敏捷测试工具和自动化支持 ………… 77
　4.3.5 敏捷测试的优势和挑战 ………… 79
4.4 需求驱动测试 ………… 81
　4.4.1 需求定义与分析 ………… 81
　4.4.2 测试规划与设计 ………… 81
　4.4.3 测试执行与管理 ………… 82
　4.4.4 测试评估与验证 ………… 82
　4.4.5 需求变更管理 ………… 83
4.5 大规模测试管理实践案例 ………… 84
4.6 小结 ………… 88
4.7 习题 ………… 88

第5章　启发式测试策略与设计 ………… 89

5.1 根据需求分解测试场景 ………… 89
　5.1.1 需求分析与关键功能确定 ………… 89
　5.1.2 基于需求新建思维导图 ………… 91
　5.1.3 根据需求进行场景设计 ………… 93
5.2 根据场景分解测试点 ………… 94
　5.2.1 场景描述 ………… 95
　5.2.2 测试点分类 ………… 95
　5.2.3 基于场景进行测试点设计 ………… 96
5.3 根据测试点生成草稿用例 ………… 97
　5.3.1 确定测试点和目标 ………… 97
　5.3.2 编写用例模板 ………… 98
　5.3.3 设计草稿用例 ………… 98
　5.3.4 生成草稿用例 ………… 100
　5.3.5 测试用例编写规范 ………… 102

5.4 形成整体测试方法 …………… 104
    5.4.1 汇总测试点和草稿用例 …… 104
    5.4.2 归档为测试用例 …………… 105
    5.4.3 测试计划 …………………… 106
    5.4.4 测试策略 …………………… 111
5.5 启发式测试策略与测试设计实践
    案例 ……………………………… 113
5.6 小结 ……………………………… 117
5.7 习题 ……………………………… 117

第6章 测试执行 ……………………… 119

6.1 功能测试实践 …………………… 119
    6.1.1 功能总览 …………………… 119
    6.1.2 功能操作流程 ……………… 120
6.2 性能测试实践 …………………… 132
    6.2.1 性能测试简介 ……………… 133
    6.2.2 PerfTest 应用场景 ………… 134
    6.2.3 约束与限制 ………………… 136
6.3 可靠性和可用性测试实践 ……… 137
    6.3.1 可靠性安全设计 …………… 137
    6.3.2 双向追溯链测试 …………… 138
    6.3.3 用户体验测试 ……………… 139
    6.3.4 可访问性测试 ……………… 139
6.4 韧性测试实践 …………………… 140
    6.4.1 服务韧性特性 ……………… 140
    6.4.2 稳定性测试 ………………… 140
    6.4.3 故障恢复测试 ……………… 141
6.5 混沌/拨测等测试实践 ………… 142
    6.5.1 搭建异常环境 ……………… 142
    6.5.2 执行故障情况测试 ………… 143
    6.5.3 测试结果分析 ……………… 143
6.6 测试执行实践案例 ……………… 144
    6.6.1 手工测试执行 ……………… 144
    6.6.2 接口自动化测试执行 ……… 147
    6.6.3 性能自动化测试执行 ……… 151
6.7 小结 ……………………………… 154
6.8 习题 ……………………………… 154

第7章 测试自动化 …………………… 155

7.1 自动化测试概述 ………………… 155
    7.1.1 什么是自动化测试 ………… 156
    7.1.2 自动化测试的优势和
          局限性 …………………… 156
    7.1.3 自动化测试的分类方式 …… 157
7.2 自动化测试流程和注意事项 …… 158
    7.2.1 自动化测试的具体流程 …… 158
    7.2.2 自动化测试流程中的
          注意事项 ………………… 159
7.3 自动化单元测试 ………………… 160
    7.3.1 自动化单元测试需求收集与
          分析 ……………………… 160
    7.3.2 自动化单元测试设计 ……… 161
    7.3.3 自动化单元测试实现 ……… 161
7.4 自动化接口测试 ………………… 163
    7.4.1 自动化接口测试需求收集与
          分析 ……………………… 164
    7.4.2 自动化接口测试设计 ……… 165
    7.4.3 自动化接口测试实现 ……… 166
7.5 自动化 UI 测试 ………………… 172
    7.5.1 自动化 UI 测试需求收集与
          分析 ……………………… 172
    7.5.2 自动化 UI 测试设计 ……… 172
    7.5.3 自动化 UI 测试实现 ……… 173
7.6 小结 ……………………………… 173
7.7 习题 ……………………………… 174

第8章 测试分析与评估 ……………… 175

8.1 商用特性评估实践 ……………… 175
    8.1.1 定价模型评估 ……………… 175
    8.1.2 可定制性评估 ……………… 176

8.1.3 可扩展性和弹性评估 ……… 177
8.1.4 服务级别协议评估 ………… 177
8.1.5 技术支持和客户服务能力
　　　评估 …………………… 178
8.2 产品商用评估实践 …………… 178
　8.2.1 市场需求评估 …………… 179
　8.2.2 产品定位评估 …………… 179
　8.2.3 商业模式评估 …………… 180
　8.2.4 市场推广策略评估 ……… 181
8.3 缺陷分析与管理实践 ………… 182
　8.3.1 缺陷识别与记录 ………… 182

8.3.2 缺陷分类与优先级评估 …… 183
8.3.3 缺陷解决与验证 …………… 183
8.3.4 缺陷跟踪与管理 …………… 184
8.3.5 缺陷分析与报告 …………… 184
8.4 测试质量看板与质量评估实践
　　案例 ……………………………… 185
　8.4.1 测试质量看板 ……………… 185
　8.4.2 测试质量评估 ……………… 187
8.5 小结 ……………………………… 190
8.6 习题 ……………………………… 191

参考文献 ………………………………… 192

基 础 篇

第 1 章

云服务与微服务

随着信息技术的迅猛发展，云服务和微服务成为当今软件开发中的两个热门话题。云服务提供了便捷、可扩展的基础设施，使企业能够以更低的成本获取和管理计算资源；微服务则提供了一种灵活、可伸缩的方式来构建现代化的应用系统。

本章致力于介绍云服务与微服务的概念、原理、优势以及它们在实际项目中的应用。通过深入探讨云服务和微服务的关系，帮助读者了解这两个领域的基本知识，并掌握如何选择、设计和部署云服务与微服务架构。

1.1 云服务

在当今信息时代，云服务已经成为企业和个人进行计算和存储的主要方式。云服务为用户提供了灵活、高效的计算资源，使他们能够更加专注于核心业务，而无须过多关注底层的基础设施。

1.1.1 云计算基础

1. 云计算的定义

随着互联网的快速发展和信息化的深入推进，云计算（Cloud Computing）作为一种革命性计算模式正在改变我们的生活和工作方式。云计算为用户提供了灵活、高效的计算和存储资源，并通过网络进行交付，使得用户可以随时随地访问和管理自己的数据与应用。

云计算是一种基于互联网的计算模式，通过将计算和存储资源从本地服务器转移到云服务提供商的数据中心，实现按需获取、灵活使用。云计算将计算资源虚拟化并通过网络进行交付，用户可以根据需求弹性地扩展或缩减资源规模，从而实现高效、节约的计算和存储。

2. 云计算的核心特点

云计算具有以下核心特点：

1）按需自助服务（On-demand Self-service）：用户可以根据自身需求自主选择和管理计算与存储资源，无须直接干预云服务提供商的数据中心。

2）广泛网络访问（Broad Network Access）：用户可以通过网络随时随地访问云计算资

源，只需一个稳定的网络连接。

3）资源池化（Resource Pooling）：云计算通过虚拟化技术池化管理资源，用户可以按需分配和释放资源，实现资源的高效利用。

4）快速弹性扩展（Rapid Elasticity）：用户可以快速扩展或缩减计算和存储资源的规模，根据实际需求灵活调整，提高系统的弹性和适应性。

5）可度量的服务（Measured Service）：云计算提供商可以对用户的资源使用情况进行监控和计量；用户可以实时了解自己使用的资源量，并按照实际使用量付费。

3. 云计算的架构

云计算的架构可以划分为三个层次：

1）基础设施层：基础设施层提供了计算、存储和网络等基础资源，用户可以在此基础上构建自己的应用环境。典型的基础设施层服务提供商包括亚马逊云计算（AWS）的 EC2 和 S3，微软云计算（Azure）的虚拟机（Virtual Machines）和云硬盘等。

2）平台层：平台层在基础设施层的基础上，提供了更高级别的开发和运行环境，用户只需关注自己的应用逻辑，无须操心底层的基础设施管理。典型的平台层服务提供商包括谷歌云的 App Engine 和微软 Azure 的 Azure App Service 等。

3）应用层：应用层是云计算的最顶层，用户直接使用云服务提供商提供的应用程序，无须关注底层的技术细节。应用层常见的应用包括在线办公工具、企业资源计划（ERP）以及客户关系管理（CRM）系统等。

4. 云计算的基本原理

云计算实现灵活、高效的计算和存储，主要依赖以下基本原理：

1）虚拟化技术：云计算通过虚拟化技术将物理资源抽象为虚拟资源，使得多个用户可以共享同一组物理资源，提高资源利用率和成本效益。

2）弹性伸缩和负载均衡：云计算根据用户需求和负载情况，自动调整计算和存储资源的规模，实现快速弹性伸缩和负载均衡，提高系统的稳定性和可靠性。

3）分布式存储和数据管理：云计算采用分布式存储技术，将数据分散存储在多个节点上，提高数据的可靠性和可用性。同时，通过数据冗余和备份机制，保证数据的安全性和可恢复性。

4）虚拟网络和安全管理：云计算通过虚拟网络技术实现用户的隔离和网络连接，保护用户数据的安全性和隐私。同时，云计算提供商还提供了丰富的安全管理措施，如身份验证、访问控制和数据加密等，保障用户数据的安全。

1.1.2 云服务模型

云服务（Cloud Service）是指基于云计算技术和互联网的服务模式，通过云计算平台提供各种计算、存储、网络和应用等服务。云服务模型成为企业和个人在构建和使用云基础设施时的核心概念。云服务模型提供了不同程度的管理和控制，以满足用户在云平台上进行应用开发、部署和管理的需求。三种常见的云服务模型包括：基础设施即服务、平台即服务和软件即服务。

1. 基础设施即服务

基础设施即服务（Infrastructure as a Service，IaaS）是云服务模型中最底层、最灵活的一层。在 IaaS 模型下，用户可以租用云服务提供商所提供的基础设施资源，包括虚拟机、存储空间、网络等。这意味着用户无须购买和维护自己的硬件设备，可以通过云平台按需分配和管理资源。用户在操作系统、运行环境、应用软件以及数据存储和备份等方面具有更高的自主权和控制力。一些知名的 IaaS 提供商包括亚马逊云计算的 EC2、微软云计算的虚拟机和谷歌云计算（GCP）的计算引擎（Compute Engine）等。

2. 平台即服务

平台即服务（Platform as a Service，PaaS）是在 IaaS 之上构建的一层。在 PaaS 模型下，云服务提供商为开发人员提供了一个完整的应用开发和部署平台。它包括操作系统、开发工具、数据库管理系统等。用户可以利用平台上提供的这些组件和工具来开发、测试、部署和管理自己的应用程序，而无须关注底层基础设施的细节。通过使用 PaaS，开发人员可以更快速地构建和发布应用程序，并且实现高度的可扩展性。一些常见的 PaaS 提供商包括微软的 Azure App Service、谷歌的 App Engine 和 IBM 的 Bluemix 等。

3. 软件即服务

软件即服务（Software as a Service，SaaS）是云服务模型中最顶层、最完整的一层。在 SaaS 模型下，云服务提供商将完整的应用程序作为服务提供给用户。用户可以通过云平台直接访问和使用这些应用程序，而无须安装、部署和维护自己的软件。SaaS 模型适用于广泛的应用领域，包括电子邮件、办公套件、客户关系管理、人力资源管理等。用户只需要按需订阅并根据使用量付费，享受云服务提供商提供的弹性和便利。著名的 SaaS 提供商有 Salesforce、谷歌的 G Suite 和微软的 Office 365 等。

综上所述，云服务模型为用户提供了不同层次的管理和控制权。IaaS 模型提供了最高级别的自主权和控制力，适合有特定需求的用户；PaaS 模型提供了较高层次的抽象，使开发人员能够更加专注于应用程序的开发和部署；SaaS 模型则提供了最简化和便捷的方式，供用户获取和使用应用程序。了解这些云服务模型，用户就能够根据自身需求选择合适的云计算解决方案，并充分发挥云计算的优势来推动业务增长和创新发展。

1.1.3 云服务的优势

云服务作为一种基于云计算技术和互联网的服务模式，具有许多优势。这些优势使得它正逐渐成为企业和个人的首选解决方案。

1）灵活性和弹性扩展：云服务允许用户根据实际需求随时调整计算和存储资源的规模。用户可以根据业务的变化快速扩展或缩减资源，避免了传统 IT 基础设施中长周期的采购和部署过程，大大提高了业务的灵活性和响应能力。

2）按需付费，节省成本：通过使用云服务，用户无须购买和维护昂贵的硬件设备和软件许可证，也不必雇佣专业的 IT 人员来管理基础设施。用户只需按需付费，根据实际使用量支付费用，节省了大量的资金和人力成本。

3）高可用性和容错能力：云服务提供商通常在多个地理位置设置了数据中心，并采用冗余和备份机制，确保服务的高可用性和容错能力。即使发生硬件故障或网络中断，也能保障业务的连续运行和数据的安全。

4）全球范围的访问：云服务可以通过互联网在全球范围内被访问，用户只需有网络连接即可随时随地使用云服务。这种便捷的访问方式使得多地办公、远程协作和灵活工作成为可能。

5）自动化管理和简化运维：云服务提供商负责底层基础设施的管理和维护，包括硬件更新、系统维护、安全补丁等，用户无须花费大量时间和精力进行运维。同时，云服务还提供了丰富的自动化工具和管理控制台，使得用户可以方便地监控、管理和配置自己的云资源。

6）数据安全和隐私保护：云服务提供商采取了多重安全措施来保护用户的数据安全，包括数据加密、身份认证、访问控制等。用户的数据存储在云服务提供商的数据中心，受到严格的物理安全和网络安全保护，确保数据的机密性和完整性。

7）快速部署和创新：云服务提供了快速部署和开发环境，用户可以快速搭建和启动自己的应用程序或服务。同时，云服务还提供了丰富的开发工具和服务，如机器学习、人工智能、大数据分析等，帮助用户实现创新和业务增长。

总而言之，云服务以其灵活性、成本效益、高可用性和简化运维等方面的优势，为用户提供了高效、可靠的计算和存储资源。它正逐渐成为各行各业的首选解决方案，推动着数字化转型和创新的发展。

1.1.4 云服务的核心功能

1. 弹性伸缩

云服务的弹性伸缩是指根据实际需求自动调整资源规模，以便快速适应变化的工作负载。其主要表现在以下方面：

1）提供高度可扩展的资源规模：云服务提供商具有庞大的基础设施来支持客户的需求。通过弹性伸缩，用户可以根据需要增加或减少资源，满足不同规模的工作负载要求。无论是面对突发的高峰期还是低谷期，弹性伸缩都能够确保系统始终具备所需的计算和存储能力。

2）提升性能和响应能力：当工作负载增加时，弹性伸缩能够自动增加资源来满足用户需求，从而提高应用程序的性能和响应能力。用户无须手动干预，系统会根据预设的策略和规则自动扩展，确保用户获得一致的高性能体验。

3）节省成本：使用传统的硬件基础设施时，为了应对峰值负载，可能需要投入大量的资金来购买硬件资源。云服务的弹性伸缩则允许用户按需分配资源，在峰值负载期间增加资源，在低谷期间减少资源，从而避免了不必要的资源浪费和成本开销。

4）提高可靠性和可用性：云服务的弹性伸缩通常与负载均衡器结合使用。当一个节点出现故障时，负载均衡器会将流量自动转移到其他节点上，确保应用程序的连续可用性。此外，弹性伸缩还可以自动检测和替换故障节点，并实现快速恢复，提高整体系统的可靠性。

5）简化管理和部署：云服务的弹性伸缩减轻了用户在基础设施方面的管理负担。用户无须手动配置和调整资源，而是通过设置伸缩策略和规则来指导系统自动进行伸缩操作。这简化了应用程序的部署和管理过程，使用户能够更加专注于核心业务和创新。

弹性伸缩的优势在于提供高度可扩展的资源规模、提升性能和响应能力、节省成本、提高可靠性和可用性，以及简化管理和部署。这些优势使得用户能够更加灵活地应对变化的需求，获得更好的用户体验，并为业务增长奠定基础。

2. 资源共享

云服务的资源共享是指多个用户在同一物理基础设施上共享计算、存储和网络资源。其主要表现在以下方面：

1）资源利用率提高：通过资源共享，云服务提供商可以更有效地利用基础设施资源。不同用户的工作负载通常在时间和空间上存在差异，因此云服务提供商可以通过合理的资源调度和管理来平衡和优化资源利用率，减少资源的闲置和浪费。

2）成本节约：资源共享使得云服务提供商能够将硬件成本分摊到多个用户。这种共享模式下，用户只需按需为所使用的资源付费，而无须购买和维护自己的硬件设备。对于小型企业和个人用户而言，这降低了初始投资和运营成本，使其能够以更低的成本获得高质量的计算和存储服务。

3）灵活性和弹性增强：资源共享使用户能够根据需要快速动态调整资源规模。云服务提供商通常具备庞大的弹性基础设施，并能够根据用户的需求自动分配和释放资源。用户可以根据工作负载的变化来实现弹性伸缩，快速适应不同的业务需求。

4）高可用性和容错性提升：云服务提供商通过在多个数据中心分布资源来实现高可用性和容错性。当一个数据中心发生故障时，其他数据中心可以接管工作负载，确保服务的连续性。资源共享使得云服务能够提供高可靠的基础设施，并减少单点故障对用户业务的影响。

5）简化管理和维护：资源共享使得云服务提供商能够集中管理和维护基础设施。用户无须自己购买、部署和维护硬件设备，而是将这些任务交给云服务提供商，从而减少了自己的管理负担。云服务提供商负责基础设施的更新、监控、安全性等方面，使用户能够更加专注于应用程序的开发和业务创新。

云服务的资源共享优势体现在资源利用率提高、成本节约、灵活性和弹性增强、高可用性和容错性提升，以及简化管理和维护。这种优势使得云服务能够以更高效、更可靠和更经济的方式提供计算和存储资源，为用户提供更好的服务体验，并为业务的发展创造更多的机会。

3. 灵活性和可定制性

云服务的灵活性和可定制性是指在云计算环境中，用户可以根据自身需求对所使用的云服务进行个性化配置和定制化操作的能力。其主要表现在以下方面：

1）弹性扩缩容：云服务提供了弹性扩缩容的能力，即根据业务需求自动或手动调整资源的规模。用户可以根据业务负载的变化，动态增加或减少服务器、存储空间和网络带宽等资源，以确保系统的性能和可用性。这种弹性扩缩容的特性使得用户能够根据实际需求灵活调整资源的使用量，避免资源浪费和性能瓶颈。

2）多样化的云服务模型：云服务提供了多种服务模型，如 IaaS、PaaS 和 SaaS。用户可以根据自身需求选择适合的服务模型，从底层基础设施到完全托管的应用程序，实现不同层次的定制化控制。这使得用户能够更加灵活地选择和使用云服务，根据实际需求进行定制和配置。

3）可自定义的部署配置：云服务提供了丰富的部署配置选项，用户可以根据应用程序和业务需求进行自定义部署配置。例如，用户可以选择不同的操作系统、数据库、Web 服务器和应用框架等组件来构建自己的应用环境。同时，用户还可以根据自身要求调整网络设置、安全策略和性能参数等，以满足特定的应用需求。

4）高度可编程性和自动化：云服务平台提供了丰富的 API 和工具，使得用户能够编写脚本、自定义工作流程和自动化运维任务。用户可以通过编程接口和命令行工具对云资源进行管理和操作，实现高度可编程化的控制。这种可编程性和自动化能力使得用户能够根据自身需求进行灵活的定制和扩展。

5）多个地理区域和可用区选项：云服务提供了多个地理区域和可用区的选项，用户可以根据数据存储需求、网络延迟和法规合规等因素选择合适的区域进行部署。这为用户提供了更高的灵活性和可定制性，使得用户能够将应用程序和数据存储在最适合的地理位置，以获得更好的性能和服务质量。

云服务的灵活性和可定制性使得用户能够根据自身需求进行个性化配置和定制化操作。这种灵活性和可定制性体现在弹性扩缩容、多样化的云服务模型、可自定义的部署配置、高度可编程性和自动化，以及多个地理区域和可用区选项等方面。通过灵活的定制和配置，用户可以最大限度地满足自身业务需求，并优化应用程序的性能、可用性和安全性。

1.1.5 华为云和 CodeArts

1. 华为云

华为云（Huawei Cloud）是由华为推出的全球领先的云服务平台。作为华为旗下的核心业务之一，华为云致力于为企业和个人提供全面而可靠的云计算解决方案。

1）全球化布局：华为云已经在全球开设了多个数据中心，覆盖亚洲、欧洲、拉美和非洲等多个地区。这使得用户可以将数据存储在距离自己更近的位置，提高访问速度并满足当地的合规要求。

2）多样化服务：华为云提供了丰富多样的云服务，包括 IaaS、PaaS 和 SaaS 等。用户可以根据自身需求选择相应的服务，并根据业务的需求进行灵活扩展和管理。

3）高性能和稳定性：华为云基于华为自主研发的云计算硬件和软件技术，提供高性能和稳定的基础设施。用户可以在华为云上运行各种规模的应用程序，并享受可靠的服务质量。

4）安全与合规性：华为云注重用户数据的安全和隐私保护。它采用了多层次的安全机制，包括物理安全、网络安全、身份认证和访问控制等。此外，华为云还遵循各国的法律法规和合规要求，确保用户数据的合法存储和处理。

5）人工智能支持：华为云提供了强大的人工智能（AI）服务，包括人工智能开发平台、机器学习服务、自然语言处理等。用户可以利用这些服务构建智能化的应用程序，并实现更高效的业务运营和创新。

6）生态合作伙伴：华为云积极与合作伙伴合作，建立了广泛的生态系统。通过与行业领先的软件厂商、解决方案提供商和开发者社区合作，华为云能够为用户提供更加丰富和完整的解决方案。

华为云以其全球化布局、多样化服务、高性能和稳定性、安全与合规性、人工智能支持以及生态合作伙伴等特点，为用户提供了可信赖的云计算服务。无论是大型企业、中小型企业还是个人开发者，都可以从华为云中受益，实现业务的数字化转型和创新发展。

2. CodeArts

（1）CodeArts TestPlan

2023 年 1 月，华为将内部多年测试实践沉淀的测试管理服务，升级为全新的 CodeArts TestPlan 服务，重磅上线于华为云。这是一款自主研发的一站式测试管理平台，沉淀了华为 30 多年高质量的测试工程方法与实践，覆盖测试计划、测试设计、测试执行和测试评估等全流程，旨在帮助企业协同、高效、可信地开展软件开发测试活动，保障产品上市质量。

在产品研发测试过程中，企业往往面临一系列挑战，如产品测试设计粗放、产品架构复杂、测试人员流动率高等，针对这一系列研发测试挑战，CodeArts TestPlan 具备五大特性：

1）启发式测试策略与设计，让测试完备性不再遥不可及。

2）亿级测试资产管理，大规模团队协同测试，保障产品特性不丢失。

3）内置 IPD（集成产品开发）测试流程与规范，让高质量从偶然到必然。

4）全方位测试质量评估，杜绝"盲人摸象"。

5）建立测试双向追溯链，以过程可信保障结果可信。

基于以上五大特性，CodeArts TestPlan 可以实现测试全流程标准化、测试资产复用及基线化、测试端到端过程动态实时监控，保障测试过程可信，持续助力客户产品高质量交付。截至 2022 年年底，CodeArts TestPlan 已经高效支撑华为超过 4 万测试人员的测试作业，测试用例月执行超过 2 亿次，月 API 调用量超过 12 亿次，累计管理超过 10 亿个测试用例，覆盖华为终端、网络、云计算、芯片、汽车等大规模复杂业务场景。

CodeArts TestPlan 支持具有海量特性的高效测试管理，在开发特性需求的同时，通过基于需求 - 场景 - 测试点 - 测试用例的分级测试设计方法，将需求逐级分解并生成用例，分层分级有序管理，支持用例在不同产品版本间高效复用及合并。同时，CodeArts TestPlan 提供多维度版本质量评估报告，及时准确反馈测试结论，通过需求、方案、用例、结果、缺陷双向可追溯的能力，实现产品测试过程可管理、可信任。

得益于这些特性，CodeArts TestPlan 帮助华为"数通"路由器产品继承复用十余万存量特性用例，累计管理近百万用例，支撑大规模测试团队高效协作，快速开展测试活动，全量测试执行周期从周级缩短至天级，确保路由器产品高效率、高质量交付。

过去 30 多年来，华为一步步经历了流程化、自动化、智能化的测试发展历程，基于协同、高效、可信的测试理念，形成了丰富而完整的测试体系。

展望未来，CodeArts TestPlan 将不断沉淀大型企业测试最佳实践，打造测试覆盖全、测试评估准、测试执行快、测试周期短、测试成本低的测试管理平台，持续提升关键技术竞争力，守护客户产品质量，助力客户商业成功。

（2）CodeArts PerfTest

性能测试服务（Performance Test，PerfTest）是一项为基于 HTTP / HTTPS / TCP / UDP / HLS / WebSocket 等协议构建的云应用提供性能测试的服务。它支持快速模拟大规模并发用户的业务高峰场景，可以很好地支持报文内容和时序自定义、多事务组合的复杂场景测试，测试完成后提供专业的测试报告，将性能压力测试本身的工作持续简化，使客户能够将更多的精力投放到业务和性能上，同时降低成本，提升稳定性，优化用户体验，帮助客户提升商业价值。

分布式架构和微服务的普及，使得应用的复杂程度越来越高，在架构解构和性能提升的同时，也带来了生产环境性能问题定位难度高、修复周期长等挑战。因此，如何做到有效防范并能快速修复，成为高效开展性能测试的主要诉求。CodeArts PerfTest 为华为内部百万微服务提供性能测试，帮助研发人员完成日常性能诊断、故障定位和排查，将微服务的性能测试周期由周级降低至小时级，有力地支撑了华为云、终端、车、能源等各类型产品的应用性能评估和日常运维质量保障。

现在，华为云将内部多年积累的应用性能测试能力沉淀到 CodeArts PerfTest，CodeArts

PerfTest 具备以下四大特性：
1）千万级性能压力测试引擎，保障亿级日活（DAU）系统稳定可靠。
2）八大特色压力测试模式，性能容量全场景智能评估。
3）存量资产零成本接入，性能压力测试开箱即用。
4）产品性能全方位评估，快速识别性能瓶颈。

得益于以上特性，CodeArts PerfTest 如今已广泛应用于金融、汽车、互联网等领域，帮助企业预估性能容量基线，合理利用资源，提升服务稳定性，为企业发展夯实基础。未来，CodeArts PerfTest 将不断沉淀企业应用性能看护的最佳实践，提供一体化智能压力测试体系解决方案，持续提升关键技术竞争力，守护客户产品稳定，助力客户商业成功。

1.2 微服务

随着云计算和软件架构的发展，微服务作为一种灵活、可扩展的架构风格，逐渐成为当今互联网行业的主流选择。微服务的架构将复杂的应用系统拆分成多个小型、自治的服务，每个服务负责独立的业务功能，并通过轻量级通信机制互相协作。这种以服务为中心的架构方式，带来了诸多优势和挑战。

1.2.1 微服务架构的特点

微服务架构（Microservice Architecture）是一种软件设计模式，它将一个复杂的应用系统拆分成多个小型、自治的服务，每个服务负责独立的业务功能，并通过轻量级通信机制进行协作。这种以服务为中心的架构风格，旨在解决传统单体应用所面临的诸多挑战，如复杂性管理、可扩展性、部署和维护等方面的问题。

在微服务架构中，每个服务都是独立开发、部署和维护的，可以使用不同的编程语言、框架和技术栈。每个服务都有自己的数据存储，可以选择适合该服务需求的数据库或其他持久化方案。服务之间通过轻量级的通信机制（如 HTTP、消息队列等）进行交互，从而实现业务功能的协调和整合。

1. 服务拆分

微服务架构的核心概念之一是将应用程序拆分成多个小而自治的服务，每个服务都有自己的边界和职责。服务拆分是微服务架构中的关键步骤，它决定了系统的可伸缩性、可维护性和独立部署能力。

（1）功能驱动的服务拆分

功能驱动的服务拆分是一种常见的方式，其中每个服务负责一个特定的业务功能。这种拆分方式基于业务领域和业务需求，将不同的功能模块划分为独立的服务。例如，一个电子商务（简称电商）应用可以被拆分成用户管理服务、商品管理服务、订单管理服务等。这种方式使得每个服务都可以专注于解决自身领域的问题，降低了耦合性，提高了服务的内聚性。

（2）数据驱动的服务拆分

数据驱动的服务拆分是根据数据拆分服务的方式。在大型应用程序中，通常存在大量的数据交互和处理操作。通过把数据相关的功能模块拆分成独立的服务，可以实现数据的局部化和隔离。例如，一个电商应用可以将用户信息存储在用户服务中，将商品信息存储在商品服务中。这种方式可以提高数据的可用性和可扩展性，同时降低了对共享数据库的依赖。

（3）垂直拆分和水平拆分

垂直拆分和水平拆分是根据应用程序的功能层次进行服务拆分的方式。

垂直拆分意味着将整个应用程序按照功能模块进行拆分，拆分出来的每个服务都负责一个垂直的功能领域。例如，一个电商应用可以拆分成前端服务、用户服务、商品服务、订单服务等。每个服务都有自己的职责和数据存储，可以独立开发、测试和部署。这种方式使得团队可以更加专注于自己负责的功能领域，实现团队自治和快速创新。

水平拆分则是将整个应用程序按照用户或者请求类型进行拆分。每个服务都处理一类用户或者请求类型，并负责该用户或请求类型的所有功能。例如，一个社交媒体应用可以拆分成用户服务、消息服务、关系服务等。这种方式可以实现横向扩展，提高系统的吞吐量和性能。

（4）事件驱动的服务拆分

事件驱动的服务拆分是一种基于事件和消息传递的拆分方式。在这种方式中，服务之间通过事件进行通信，每个服务都是事件的生产者或消费者。当一个服务发生变化时，它可以发布事件来通知其他订阅该事件的服务做出相应的处理。这种方式可以降低服务间的耦合度，实现松耦合和高内聚。

微服务架构中的服务拆分是根据功能、数据、层次结构和事件等因素进行的。拆分后的服务可以独立开发、测试、部署和扩展，使得系统具有灵活性、可维护性和独立部署能力。根据具体的业务需求和技术场景选择适合的服务拆分方式，对于建立有效的微服务架构至关重要。

2. RESTful API

RESTful（Representational State Transfer，表述性状态传递）API 是一种基于 HTTP 的架构风格，常用于微服务架构中服务之间的通信。下面将详细介绍微服务架构中基于 RESTful API 的特点。

（1）资源定位

RESTful API 将每个服务抽象成一个资源，并通过 URL（统一资源定位符）来定位和访问这些资源。每个资源都有唯一的 URL，可以通过 GET、POST、PUT、DELETE 等 HTTP 方法对其进行 CRUD（增加、读取、更新和删除）操作。例如，对于一个用户服务，可以使用 URL "/users" 来访问该服务中的用户资源。

（2）状态转移

RESTful API 通过状态转移的方式实现对资源的操作。客户端通过发送不同的 HTTP 方法来请求对资源执行不同的操作。例如，使用 GET 方法获取资源的信息，使用 POST 方法创建新资源，使用 PUT 方法更新已有资源，使用 DELETE 方法删除资源。

（3）无状态性

RESTful API 是无状态的，即服务端不保存客户端的状态信息。每个请求都包含了足够的信息来独立处理该请求，服务器不需要保存任何会话或上下文信息。这使得服务更加可伸缩和可靠，可以水平扩展和独立部署。

（4）统一接口

RESTful API 使用一组统一的标准接口和约束，包括 HTTP 方法、URL 结构、状态码等，以提供一致的操作方式和语义。这使得开发人员更易于理解和使用 API，同时也降低了服务之间的耦合度。

（5）轻量级与可伸缩性

RESTful API 采用基于 HTTP 的标准请求和响应格式，不依赖于庞大的中间件或消息队列。这使得它具有较低的开销和较高的性能，适用于大规模的分布式系统和云环境中的微服务架构。

（6）安全性

RESTful API 可以通过使用 HTTPS 来保证通信的安全性。客户端可以使用 SSL/TLS（安全套接字层/传输层安全）加密来确保敏感信息在传输过程中的保密性和完整性。

基于 RESTful API 的微服务架构具有资源定位、状态转移、无状态性、统一接口、轻量级与可伸缩性、安全性等特点。它提供了一种简单、灵活和可靠的方式来实现微服务之间的通信，并促进了系统的解耦、可扩展和可维护性。

3. 自治性和自治团队

在微服务架构中，自治性是一种重要的概念，它涉及服务的独立性和团队的自主权。下面将详细介绍微服务架构中的自治性和自治团队。

（1）服务的自治性

在微服务架构中，每个服务都是自治的，它们有自己的边界和职责。这意味着每个服务都可以独立地进行开发、测试、部署和扩展，而不需要依赖其他服务。每个服务都可以使用不同的技术栈、数据库、存储方式等，以满足自己特定的需求。自治性使得每个服务都能够专注于解决自身领域的问题，降低了耦合度，并且可以快速创新和迭代。

（2）自治团队

为了支持微服务架构中的自治性，通常会组建自治的开发团队，也称为自治团队。自治团队是跨职能的团队，由开发人员、测试人员、运维人员等多个角色组成。每个团队都独立开发、测试、部署和维护一个或多个服务。这些团队具有较高的自主权，可以自行制订开发计划、技术选型、发布策略等。团队成员之间通过清晰的接口定义和协作方式来进行跨团队的沟通和衔接。

（3）自治团队的优势

通过建立自治团队，可以实现以下优势：

1）灵活性：自治团队可以更快速地响应需求变化，因为他们具有较高的自主权，可以根据实际情况灵活调整开发计划和优先级。

2）创新性：自治团队鼓励成员在自己负责的领域内探索创新和新技术，这有助于推动技术进步和业务创新。

3）快速交付：自治团队可以独立进行开发、测试和部署，并通过持续集成和持续交付（CI/CD）等实践实现快速交付和频繁发布。

4）可伸缩性：通过将开发资源分散到不同的自治团队中，可以实现更好的可伸缩性。每个团队都可以根据需求进行独立的扩展和调整，而不会影响其他团队的工作。

微服务架构中的自治性和自治团队是为了实现服务的独立性和团队的自主权。这种设计使得每个服务都能够独立开发和维护，并且团队在技术选择和开发策略上具有较高的自主权，从而提高了系统的灵活性、创新性和交付能力。

1.2.2 微服务架构的优势

微服务架构是一种以服务为中心的软件开发和部署模式，近年来在企业和其他组织中日益流行。相比于传统的单体应用架构，微服务架构具有许多优势和潜力，使得其成为现代应用开发的首选。微服务架构通过解耦、自治和分布式设计等特点，带来了独立部署与扩展、技术多样性与灵活性、高可靠性和容错性，以及更好的团队组织和协作。这些优势使微服务架构成为构建现代应用系统的理想选择，能够满足企业对高效、可靠、可扩展的软件解决方案的需求。

1. 独立部署与扩展

微服务架构的独立部署与扩展是其核心优势之一。

（1）独立部署

所谓独立部署是指微服务架构鼓励将一个大型应用拆解为多个小型、自治的服务。每个服务都有自己的边界和职责，并且可以进行独立的开发和部署。

1）独立发布：每个服务都可以根据需要独立地发布新的功能或修复 Bug，无须等待整个系统的发布周期。

2）快速迭代：由于服务的独立性，团队可以在不影响其他服务的情况下迅速迭代和推进自己的服务。

3）高效维护：当出现问题时，可以更加迅速地定位和处理，不会干扰整个系统的运行。

为了实现独立部署，需要采取以下最佳实践：

1）自动化部署：采用自动化工具（如 CI/CD 流水线）来实现自动化的构建、测试和部署过程，确保每个服务快速、可靠部署。

2）容器化：将每个服务打包为容器镜像，以容器化技术（如 Docker）来实现服务的隔离和一致的运行环境，简化部署流程。

3）服务发现与注册：使用服务发现和注册机制（如 Consul、Etcd 或 Kubernetes 中的 Service）来实现服务之间的动态发现和通信。

（2）扩展

微服务架构的扩展是指其提供了高度的可扩展性，使得应对高流量和高并发需求变得更加容易。每个服务都可以独立进行扩展，无须整体扩展整个系统。

1）水平扩展：水平扩展通过增加服务实例的数量来扩展系统的处理能力。这可以通过自动化的方式，根据系统负载和需求动态地添加或移除服务实例。

2）负载均衡：采用负载均衡器（如 Nginx 或 Kubernetes 中的 Ingress）来将流量均匀地分配给不同的服务实例，确保系统的稳定性和高可用性。

3）异步通信：采用异步通信模式（如消息队列或事件驱动架构），将请求解耦为独立的任务，使得系统能够处理大量并发请求。

需要注意的是，在扩展系统时，要充分考虑各个服务之间的依赖关系和负载分布，确保扩展后的系统能够保持协调和一致。

微服务架构的独立部署与扩展使得每个服务都可以独立进行开发、部署和扩展。这种设计实现了独立发布、快速迭代和高效维护，同时也使得系统能够更加灵活和可伸缩。通过自动化部署、容器化、服务发现与注册、水平扩展、负载均衡和异步通信等最佳实践，可以更好地实现微服务架构的独立部署和扩展。

2. 技术多样性与灵活性

微服务架构是一种将大型应用拆解为多个小型、自治的服务的架构风格。其独立部署和扩展的特点赋予了系统技术多样性和灵活性。微服务架构鼓励每个服务具有自己的边界和职责，并且可以选择适合其需求的技术栈。

（1）技术多样性

这种技术多样性具有以下重要意义：

1）最佳工具选择：每个服务都可以根据自身独特的需求选择最适合的编程语言、框架和工具，以提高开发效率和性能。

2）服务定制化：根据不同服务的特点，可以选择不同的数据库、缓存、消息队列等技术，以满足特定的数据存储和通信需求。

3）技术创新：采用多样的技术栈可以促进技术的创新和应用，从而推动整个系统的发展和进步。

在微服务架构中，技术多样性通过编程语言、框架和库、数据存储、通信协议以及部署方式等方面得以实现：

1）编程语言：每个服务都可以选择适合其开发需求的编程语言。常见的选择包括 Java、Python、Golang、Node.js 等，使得开发团队能够使用自己最擅长的语言进行开发。

2）框架和库：根据不同服务的特点和需求，可以选择适合的框架和库来加速开发过程。例如，Spring Boot 适用于 Java 服务，Django 适用于 Python 服务，Express 适用于 Node.js 服务等。

3）数据存储：微服务架构支持不同的数据存储技术，如关系数据库（如 MySQL、PostgreSQL）、NoSQL 数据库（如 MongoDB、Redis）、分布式文件系统，如 HDFS（Hadoop 分布式文件系统）等。这样，每个服务都可以选择最适合其数据模型和查询需求的存储技术。

4）通信协议：微服务之间的通信可以选择多种协议，如 REST、消息队列、RPC（远程过程调用）等。根据业务需求，可以选择最适合的通信协议，以实现高效可靠的服务间通信。

5）部署方式：微服务可以选择不同的部署方式，如容器化（如 Docker、Kubernetes）、虚拟机、裸机等。这样，可以根据具体的部署环境和要求选择最佳的方式。

（2）灵活性

技术多样性为微服务架构带来了灵活性高的优势，使得系统能够更好地适应需求的变化和演进。微服务架构通过以下方式提供灵活性：

1）服务独立性：每个服务都可以独立进行开发、部署和扩展，无须考虑其他服务的技术栈和依赖。这大大提高了团队的作业效率和开发速度。

2）技术选型：采用不同的技术栈可以提供更好的解决方案，满足不同服务的需求。这种选择和灵活性可以提高系统的性能、可靠性和可维护性。

3）技术演进：随着技术不断演进，可以根据出现的新技术和成熟度的变化，对现有的服务进行技术升级和改造，以实现更好的性能和用户体验。

微服务架构的技术多样性和灵活性使得每个服务都可以根据自身的需求选择最佳的技术栈和工具。这种多样性在编程语言、框架和库、数据存储、通信协议和部署方式等方面的实现，为开发团队提供了更大的自由度和创新空间。技术多样性所带来的灵活性优势，使得微服务架构能够更好地应对需求变化和系统演进，为用户提供高性能、可靠且易于维护的应用程序。

3. 高可靠性和容错性

（1）高可靠性

微服务架构通过以下方式提供高可靠性：

1)服务独立性:每个微服务都是独立开发、部署和运行的,它们的故障不会影响整个系统的可用性。当一个服务发生故障时,其他服务仍然可以正常工作,从而减少了单点故障的风险。

2)弹性扩展:微服务架构使得每个服务都可以被独立地水平扩展,以满足不同的负载需求。当系统面临高负载时,只需对负载较高的服务进行扩展,而无须对整个应用程序进行扩容,从而提高了系统的可靠性。

3)容错机制:微服务架构中的每个服务都可以实现自己的容错机制,例如使用熔断器、重试、超时和限流等。这些容错机制可以帮助服务在面对错误或故障时进行自我保护,并提供适当的响应,从而保证整个系统的稳定性和可用性。

4)监控和运维:微服务架构重视监控和运维,通过实时监控每个服务的健康状态、性能指标和日志信息,及时发现和处理故障。此外,采用集中式的日志管理和错误追踪工具有助于快速定位和解决问题,提高系统的可靠性。

(2)容错性

微服务架构通过以下方式提供容错性:

1)服务治理:微服务架构中的服务治理组件(如服务注册与发现、负载均衡、服务网关等)可以有效地管理和分发请求。当一个服务发生故障时,服务治理组件可以自动将请求转发到其他可用的实例上,从而实现服务的容错和故障恢复。

2)服务容器化:将每个微服务封装到容器中,如 Docker 容器,可以确保服务之间的隔离性和资源利用率。当一个服务发生故障时,该服务所在的容器可以被快速替换,并自动部署新的实例,从而实现快速的故障恢复。

3)降级和容错设计:微服务架构鼓励使用降级和容错设计模式,以应对服务之间的故障和不可用性。例如,使用服务熔断模式可以在服务不可用时,提供一些备选方案或默认响应。此外,引入服务降级策略可以在高负载或故障情况下优先保证核心功能的可用性。

4)分布式事务:微服务架构中,服务之间经常存在跨服务的事务操作。实现分布式事务管理机制可以确保在服务之间维护一致的数据状态,避免数据丢失或不一致的问题,从而提高系统的容错性。

微服务架构通过服务独立性、弹性扩展、容错机制、监控和运维、服务治理、服务容器化、降级和容错设计以及分布式事务等手段来提供高可靠性和容错性。这些特点使得微服务架构能够快速适应变化、提高系统的稳定性和可用性,保证用户体验和业务连续性。

4. 更好的团队组织和协作

微服务架构的团队组织与协作是确保项目顺利进行和成功实施的关键方面。微服务架构中团队组织和协作包括以下重要因素:

1)小团队与自治原则。微服务架构通常倾向于将整个应用程序拆分成多个小型服务,每个服务都由一个小团队负责开发、部署和运维。这种小团队的组织结构可以提高团队的灵活性和效率,并促进创新和快速迭代。同时,团队应该遵循自治的原则,即能够自主决策并对其负责。

2)交叉功能团队。微服务架构的团队通常由具有不同技能和专业背景的成员组成。这些成员可以包括开发工程师、测试工程师、DevOps(开发和运营)工程师、产品经理等。通过建立交叉功能团队,团队成员可以共同参与整个服务的生命周期,从需求到设计,再到开发、测试和部署,从而加强协作和协调。

3)服务拥有者(负责人)。每个微服务都应该有一个明确的拥有者(负责人)。拥有者(负责人)负责监督和管理该服务的整个生命周期,包括需求管理、开发、测试、部署和运维等。拥有者(负责人)需要与其他团队成员紧密合作,确保服务按照预期的质量标准和时间表交付。

4)持续集成/持续部署。微服务架构倡导采用持续集成/持续部署的实践。团队成员需要频繁地将代码集成到共享代码仓库,并通过自动化的构建、测试和部署流程快速验证和发布服务。这种持续的协同工作方式可以帮助团队及时发现和解决问题,确保服务质量和稳定性。

5)通信与协调工具。团队成员之间的有效沟通和协作是项目成功的关键。团队应该选择适合的通信和协调工具,例如即时通信工具、项目管理工具和版本控制系统等,以便进行实时讨论、任务追踪和代码协作。此外,定期的会议和沟通渠道也是促进团队合作和信息共享的重要方式。

6)共享知识与文档。微服务架构的成功依赖于团队成员之间的共享和传递知识。团队应该鼓励和促进知识共享的文化,例如通过技术分享会、内部培训和文档编写等方式。同时,应该建立良好的文档和知识库,记录服务的设计原则、架构决策、运维手册等,以便团队成员共同参考和使用。

总体来说,微服务架构团队的组织与协作需要小团队与自治原则、交叉功能团队、服务拥有者(负责人)、持续集成/持续部署、通信与协调工具以及共享知识与文档等因素的支持。这些因素可以帮助团队实现高效的协同工作,提高项目的成功率和交付质量。

1.2.3 微服务架构的挑战

微服务架构也面临一些挑战,例如系统复杂性管理、分布式事务管理、服务间通信和性能问题等,在服务拆分和边界划分方面也存在一些问题。

1)系统复杂性管理:由于微服务架构中涉及多个独立的服务,对系统整体的监控、日志和故障排除变得更加困难。因此,需要使用适当的工具和技术来管理和监控整个系统。

2)分布式事务管理:由于每个微服务都有自己的数据存储,跨服务的事务管理变得复杂。在设计和实施跨服务的一致性和事务管理时,需要仔细考虑数据一致性和容错性。

3)服务间通信和性能问题:微服务架构中需要频繁地进行服务之间的通信,这可能导致网络延迟和性能瓶颈。需要合理设计和优化服务间的通信机制,以提高系统的性能和可靠性。

4)服务拆分和边界划分:将一个复杂的单体应用系统拆分成多个微服务,需要合理划分服务的边界,以便实现高内聚、低耦合的服务架构。这需要对业务领域进行深入的理解和分析。

综上所述,微服务架构通过将应用系统拆分成小型、自治的服务,实现了灵活性、可扩展性、团队自治等优势。它可以帮助企业快速适应变化的业务需求,并提供高可用、可靠的应用系统。然而,在实施微服务架构时仍需要考虑和解决一些挑战,如系统复杂性管理、分布式事务管理、服务间通信和性能问题等。

1.3 云服务与微服务的关系

在当今数字化时代,云服务和微服务成为现代软件开发和部署的两个重要概念。云服务提供无须在本地设备上托管和管理的计算资源和应用程序,而微服务则是一种将应用程序拆分为多个小型、独立的服务组件的架构风格。这两个概念相辅相成，并能够共同提高软件开发的灵活性、可扩展性和可靠性。

云服务可以被看作一种提供基础设施和平台的方式，它允许用户通过互联网来访问和使用计算资源、存储空间和应用程序等。云服务通常提供三种模型：IaaS、PaaS 和 SaaS。这些服务可以大大减少企业的 IT 成本和管理负担，并提供灵活的资源扩展和高可用性。

微服务则是一种架构设计风格，通过将应用程序拆分为多个小型、独立的服务组件，实现松耦合和可互换的服务模块。每个微服务都专注于解决特定的业务功能，并可以独立开发、测试、部署和扩展。这种架构风格可以提高系统的可维护性、可扩展性和灵活性。

一方面，云服务和微服务之间存在紧密的关系。云服务提供了必要的基础设施和平台，为微服务的部署和运行提供了便利。通过云服务，开发团队可以快速创建和配置环境，部署微服务，并自动处理负载均衡、容灾备份和弹性扩展等运维任务。云服务还提供了监控、日志和安全等关键功能，以确保微服务的稳定性和安全性。

另一方面，微服务架构可以充分利用云服务的特性。由于微服务的独立性，开发团队可以根据业务需求选择合适的云服务提供商和服务模型。例如，可以使用 IaaS 来托管微服务的计算资源和虚拟机实例，使用 PaaS 来构建和管理微服务的开发和运行环境，或者使用 SaaS 来集成和管理多个微服务。

1.3.1　云服务为微服务提供基础设施

云服务为微服务提供了关键的基础设施，包括计算资源、负载均衡、网络和安全等方面的支持。其中最突出的包括：云服务为微服务提供了弹性的计算资源，同时云服务提供了自动化部署和扩展的功能，使得微服务的部署和运维变得更加简单和高效；云服务还提供了负载均衡和容灾备份功能，确保微服务的可用性和稳定性；云服务提供了强大的网络和通信支持，使得微服务之间可以进行快速、安全和可靠的通信；云服务还提供了安全和权限控制机制，用于保护微服务的数据和资源安全。

所谓弹性的计算资源是指微服务可以在这些计算资源上部署和运行，根据实际需求进行扩展和缩减。通过云服务提供商的管理控制台或 API，可以动态地创建、配置和管理虚拟机实例或容器集群，从而满足不同微服务的计算需求。自动化部署和扩展是指通过使用云服务提供商的部署工具或集成的持续集成 / 持续部署（CI/CD）工具，开发团队可以自动化地将微服务部署到云平台，并根据应用程序的负载情况自动调整计算资源的数量和规模。

负载均衡则是通过云服务提供商的负载均衡器或流量分发服务，将流量智能地分发到多个微服务实例，从而均衡负载并提高系统的容错能力；此外，云服务还提供了容灾备份机制，确保即使出现故障或中断，微服务仍能正常运行。

网络和通信支持是指云服务提供商通常提供虚拟私有云（VPC）或容器网络等功能，用于隔离和组织微服务的网络环境。此外，云服务还提供了诸如负载均衡、域名系统（DNS）解析、API 网关和消息队列等基础设施，用于建立和管理微服务之间的通信和数据传输。

安全和权限控制机制是通过云服务提供商提供的身份验证、访问控制和加密等功能，可以对微服务进行身份验证、授权和监控。此外，云服务通常提供网络隔离、入侵检测和防火墙等安全措施，以保护微服务免受恶意攻击和数据泄露的威胁。

下面详细介绍弹性扩展和自动化管理、服务发现和负载均衡两个功能。

1. 弹性扩展和自动化管理

云服务提供了弹性扩展和自动化管理功能，使微服务能够根据实际需求进行资源的动态调整和自动化的部署、监控和管理。

（1）弹性扩展

云服务允许根据负载情况和业务需求自动或手动地扩展和缩减微服务的计算资源。通过云服务提供商的管理控制台或 API，可以设置自动扩容的策略，例如基于 CPU 使用率、内存利用率或请求流量等指标自动扩容的策略。当负载增加时，云服务会自动创建新的实例来分担压力。当负载减少时，云服务则会自动停止或销毁不再需要的实例，以节约成本。

（2）自动化部署和管理

云服务提供了自动化部署和管理的工具，简化了微服务的部署、配置和监控过程。通过使用云服务提供商的部署工具或集成的 CI/CD 工具，开发团队可以定义和执行自动化的部署流程，包括构建、打包、部署和配置微服务。这样可以节省时间和人力资源，并减少人为错误。

（3）自动化监控和报警

云服务提供了自动化监控和报警功能，帮助开发团队实时监控微服务的运行状态和性能指标。云服务提供商通常提供仪表盘或监控平台，用于收集、存储和可视化微服务的性能数据，如 CPU 利用率、内存使用率、请求响应时间等。同时，云服务提供商还支持设置阈值和警报规则，当性能指标超出预设范围时，自动触发报警通知，以便及时采取措施解决问题。

（4）弹性存储和数据库

云服务提供了弹性的存储和数据库服务，用于支持微服务的数据管理和持久化。云存储服务（如对象存储）提供了高可用、高可靠的存储空间，可以方便地存储和访问微服务的数据。云数据库服务（如关系数据库或 NoSQL 数据库）提供了弹性扩展和自动备份功能，以满足微服务的数据存储和访问需求。

（5）容器编排和管理

云服务提供了容器编排和管理工具，如 Kubernetes，用于自动化地部署、管理和扩展容器化的微服务。通过云服务提供商的容器服务，可以简化微服务的部署和管理，实现自动化的容器编排、负载均衡和弹性扩展等功能，从而提高微服务的可靠性和弹性。

云服务为微服务提供了弹性扩展和自动化管理的功能。这些功能使得微服务能够根据实际需求动态地调整资源，并通过自动化的部署、监控和管理实现高效、稳定和可靠的运行。开发团队可以借助云服务的弹性扩展和自动化管理功能，更好地应对不断变化的业务需求和流量压力。

2. 服务发现和负载均衡

（1）服务发现

微服务架构中的每个服务都需要能够找到其他服务的位置和地址。云服务提供了服务注册和发现的机制，使微服务能够自动注册和发现其他服务。通过服务注册，每个微服务都将自身的信息（如 IP 地址、端口号和服务名称）注册到服务注册表中，其他微服务可以通过查询服务注册表来获取所需服务的位置和地址。云服务通常提供了一个集中式的服务注册表或分布式的服务发现系统（如 Consul、Eureka 等），用于管理和维护微服务的注册信息，并提供查询接口供微服务进行服务发现。

（2）负载均衡

微服务架构中的每个服务都可能面临不同程度的负载压力。云服务提供了负载均衡的机制，将请求流量均匀地分发到多个运行的微服务实例上，以提高整体性能和可用性。负载均衡器位于云服务提供商的网络层，通过分析请求流量和微服务的健康状态，动态地将请求流量分发到负载较低或健康状态良好的微服务实例上。这有助于防止某个微服务实例过载或故障时影响整个系统的正常运行。云服务提供商通常提供了多种负载均衡策略（如轮询、权重、最少连接等），开发团队可以根据实际需求选择适合的负载均衡算法。

云服务为微服务提供了服务发现和负载均衡的功能。通过服务发现，微服务能够自动注册和发现其他微服务的位置和地址，从而实现服务之间的通信。负载均衡则能够将请求流量均匀地分发到多个微服务实例上，以提高系统的性能和可用性。这些功能的结合可以使微服务架构更具弹性和可靠性。

1.3.2 微服务支持云原生应用

在当今互联网时代，随着大规模云计算和容器化技术的快速发展，云原生应用成为构建和部署分布式系统的新范式。微服务作为一种架构风格，与云原生应用密不可分。

云原生应用的设计理念以弹性、可扩展和高可用性为目标，将应用的设计和构建与云环境密切结合。它借助云服务提供商的基础设施和工具，充分发挥容器化、自动化管理和弹性扩展等特性，使得应用能够更加灵活、可靠和高效运行。

微服务正是云原生应用的重要组成部分。它通过将应用拆分为多个独立的小型服务，每个服务都专注于单一的业务功能，从而实现更高的可伸缩性和可维护性。微服务架构与云原生应用的理念相契合，共同促进了应用的敏捷开发、弹性部署和容错恢复能力。

通过云原生应用的支持，微服务能够充分利用云服务提供的服务发现、负载均衡、自动化扩展等功能，实现弹性和自动化的部署、管理和监控。云原生应用的容器化技术（如 Docker）可以提供环境隔离和快速部署的优势，使得微服务的迁移和扩展更加便捷。

微服务支持云原生应用的容器化和编排是实现云原生架构的重要组成部分。

容器化技术（如 Docker）是将应用程序及其依赖项打包在一个独立的、轻量级的容器中，并通过容器运行时环境（如 Docker Engine）来管理和运行这些容器。容器化技术具有环境隔离、资源利用率高和快速部署等优势。对于微服务架构来说，每个微服务都可以被打包成一个独立的容器，这使得它们能够在不同的环境中部署和运行，而不受其他微服务的影响。容器化技术还提供了持续交付和水平扩展的能力，使得微服务可以更加敏捷地开发、测试和部署。

微服务架构通常涉及多个微服务实例的管理和协同工作。编排技术提供了一种自动化管理和协调微服务实例的机制。通过定义和配置一组规则和策略，编排系统可以根据需求自动进行微服务的部署、伸缩和负载均衡。编排技术还提供了故障检测和自动恢复的机制，使得微服务能够在故障发生时快速恢复和保持可用性。此外，编排技术还提供了监控、日志记录和调度等功能，帮助开发团队更好地管理和维护微服务架构。

容器编排平台（如 Kubernetes）作为云原生应用的核心组件，能够将容器化的微服务组织成一个高度可伸缩、自治和弹性的系统。它通过声明式配置和自动化操作，实现微服务的生命周期管理，包括部署、水平扩展、服务发现、负载均衡、故障恢复等。编排系统可以根据系统的需求和资源状况，智能地进行资源调度和任务分配，并确保整个系统的稳定性和高可用性。

微服务支持云原生应用的容器化和编排技术，为构建和管理分布式系统提供了便捷和灵活的方式。通过容器化，每个微服务都可以独立打包和部署，实现环境隔离和快速交付。通过编排技术，微服务实例可以自动管理和协同工作，实现弹性和高可用性。这些技术的结合给云原生应用的开发和运维带来了极大的便利，进一步推动了微服务架构的普及和发展。

微服务支持云原生应用的无状态设计和弹性架构是实现高可伸缩性和可靠性的关键要素。

无状态设计是指将应用程序的状态信息从应用本身中分离出来，使得每个请求都可以独立处理，不依赖之前的请求或上下文信息。在微服务架构中，每个微服务都被设计成无状态的，即不保存任何与特定用户或会话相关的数据。所有的状态信息都被存储在外部组件（如数据库、缓存或存储服务）中。这样做的好处是，每个请求都可以独立处理，并且微服务之间可以进行无缝的水平扩展，提高系统的可伸缩性和弹性。此外，无状态设计也使得微服务更易于进行故障恢复，出现故障时系统可以快速替换和重新部署微服务实例，而不会影响系统的整体运行。

弹性架构是指系统能够根据负载和需求的变化，自动扩展或收缩其资源，以满足不同的需求和保持稳定的性能。在微服务架构中，通过采用弹性架构的原则和技术，可以实现高可用性、容错性和自动化系统管理。例如，使用弹性扩展功能，根据负载情况自动增加或减少微服务实例的数量。此外，还可以使用负载均衡机制，将请求均匀地分发给多个微服务实例，并通过故障检测和自动恢复来实现故障隔离和容错恢复的能力。弹性架构还包括监控和日志记录，以及灰度发布和蓝绿部署等实践，以确保系统的稳定性和可靠性。

无状态设计和弹性架构相互配合，为微服务架构提供了高度可伸缩性和可靠性的能力。无状态设计使得微服务实例可以无缝地水平扩展，并能够快速在故障时进行恢复。弹性架构则提供了自动化的资源管理和故障处理机制，使得系统能够动态地适应变化的负载和环境需求，保持高可用性和性能稳定。

1.3.3 云服务与微服务的挑战与解决方案

随着信息技术的不断发展和应用场景的不断扩大，云服务和微服务已成为现代软件开发和部署的关键技术。云服务以其灵活性、弹性和可伸缩性的优势，为企业提供了便捷的资源管理和服务交付方式。微服务则通过将复杂的单体应用拆分为小而自治的服务单元，使得应用更易开发、测试和部署，并具备高可维护性和可扩展性。然而，云服务和微服务也带来了一系列挑战，需要我们认真思考并寻找解决方案。

1. 数据管理和数据一致性的挑战与解决方案

在云服务和微服务中，数据管理和数据一致性是两个重要的挑战。

（1）数据管理

挑战包括：

1）数据分散：在微服务架构中，应用被拆分为多个小服务单元，每个服务单元独立存储和管理自己的数据。这导致数据分散在不同的服务单元上，增加了数据管理和一致性的复杂性。

2）数据复制：为了提高可用性和性能，数据经常需要被复制到不同的地理位置或服务副本中。然而，这可能导致数据一致性的问题，因为不同的副本可能具有不同的更新状态。

解决方案包括：

1）数据库选择：选择适合微服务架构的数据库，例如支持多模型、分布式事务和复制的分布式数据库。常见的选择包括 MongoDB、Cassandra 和 CockroachDB 等。

2）事件驱动架构：采用事件驱动架构可以解耦数据更新过程，通过发布－订阅模式实现数据的同步和通知。服务可以订阅特定的事件来处理数据更新。

3）分布式事务管理：使用分布式事务管理器来确保多个服务之间的数据一致性。例如，可以使用基于消息队列的事务协调器，如 Apache Kafka 或 RabbitMQ。

（2）数据一致性

挑战包括：

1）更新冲突：由于微服务架构中数据的分散性，因此多个服务可能同时更新同一份数据，从而导致冲突和不一致。

2）异步通信：微服务架构通常使用异步通信来提高性能和可伸缩性。然而，异步通信可能导致消息的顺序混乱和处理延迟，进而影响数据的一致性。

解决方案包括：

1）乐观锁和版本控制：通过实现乐观锁机制和版本控制来解决更新冲突。每个数据记录都可以包含一个版本号或时间戳，在更新时检查版本并处理冲突。

2）分布式事务：使用分布式事务机制确保多个服务之间的操作原子性和一致性。例如，可以使用两阶段提交（2PC）或补偿性事务（TCC）协议来实现分布式事务。

3）事件溯源：采用事件溯源模式可以记录数据更改的完整历史，包括事件的顺序和处理过程。这样可以实现事件重放和恢复，确保数据的一致性。

总体而言，云服务和微服务中的数据管理和数据一致性挑战可以通过选择适合的数据库、采用事件驱动架构、使用分布式事务管理器，实现乐观锁和版本控制、使用分布式事务机制以及应用事件溯源模式等解决方案来应对。这些方案有助于确保数据的一致性和可靠性，提升系统的稳定性和性能。

2. 服务间通信和监控的挑战与解决方案

（1）服务间通信

挑战包括：

1）网络延迟和故障：微服务中的服务通常运行在不同的主机或容器中，通过网络通信。网络延迟和故障可能导致通信延迟、错误和服务不可用。

2）复杂性管理：随着服务数量的增加，服务间通信变得更加复杂。需要确保服务发现、负载均衡和消息传递等功能的正确实现和管理。

解决方案包括：

1）服务注册和发现：使用服务注册和发现机制，例如使用 Consul、Etcd 或 ZooKeeper 等工具。这样每个服务都可以注册自己的地址和功能，并且其他服务可以通过服务发现来查找和访问它。

2）负载均衡：采用负载均衡策略将请求分发到多个服务实例，以提高性能和可伸缩性。常见的负载均衡策略包括轮询、随机、加权轮询等。

3）异步通信：使用消息队列或事件总线来实现异步通信方式，减少耦合性并提高系统的可伸缩性。常见的消息队列包括 Kafka、RabbitMQ 等。

4）容错机制和重试策略：考虑网络故障和超时情况，实施容错机制和重试策略，例如断路器（Circuit Breaker）模式和指数退避算法。

（2）监控

挑战包括：

1）分布式追踪：由于微服务中的服务是独立运行的，需要监控和追踪请求在不同服务之间的流动情况，以便快速发现和解决问题。

2）大规模数据处理：处理大量的监控数据可能会带来时间和计算资源方面的挑战，例如记录日志和跟踪数据等。

3）实时反馈和警报：及时获得对系统性能和健康状态的反馈是至关重要的，只有这样才能快速发现问题并采取适当的措施。

解决方案包括：

1）分布式追踪工具：使用分布式追踪工具（例如 Zipkin、Jaeger 等）来跟踪和监控请求在微服务中的流动。这些工具可以提供服务间调用的可视化图形展示，并帮助识别潜在的性能瓶颈和故障。

2）日志和指标收集工具：使用日志和指标收集工具（例如 ELK Stack、Prometheus 等）来收集和分析服务的日志和指标信息。这些工具可以帮助发现和解决潜在的问题，并为性能调优提供关键洞察。

3）实时监控和警报：设置实时监控和警报系统，以便及时获得对系统性能和异常情况的反馈。这可以通过使用监控工具（例如 Grafana、Nagios 等）和集成警报机制来实现。

总体而言，云服务和微服务中的服务间通信和监控挑战可以通过使用适当的服务注册和发现、负载均衡、异步通信、容错机制和重试策略，以及使用分布式追踪工具、日志和指标收集工具来解决，同时建立实时监控和警报系统有助于及时发现和解决潜在的问题，确保系统的可靠性和稳定性。针对微服务中多服务之间的通信，云服务需要提供高性能和低延迟的网络连接，还可以采用边缘缓存来优化网络流量，进行容量规划和网络优化等。

3. 安全性和权限管理的挑战与解决方案

挑战包括：

1）访问控制：确保只有授权用户和服务可以访问敏感数据和功能。

2）身份验证和授权：验证用户和服务的身份，并为其授予适当的权限。

3）数据保护：保护敏感数据的机密性、完整性和可用性。

4）日志和审计：跟踪和监控系统的活动并生成审计日志，以便检测和调查安全事件。

解决方案包括：

1）多因素身份验证（MFA）：采用多因素身份验证机制，例如使用密码、令牌、生物识别等额外的验证因素来增强身份验证的安全性。

2）API 署名和令牌鉴权：通过使用 API 署名和令牌鉴权机制，对访问进行验证和授权。这可以确保只有具有有效凭证的请求才能通过。

3）集中身份认证和授权：采用集中身份认证和授权解决方案，例如单点登录（SSO）和身份提供者（IdP），以确保所有服务都经过有效身份验证和授权检查。

4）数据加密：对敏感数据进行加密，包括数据在传输和存储过程中的加密。例如，使用传输层安全协议（TLS）进行加密通信，使用适当的加密算法对数据进行加密。

5）基于角色的访问控制（RBAC）：采用基于角色的访问控制模型，将用户和服务分配到特定角色，并根据角色授予适当的权限。这样可以降低细粒度权限管理的复杂性。

6）日志和审计机制：建立日志和审计机制，跟踪和监控用户和服务的活动。这包括记录访问请求、权限变更、错误和安全事件等。使用集中化日志管理、安全信息与事件管理（SIEM）工具可以更好地分析和检测潜在的安全问题。

7）可借鉴其他安全最佳实践：①定期进行漏洞扫描和安全评估，及时修复发现的安全漏洞。②保持软件和系统更新到最新版本，以获取最新的安全补丁和修复程序。③实施网络隔离和安全组策略，限制不必要的访问。④建立强大的密码策略和访问密码管理机制。⑤提供安全培训和意识教育，使用户和开发人员了解安全最佳实践并遵守规定。

保护云服务和微服务的安全性需要综合考虑访问控制、身份验证和授权、数据保护以及日志和审计等方面。通过采用多层次的安全措施和最佳实践，有助于确保系统的安全性和可靠性。

4. 可靠性和故障处理的挑战与解决方案

云服务和微服务还面临可靠性和故障处理的挑战。由于分布式系统的复杂性，服务之间的依赖关系和故障恢复变得更加复杂。解决方案包括：使用容器编排平台和容器自动伸缩来实现高可用性和弹性，实施故障检测和自动恢复机制，以及使用监控和日志记录工具来实时监测系统状态和故障。

5. 团队组织和文化方面的挑战与解决方案

云服务和微服务还需要应对团队组织和文化方面的挑战。微服务架构要求团队具备分布式系统相关思维和协作能力，同时需要较高的自主权和快速决策能力。解决方案包括：建立跨职能团队，采用敏捷开发和 DevOps 实践，以及加强沟通和知识分享。

1.4 小结

云服务和微服务是现代软件开发中常见的两种架构模式，它们都具有一些优点，有各自的适用场景。云服务是将应用程序的部署、扩展和管理外包给云提供商的模式。云提供商通过虚拟化技术和分布式系统来提供计算、存储和网络资源，用户可以按需使用这些资源，具有灵活性和弹性、可靠性和可用性、提高成本效益的作用，且面向全球用户在高峰期能够快速增加资源以满足用户需求，同时在低峰期可以缩减资源以降低成本并且快速上线和迭代。

微服务是一种将应用程序拆分为多个小型、松耦合的服务的架构模式。每个微服务都专注于一个具体的业务功能，并通过轻量级的通信机制交互。微服务具有模块化和可扩展、独立部署和团队自治以及技术多样性的优势；它适用于大型复杂系统、高度自治的团队以便快速迭代和创新。

云服务和微服务都是现代软件开发中重要的架构模式。使用云服务可以实现灵活、可靠和具有成本效益的应用程序部署和管理，而微服务可以实现模块化、可扩展和快速迭代的应用程序开发和维护。根据具体的需求和场景，开发团队可以选择合适的架构模式来构建高效、可靠的软件系统。

1.5 习题

1. 解释什么是云服务，并说明其有哪些优势。
2. 描述微服务架构的特点和优势。
3. 云服务与微服务之间存在什么样的关系？请简述云服务如何为微服务提供基础设施支持，以及微服务如何支持云原生应用。

第 2 章

极 限 编 程

编写软件是一项充满挑战的任务，需要高度的团队协作、灵活的开发方式和持续不断的改进。传统的瀑布模型和重量级开发方法往往无法满足快速变化的需求和日益增长的市场竞争的需要。在这个快节奏的时代，我们需要一种能够迅速适应变化、注重质量和客户价值的软件开发方法。

极限编程（Extreme Programming，XP）应运而生。它是一种敏捷软件开发方法论，强调团队协作、快速反馈和持续改进。与传统的软件开发方法相比，极限编程具有更高的灵活性、更快的交付速度和更好的质量控制。它通过简化开发流程、强调测试驱动开发和持续集成，使团队能够更好地应对需求变化和风险。

本章旨在介绍极限编程的核心原则、实践及其在项目中的应用。我们将深入了解极限编程的工作原理，涉及计划和迭代、团队协作和沟通、质量保障和风险管理等方面。我们还将通过实例和案例研究，展示极限编程在真实项目中的应用和效果。

2.1 极限编程的定义与起源

极限编程是一种敏捷软件开发方法论，旨在通过强调团队协作、快速反馈和持续改进来提高软件开发的质量和效率。极限编程强调将软件开发过程转变为一个紧密协作、高度自适应和迭代式的过程，以适应快速变化的需求和市场环境。

极限编程的起源可以追溯到 20 世纪 90 年代中期，由美国程序员肯特·贝克（Kent Beck）等人在 1996 年为戴姆勒 – 克莱斯勒（Daimler-Chrysler）公司所做的一个项目中首次提出。他们在实际项目的实践中发现，传统的软件开发方法往往无法满足快速变化的需求，无法应对不确定性，导致项目延期、成本超支和质量问题。基于这些观察和实践，他们开始尝试一种全新的软件开发方法，即极限编程。极限编程的设计目标是使软件开发团队能够更灵活、更高效地应对需求变化，并提供高质量的软件交付。

2.2 极限编程的核心原则

1) 快速反馈（Feedback）：极限编程强调快速获得反馈，以便及早发现和纠正问题。通过频繁交付软件功能，用户可以尽早验证软件是否满足需求，同时可以提供开发团队所需的反馈信息。快速反馈有助于快速适应变化和提高开发质量。

2）简单性（Simplicity）：极限编程倡导采用最简单的设计和解决方案来实现软件功能。避免过度工程和不必要的复杂性，保持代码的可读性和易于维护性。简化解决方案有助于减少开发的风险和成本，并更好地满足用户的需求。

3）逐步迭代（Iterative）：极限编程采用迭代式开发方式，将大型项目周期拆分为多个小规模的迭代周期。在每个迭代周期中，只完成少量的需求，并且进行相应的测试和交付。这种逐步迭代的方式有助于快速构建可用的软件功能，并根据用户反馈和需求变化进行迭代调整。

4）团队协作（Collaboration）：极限编程强调团队成员之间的紧密协作和高效沟通。团队成员共同承担责任，通过面对面交流、集体代码拥有权等实践方式，促进团队协作和共同努力解决问题。团队协作有助于减少沟通成本，提高工作效率和质量。

5）提升心理安全感（Respect，即尊重）：极限编程注重团队成员的心理安全感。鼓励尊重每个团队成员的观点和贡献，创造一个安全的环境，使团队成员更有动力分享想法、提出问题和解决问题。心理安全感有助于激发团队成员的创造力和积极性。

6）持续改进（Continuous Improvement）：极限编程强调持续学习和不断改进。通过团队回顾、知识分享和技术实践等方式，团队成员可以总结经验教训，发现问题并改进工作流程和开发实践。持续改进有助于不断提高团队的效能和软件产品的质量。

这些核心原则共同构成了极限编程的基本理念和价值观。通过遵循这些原则，团队能够更好地适应需求变化，提高开发效率和质量，并促进团队成员之间的协作。

2.3　采用极限编程的原因

采用极限编程方法，通常有以下几个原因：

1）快速适应需求变化：在当前快速变化和高不确定性的市场环境下，软件项目需要能够快速适应新的需求和变化。极限编程强调频繁交付和快速反馈，通过短期迭代和小规模交付，能够及时获取用户反馈和快速调整开发方向，使团队更具敏捷性和灵活性。

2）提高开发效率和质量：极限编程鼓励采用简单的设计和解决方案，避免过度工程和不必要的复杂性。通过测试驱动开发（TDD）和持续集成等实践，可以提前发现和修复问题，减少后期的错误和修复成本。同时，通过持续重构和简化设计，保持代码的可读性和可维护性，进一步提高开发效率和质量。

3）强调团队协作和提升心理安全感：极限编程注重团队成员之间的良好沟通和协作。通过面对面交流、编写用户故事和集体代码拥有权等实践，促进团队成员之间的互动和协作。团队成员共同承担责任，共同努力解决问题，从而提高整个团队的责任感和归属感。

4）提供持续改进机制：极限编程强调持续的学习和改进。通过团队回顾、知识分享、技术实践等方式，不断总结经验教训，发现问题并改进工作流程。这样可以不断提高团队的效能和开发流程，进一步优化软件产品的质量和交付速度。

5）适应敏捷开发需求：极限编程是一种重要的敏捷软件开发方法，遵循敏捷开发的核心原则。极限编程强调快速交付、快速反馈和持续改进，与Scrum、Kanban（看板）等其他敏捷方法相辅相成。采用极限编程，可以更好地满足敏捷开发的需求，使团队更具适应性和竞争力。

采用极限编程方法可以帮助团队应对快速变化的需求和市场环境，提高开发效率和质量，促进团队协作和提升心理安全感，并提供持续改进机制。这使得极限编程成为许多软件开发团队的首选方法，以提高项目成功的可能性和客户满意度。

2.4 快速迭代开发

快速迭代开发是一种敏捷软件开发方法，旨在通过快速、持续地交付和改进软件来满足不断变化的需求。它强调将大型项目周期分解成小且可管理的迭代周期，每个迭代周期通常持续数周到数月。

在快速迭代开发中，团队会在每个迭代周期内选择并处理一部分需求。这些需求通常来源于产品需求清单或用户反馈。团队会与利益相关者密切合作，在每个迭代周期开始前确定需求的优先级和目标。

在一个迭代周期内，团队会进行开发、测试和交付工作。首先，团队会明确需求，并制订相应的计划和任务。然后，开发人员会编写代码并进行测试，确保所构建的软件功能按照预期工作。一旦功能被开发和测试完成，团队就会将其交付给客户或用户使用。

在每个迭代周期结束时，团队会进行评审和回顾。他们会评估已完成的工作，并与利益相关者讨论结果。这种反馈机制可以帮助团队了解客户的需求是否得到满足，并根据反馈做出相应的调整和改进。

快速迭代开发的目标是使开发团队能够更快地交付有价值的软件，并通过频繁迭代循环不断改进软件产品。这种方法可以更好地适应需求的变化，减少风险，并提高软件质量。同时，它还促进了团队成员之间的协作和沟通，加强了项目的可控性和灵活性。

2.4.1 计划与迭代

在快速迭代开发中，计划与迭代是非常重要的环节。下面详细介绍快速迭代开发中的计划与迭代过程。

1）确定迭代周期：首先，团队需要确定每个迭代周期的时间范围，通常为数周到数月。这个时间段应该足够让团队完成一部分功能并交付给用户。

2）收集需求和建立需求清单：在开始每个迭代周期之前，团队会与利益相关者一起收集需求，并根据优先级建立需求清单。这个需求清单包含了本次迭代要实现的功能、任务和用户故事等。

3）迭代计划会议：团队会召开一个迭代计划会议，讨论和决定本次迭代的目标和计划。在会议中，团队会评估需求清单，根据重要性、复杂度和风险等因素来确定本次迭代要处理的需求和任务。团队还会和利益相关者一起商讨每个需求的优先级和期望交付日期。

4）确定迭代目标和范围：在迭代计划会议后，团队需要明确本次迭代的目标和范围。目标可以是实现特定的功能、修复缺陷、增加性能或者执行其他软件开发相关的任务。范围是指本次迭代要涵盖的具体需求和功能。

5）制订迭代计划和分配任务：一旦迭代目标和范围得以确定，团队会开始制订具体的迭代计划，并将任务分配给适当的团队成员。针对每个任务，应该清楚地定义其需求和目标，以及预计的时间和资源限制。

6）开展迭代周期工作：在迭代周期内，团队会根据迭代计划进行开发、测试和集成等各种活动。这包括编写代码、运行单元测试、执行集成测试、修复错误和保证代码质量等。

7）迭代评审会议：在迭代周期结束时，团队会召开迭代评审会议，回顾本次迭代的工作成果。团队会与利益相关者讨论已完成的功能和任务，并根据反馈进行调整和改进。团队可以对产品进行演示，以确保满足了用户的期望和需求。

8）更新需求清单用于下一个迭代计划：根据迭代评审会议的结果，团队会更新需求清单，并用于下一个迭代的计划。这可能包括添加新的需求、修改现有需求的优先级，或者重新安排任务的计划时间。

通过以上计划与迭代过程，团队能够在每个迭代周期内高效地开发和交付软件功能。同时，通过频繁的迭代评审和反馈机制，团队还能够不断改进软件产品，并根据客户需求的变化进行灵活调整。这种计划与迭代的方式使得团队能够快速响应需求和市场变化，提供高质量的软件产品。

2.4.2 用户故事

快速迭代开发中，用户故事是一种对系统功能需求的简洁描述。它通常从用户角度进行描述，强调用户期望和目标，以便开发团队更好地理解需求和实现对用户有价值的功能。下面介绍用户故事的概念、编写方法，以及用户故事在需求管理和优先级排序中的应用。

1. 用户故事的概念

用户故事着重描述一个特定类型的用户与系统交互时的期望和目标。它通常由以下三个部分组成：

1）角色（Role）：故事中涉及的用户或者系统的角色。
2）动作（Action）：用户故事中的一个具体行为或者动作。
3）价值（Value）：用户故事完成后用户可以获得的价值或者利益。

2. 用户故事的编写方法

编写用户故事时，可采取以下步骤：

1）确定角色：识别出故事涉及的用户或者系统的角色。
2）定义目标：明确故事的目标或期望结果。
3）描述行为：详细描述用户执行的具体行为或者动作。
4）强调价值：说明故事完成后用户可以获得的价值或者利益。

例如，一个用户故事可以是："作为一个顾客，我想能够查看商品的详细信息和用户评价，以便做出购买决策。"

3. 用户故事在需求管理和优先级排序中的应用

用户故事在需求管理和优先级排序中起着重要的作用，包括以下方面：

1）需求收集：用户故事作为一种简洁的描述方式，可以帮助团队快速收集并理解用户需求。

2）需求分析：通过用户故事，团队可以更好地理解用户期望和目标，并将其转化为具体功能需求。

3）优先级排序：对用户故事，可以根据其对用户价值的贡献和业务优先级进行排序。团队可以根据用户故事的重要性、风险、复杂度等因素来确定优先级，以确保开发工作在迭代周期内有序进行。

4）迭代计划：用户故事可以用于制订迭代计划。团队可以根据优先级和需求复杂度，合理安排用户故事的开发顺序和时间安排。

通过明确的用户故事，团队可以更好地定义、管理和优先排序需求，从而在快速迭代开发中提供满足用户期望的软件功能。

2.4.3 快速反馈和持续集成

快速迭代开发中，快速反馈和持续集成是关键的实践，能够有效提高开发效率、保证软件质量并增强团队协作。下面详细介绍这两个概念的含义和它们在快速迭代开发中的应用。

1. 快速反馈

快速反馈是指在开发过程中尽快获取有关软件功能、质量和用户体验方面的反馈。通过及时获得反馈，开发团队可以更好地理解用户需求、问题以及改进的机会，并在早期进行相应的调整。快速反馈可以通过以下方式来实现：

1）单元测试：编写自动化的单元测试用例，能够在开发过程中快速发现代码错误和逻辑问题。

2）集成测试：设置自动化的集成测试，将不同模块或组件整合起来进行综合测试，确保系统功能正常。

3）用户测试：与用户紧密合作，尽早邀请用户参与测试和提供反馈，以确保产品满足用户期望。

2. 持续集成

持续集成是一种开发实践，通过频繁地自动集成和构建代码来快速发现和解决问题。持续集成要求团队在代码版本控制系统中使用主干分支，并遵循以下步骤：

1）检入并提交代码：开发人员频繁地检入和提交代码到共享的代码仓库，确保代码变更被记录下来。

2）自动构建和集成：设置自动化的构建服务器，负责监控代码仓库的变更，并定期或在特定事件（如提交）发生时触发代码的构建和集成工作。

3）自动化测试：在持续集成过程中，自动运行单元测试、集成测试等各种自动化测试用例，以尽早发现问题，并及时通知开发团队。

4）反馈和修复：如果发现问题，及时通知相关开发人员，使其能够快速定位和解决问题。

5）部署和交付：持续集成不仅包括自动化的构建和测试，还涉及将已通过测试的软件交付到生产环境。

快速反馈和持续集成在快速迭代开发中具有重要意义。快速反馈帮助团队更好地理解用户需求，并及时调整产品功能。持续集成则促进了代码的高质量、稳定性和可靠性，确保团队能够快速响应需求并快速交付高质量的软件。这两个实践相互支持，使得团队能够灵活应对变化，并持续改进软件产品和开发流程。

2.5 团队协作和沟通

在敏捷开发中，团队协作和沟通的重要性不可忽视。敏捷开发强调团队成员之间的协作和高效沟通，以实现以下几个方面的价值：

1）共同理解需求：团队协作和沟通是确保所有成员对需求有共同理解的关键。通过与产品负责人、用户等利益相关者的密切协作，团队能够准确地捕捉到用户期望，并将其转化为具体的功能或用户故事。

2）快速反馈和迭代改进：团队协作和沟通有助于快速反馈和迭代改进。团队成员之间的沟通可以促进及时识别和解决问题，确保产品持续地适应变化的需求，以满足用户的期望。

3）规划和优先级排序：团队协作和高效沟通对规划和优先级排序至关重要。团队成员之间的协作有助于确保需求被准确理解，并且有助于团队根据价值和风险进行合理的优先级排序，以便更好地规划和管理开发工作。

4）知识共享和技能提升：团队协作和沟通有助于知识共享和团队成员技能提升。团队成员之间的紧密协作可以促进经验和知识的共享，提高整个团队的技术能力和专业素养。

5）提高工作效率和减少风险：团队协作和沟通可以提高工作效率并减少风险。通过明确的沟通渠道和频繁的交流，团队能够快速解决问题、调整方向，并及时调整工作计划，以应对变化和风险。

6）建立信任和共同责任感：团队协作和沟通有助于建立信任和共同责任感。团队成员之间的有效沟通和相互支持可以增强团队的凝聚力和合作精神，使他们共同追求项目的成功。

通过加强团队协作和沟通，团队能够更好地实现高质量、高效率的软件交付。

2.5.1 团队协作和常见角色定义

在敏捷开发中，团队协作和角色定义是确保项目成功的关键要素，在敏捷团队中，不同角色承担不同的职责，并通过相互协作的方式共同推动项目的进行。

1. 团队协作

1）自组织团队：敏捷开发鼓励自组织的团队，团队成员根据项目需求和优先级自行分配工作，并决定如何实现任务目标。

2）平等合作：在敏捷团队中，团队成员之间应该平等合作，没有明确的领导层级。每个成员都能贡献自己的专业知识和技能，并积极参与决策和解决问题的过程。

2. 常见角色定义

（1）产品负责人（Product Owner）

1）职责：收集用户需求并建立产品 Backlog（待办清单），定义优先级，与利益相关者沟通，确保团队理解项目愿景和目标。

2）协作方式：与团队成员紧密合作，提供对需求的详细解释，回答问题，持续优化产品 Backlog，根据团队成员的反馈和实际情况调整优先级。

（2）敏捷团队成员

1）职责：根据产品负责人提供的需求和优先级进行软件开发、测试、设计等任务，参与决策并交付高质量的工作成果。

2）协作方式：在日常 Scrum 会议中分享进展和障碍，相互协作解决问题，合作开发并及时回顾和改进自己的工作，确保团队整体的成功。

（3）敏捷教练（Agile Coach）

1）职责：培训团队成员，引导他们正确理解和应用敏捷方法，提供指导和支持，帮助团队克服挑战并实现高绩效。

2）协作方式：通过面对面培训、示范和反馈，与团队成员建立良好的合作关系。与协作主管合作，确保团队正确运用敏捷方法，并提供持续的指导和支持。

（4）协作主管（Scrum Master）

1）职责：促进团队高效工作，移除障碍，确保 Scrum 流程正确执行，保障团队能顺利交付可接受的业务价值。

2）协作方式：为团队提供支持和指导，协调与产品负责人之间的沟通，组织和引导 Scrum 会议，解决团队所面临的问题，为团队创造一个积极的工作环境。

（5）利益相关者（Stakeholders）

1）职责：代表项目的投资者、用户以及其他利益相关者的利益，并提供反馈和支持。

2）协作方式：与产品负责人合作，参与需求沟通和优先级确定，定期参加展示会议，提供反馈和建议，确保项目符合利益相关者的期望。

这些角色之间的协作是团队成功的关键。他们通常会定期参加各种会议，如 Sprint 计划会议、每日 Scrum 会议、回顾会议等，以确保团队对项目目标和进展有共同的理解，并能够及时调整和改进工作计划。通过密切的合作和高效的沟通，敏捷团队能够应对变化，快速交付价值，并在项目中取得成功。

在团队协作和角色定义中，敏捷开发强调以下重要原则：

1）融合多样性：通过组建拥有不同技能和背景的多功能团队，可以获得更广泛的专业知识和视角。

2）高度协作：团队成员之间进行频繁的沟通和协作，分享信息、解决问题和优化流程。

3）共同拥有责任：整个团队共同承担项目的成功或失败，每个成员都有责任追求高质量的交付结果。

4）快速反馈和迭代：团队成员之间的紧密协作和沟通促使快速反馈和持续改进，确保软件项目能够应对变化和挑战。

通过团队协作和明确定义的角色，敏捷团队能够高效地工作，灵活应对变化，并以交付高质量的软件为目标。

2.5.2 简单设计和持续改进

敏捷开发是一种迭代、增量的软件开发方法，着重于灵活应对需求变化和持续改进。在敏捷开发中，简单设计和持续改进是两个核心概念，它们有助于提高团队的工作效率和产品质量。

1. 简单设计

简单设计（Simple Design）是指保持软件系统代码和架构的简洁性和可理解性，避免过度复杂化。简单设计关注以下原则：

1）保持最小化：通过遵循 KISS（Keep It Simple, Stupid，即保持简单、纯朴）原则，尽可能地避免复杂化，只实现必要的功能。不要添加冗余的代码或功能，保持代码精练和高效。

2）可理解性：代码应易于阅读、理解和维护，遵循一致的命名规范和代码风格。使用有意义的变量、函数和类名，使代码逻辑清晰明了，方便团队成员理解和合作。

3）模块化：将系统划分为独立的模块或组件，使其职责单一、可重用，并降低模块间的依赖关系。模块化设计有助于提高系统的可维护性和可测试性。

4）消除重复：消除重复的代码和功能，通过抽象和重用来减少冗余。遵循 DRY（Don't Repeat Yourself，即不要重复自己）原则，确保代码的高内聚和低耦合。

简单设计的优点包括：

1）易于维护和修改：简洁的代码结构和逻辑使修改和维护变得更加容易，降低了引入错误的可能性。

2）提高可测试性：简单设计通常与更好的可测试性相关联，有助于进行单元测试、集成测试和自动化测试。

3）加速开发速度：简洁的设计可以缩短开发时间，提高开发效率。同时，简单的代码结构也有助于团队成员之间的协作和配合。

2. 持续改进

持续改进（Continuous Improvement）是敏捷开发中的一个核心原则，鼓励团队不断反思和改进工作方式和流程。持续改进包括以下方面：

1）迭代开发：采用短周期的迭代开发方式，每个迭代都交付一个可用的软件增量，从用户和其他利益相关者处获得反馈，并及时进行调整和改进。通过快速迭代，团队能够更好地了解用户需求，并及时做出调整。

2）反馈机制：建立反馈机制，包括项目成员之间的反馈和用户的反馈。例如，每日的 Scrum 会议、回顾会议和演示会议都是为了收集不同层面的反馈，及时发现问题和改进的机会。

3）持续集成和持续交付：采用自动化的持续集成和持续交付流程，将代码持续集成到主干分支，并自动构建、运行测试和部署。这样可以更早地发现和解决问题，并加快交付速度。

4）回顾和改进：团队定期进行回顾会议，总结过去的工作，分析问题和挑战，并制订改进计划。回顾会议是一个团队学习和优化的机会，能够促进持续改进和团队成长。

持续改进的优点包括：

1）不断提高产品质量：通过持续改进，团队能够识别和纠正问题，提高产品的质量和用户满意度。

2）增强团队的适应能力：敏捷开发中的持续改进原则使团队能够灵活应对变化，并持续提高自身的竞争力。

3）增强团队协作和学习能力：通过反思和改进，团队成员可以相互学习、分享经验和最佳实践，提高团队的整体能力。

简单设计和持续改进是敏捷开发中非常重要的原则和实践，它们能够帮助团队在快速变化的环境中保持敏捷性和可持续性。通过关注简单设计和持续改进，团队可以更好地应对需求变化、改善产品质量，并不断提高工作效率和用户满意度。

2.5.3 开放沟通和信息共享

在敏捷开发中，开放沟通和信息共享是促进团队协作和项目成功的重要原则之一。它们有助于提高团队成员之间的沟通效率、解决问题、减少风险，并促进团队的学习和持续改进。

1. 开放沟通

开放沟通（Open Communication）是指在团队成员之间建立透明、坦诚和积极的沟通环境。以下是一些开放沟通的实践。

1）面对面交流：面对面交流能够更好地传达信息和理解问题。团队成员可以通过日常会议、站立会议、头脑风暴等方式进行即时交流和讨论。

2）及时反馈：鼓励团队成员及时反馈问题、困难和建议。通过沟通和共享，可以快速发现并解决潜在的问题，避免问题扩大化或影响其他人的工作。

3）沟通工具：利用各种沟通工具（例如聊天工具、电子邮件、在线会议等）促进团队成员之间的交流。确保选择合适的工具，以便在不同时间和地点进行沟通。

4）团队协作：鼓励团队成员之间的密切协作和信息共享。可以使用协作工具（例如项目管理软件、版本控制系统等）来实现团队的协作和信息整合。

通过开放沟通，团队成员能够更好地理解项目需求、技术挑战和风险，并及时调整工作计划和进度，保持整个团队目标一致且有效协同。

2. 信息共享

信息共享（Information Sharing）是指在团队成员之间主动分享有关项目、问题和解决方案的信息。以下是一些信息共享的实践。

1）文档化：将项目相关的信息记录下来，包括需求文档、设计文档、会议纪要等。确保文档易于理解和查找，为团队成员提供参考和指导。

2）知识库：建立一个团队知识库，用于存储和共享项目相关的知识、经验和最佳实践。团队成员可以随时查阅并更新知识库，从而促进团队学习和持续改进。

3）演示和展示：定期进行演示会议或展示会议，展示团队成员的工作成果和进展。通过演示和展示，可以增强团队成员之间的了解和交流，并为项目提供更好的可视化效果。

4）管理透明：确保团队成员对项目的整体情况、进展和挑战有清晰的认识。例如，采用看板或迭代仪表盘等工具进行项目状态的可视化管理。

信息共享可以帮助团队成员理解项目的目标和里程碑，达成共识，并提供项目决策和工作计划的依据。同时，通过共享信息，团队成员也能够从其他人的经验中学习，提高个人和团队的能力。

在敏捷开发中，开放沟通和信息共享是构建良好团队协作和项目成功的重要原则。它们鼓励团队成员之间建立信任、理解需求、解决问题，并持续改进工作方式。通过开放沟通和信息共享，团队能够更好地整合资源、应对变化，并提供高质量的软件产品。

2.6 质量保障和风险管理

为了确保项目的成功和客户的满意度，质量保障和风险管理在敏捷开发中起着至关重要的作用。质量保障是指通过各种策略和实践来确保软件产品的质量符合预期标准。在敏捷开发中，质量保障不只是测试代码，而是贯穿需求分析、设计、编码到测试和部署的全过程。通过质量保障，团队能够及早发现和解决问题，提高软件的可靠性、稳定性和安全性。优秀的质量保障措施可以帮助团队确保交付高质量的软件产品，提升用户体验，并增强团队的信誉。

风险管理是指通过识别、评估和应对潜在风险，降低项目失败的可能性。在敏捷开发中，快速迭代和频繁交付的特点可能会引入一些风险，如需求变更、技术限制、沟通问题等。风险管理评估风险的概率和影响，并采取适当的措施来减轻风险的影响。这可以包括制订备选计划、优化团队协作、改进沟通和管理变更等。有效的风险管理有助于保护项目免受意外事件的损害，并使团队能够在面对挑战时做出明智的决策。

下面将探讨敏捷开发中质量保障和风险管理的重要性和方法。我们将介绍一些常用的质量保障和测试策略实践，包括测试驱动开发、自动化测试、持续集成等，并提供实用的建议来确保软件产品的质量。我们还将介绍风险管理的实践，如风险评估、风险缓解策略、迭代反馈、风险控制等，迭代计划的主要步骤，如用户故事编写、故事估算等，并分享一些实用的技巧来降低风险对项目的影响。

2.6.1　质量保障和测试策略

在极限编程中，质量保障和测试策略是确保软件产品质量的重要组成部分。极限编程强调持续集成和快速迭代开发，并将测试作为开发过程的关键环节。下面详细介绍极限编程中的质量保障和测试策略。

1）测试驱动开发（Test-Driven Development，TDD）：TDD是极限编程中核心的测试策略之一。它的基本原则是在编写功能代码之前先编写测试代码。测试代码描述了预期的行为，然后开发人员编写足够的功能代码以满足测试要求。通过TDD，可以确保每个功能模块都被相应的测试覆盖，提高代码的可测试性和可维护性。

2）自动化测试：自动化测试是极限编程中另一个核心的测试策略。通过使用自动化测试工具和框架，可以快速有效地运行大量测试用例，提高测试的效率和准确性。自动化测试包括单元测试、集成测试和验收测试等不同层次和范围的测试，以确保软件的各个部分都能按照预期工作。

3）持续集成（Continuous Integration，CI）：持续集成是极限编程中的核心实践，通过在项目开发过程中频繁地将代码集成到共享的主干（版本控制系统）中，并进行自动化构建和测试，来尽早发现和解决问题。持续集成强调团队成员提交小块、经过测试的代码，并及时处理集成错误，保持软件始终处于可发布状态。

4）集体代码所有权（Collective Code Ownership）：在极限编程中，团队成员共同拥有代码的所有权，这意味着每个人都有责任参与和改进代码的质量。团队成员可以对彼此的代码进行代码审查，提供反馈和建议，以确保代码的质量和一致性。

5）探索性测试（Exploratory Testing）：除了自动化测试之外，极限编程鼓励开发人员进行探索性测试。探索性测试是一种以探索目标为导向的测试方法，通过直接使用软件并发现和报告问题来评估软件的质量和用户体验。探索性测试既可以通过人工进行，也可以结合自动化测试工具和技术进行。

6）重构（Refactoring）：重构是极限编程中的另一个关键实践，它是在不改变软件外部行为的前提下改进内部质量和可维护性的过程。通过重构，可以优化代码结构、消除重复代码、提高代码可读性和可测试性，从而降低软件的复杂度和风险。

通过上述质量保障和测试策略，极限编程能够确保软件产品的质量、稳定性和可维护性。极限编程强调团队成员之间密切的协作、频繁的测试和反馈循环，以及对持续集成和自动化测试的重视。同时，极限编程还强调在项目中灵活应对变化，并通过优秀的工作和实践来确保软件质量的提升。

值得注意的是，以上内容仅介绍了极限编程中一些常见的质量保障和测试策略，具体实施方法可能因团队和项目的不同而有所调整和改变。

2.6.2　风险管理和迭代计划

在极限编程中，风险管理和迭代计划是确保项目成功的关键实践。以下是对这两个方面的详细介绍。

1. 风险管理

风险管理是极限编程中的重要环节，旨在识别、评估和应对项目中的风险。极限编程强调及时发现和解决问题，以减少风险对项目进展和质量的影响。下面是极限编程中常用的风险管理实践。

1）风险评估：团队对项目中可能出现的风险进行评估，并为每个风险分配优先级。评估可以基于经验、专家意见和历史数据等信息进行。

2）风险缓解策略：对于高优先级的风险，团队制定适当的缓解策略。这些策略可能包括采取预防措施、制订备用计划、分散风险、加强沟通等。

3）迭代反馈：通过频繁地迭代和持续集成，团队能够及早发现和解决问题，降低风险。迭代计划的反馈循环使团队能够更好地了解风险，并及时调整开发方向和策略。

4）风险控制：团队定期审查和更新风险管理计划，以确保风险得到及时控制和处理。团队成员也应密切关注项目的动态变化，及时报告和处理新的风险。

2. 迭代计划

迭代计划是极限编程中的一项核心实践，它将开发过程划分为多个迭代，每个迭代通常持续几周至几个月。以下是迭代计划的主要步骤。

1）用户故事编写：团队与利益相关者合作，编写用户故事，描述他们的需求和期望。用户故事具有简洁的格式，通常包括角色、动作和价值等。

2）故事估算：团队对每个用户故事进行估算，以确定完成它所需的工作量。通常使用相对估算技术，如故事点或理想天数估算。

3）迭代计划会议：团队根据用户故事的估算和优先级，制订迭代计划。这通常是一个协作会议，团队成员讨论并决定每个迭代要完成的用户故事。

4）迭代周期：根据迭代计划，团队开始实施开发工作。每个迭代都涉及需求分析、设计、编码、测试以及部署等活动。

5）迭代评审：在每个迭代结束时，团队进行迭代评审会议。回顾已完成的工作，并与利益相关者讨论，获取反馈和建议，以进一步改进和调整项目方向。

6）重复上述步骤：根据迭代评审的结果，团队更新迭代计划并进入下一个迭代周期。通过这种方式，持续地迭代和演化，以满足不断变化的需求和挑战。

需要注意的是，风险管理和迭代计划是相互关联的。风险管理提供了对潜在问题和风险的识别和处理机制，迭代计划则为团队提供了一个有序的方式来管理和执行项目工作。通过将风险管理和迭代计划相结合，极限编程能够更好地应对项目中的不确定性和挑战，以确保项目成功交付。

2.7 扩展应用和实践

随着软件行业的不断发展和变化，极限编程的概念和实践逐渐扩展到众多领域和应用场景，成为一种广泛应用的开发模式。通过扩展极限编程的应用和实践，我们能够更好地适应不断变化的软件开发环境，提高团队的协作能力和项目交付质量。下面将介绍一些常见的极限编程扩展实践，并探讨它们在不同环境中的应用和效果。无论是小型企业还是大型企业，无论是软件行业还是其他行业，扩展极限编程都可以为团队带来持续改进和成功交付的机会。

2.7.1 过程改进和团队反思

在极限编程中,过程改进和团队反思是两个非常重要的实践,它们有助于团队不断提高和发展。

1. 过程改进

在极限编程中,过程改进是指通过持续反馈和迭代来推动团队的自我完善和进步的过程。以下是一些常见的过程改进实践:

1)计划会议(Planning Game):团队成员根据需求和优先级做计划,确定下一轮迭代要完成的工作,并制定相应的时间表。

2)小步前进(Small Releases):团队将开发任务分解为小而可交付的部分,并在每个迭代结束时发布一个功能较完整的版本。这样可以及时获得用户和其他利益相关者的反馈,并快速纠正错误和改进。

3)需求卡片(User Stories):需求以简洁、可理解的方式记录在需求卡片上,并作为软件开发的驱动力。团队通过与用户和其他利益相关者紧密合作来明确和优先考虑需求。

4)持续集成(CI):团队成员频繁地将代码集成到共享代码库中,并进行自动化测试,以确保代码的质量和稳定性。这有助于减少集成问题和快速发现并解决错误。

5)测试驱动开发(TDD):在编写代码之前先编写测试用例,然后编写足够的代码使测试通过。这种迭代的开发方式可以提高代码质量和稳定性。

6)重构:对代码进行结构上的修改,以改善其内部设计,提高可读性和可维护性,同时不改变其外部行为。重构可以帮助团队持续改进代码质量和开发效率。

2. 团队反思

团队反思是极限编程中强调的另一个重要实践,它促使团队回顾和评估自身的工作方式,并从中吸取经验教训。以下是一些常见的团队反思实践。

1)迭代回顾会议(Iteration Retrospective):在每个迭代结束时,团队举行回顾会议,讨论过去的工作,分享成功经验和面临的挑战,并制定改进措施。这种持续的迭代回顾会议有助于团队不断提高和学习。

2)成对编程(Pair Programming):两名团队成员共同完成一段代码,一名成员编写代码,另一名成员进行代码审查。这种合作的方式可以促进知识共享和技术交流,提高代码质量。

3)知识分享和培训:团队成员之间进行知识分享和培训,以提高整个团队的技术水平和专业素养。这可以通过定期的技术分享会、轮岗和跨团队协作等方式实现。

4)反馈文化(Feedback Culture):团队鼓励成员之间的坦诚反馈和持续改进。通过建立安全的和接受建设性批评的沟通环境,团队可以更好地发现问题并及时解决。

通过过程改进和团队反思,极限编程团队能够不断优化工作流程、提高效率和质量,并建立一种持续学习和改进的文化。这有助于团队在软件开发项目中取得更好的成果,并满足不断变化的需求和挑战。

2.7.2 极限编程实践在实际项目中的应用

在实际项目中,极限编程实践可以应用于各种规模和类型的软件开发项目。下面是极限编程在实际项目中的一些应用示例。

1. 敏捷开发与迭代计划

极限编程强调持续的敏捷开发和迭代计划。在项目初期，团队会与利益相关者一起召开计划会议，明确需求并确定优先级。然后，团队将需求细化为用户故事，并根据优先级确定每个迭代要完成的工作。团队通常将每个迭代周期设为 1～2 周，每个迭代结束时都会发布一个可交付的版本供用户反馈。

2. 用户故事与需求管理

在极限编程中，用户故事是驱动开发的核心元素。团队与用户和其他利益相关者紧密合作，共同编写具体、可测试的用户故事，并在过程中逐步完善和修改。这种实践有助于确保开发工作始终以用户价值为导向，并及时满足变化的需求。

3. 小步快速迭代与持续发布

极限编程鼓励小步快速迭代和持续发布。团队将开发任务分解为较小的可交付部分，并在每个迭代结束时发布一个功能较完整的版本。这样做，团队可以及时获取用户反馈，加快学习和改进的速度，并降低项目风险。

4. 持续集成与自动化测试

持续集成与自动化测试是极限编程中非常重要的实践。团队成员频繁地将代码集成到共享代码库中，并使用自动化测试工具进行测试。这有助于减少集成问题、快速发现和修复错误，并确保整体代码质量和稳定性。

5. 成对编程与知识共享

极限编程倡导成对编程，即两名开发人员一起完成一段代码，一名开发人员编写代码，另一名开发人员进行实时代码审查。这种合作方式有助于提高代码质量、减少错误，并促进团队成员之间的知识共享和技术交流。

6. 团队反思与持续改进

极限编程强调团队反思和持续改进。在每个迭代结束时，团队都会举行迭代回顾会议，回顾过去的工作，分享成功经验和面临的挑战，并制定改进措施。这种持续的反思和改进有助于团队不断提高效率、质量和团队协作。

以上是极限编程在实际项目中的一些应用示例。根据具体项目和团队情况，团队在实施极限编程时可以根据需要进行调整和适应，确保项目的有效性和可持续性。

2.7.3 极限编程的挑战和注意事项

极限编程在软件开发中被广泛应用，但它也面临一些挑战，有一些需要注意的事项。

1. 挑战

1）文化转变：极限编程需要团队成员之间的高度协作、交流和信任。对于一些传统的开发团队来说，采用极限编程可能需要进行文化转变，以适应敏捷、迭代和团队协作的方式。

2）人员技能要求：极限编程强调团队成员的多样化技能和能力，包括开发、测试、设计等。这对于团队成员来说可能是一个挑战，团队成员需要不断学习和提升技能。

3）需求变更与优先级管理：极限编程鼓励根据需求的变化进行灵活的迭代开发，但这也增加了需求变更和优先级管理的复杂性。团队需要有良好的需求管理机制，能够及时处理需求变更并且合理调整优先级。

4）自动化测试与持续集成：自动化测试和持续集成是极限编程的核心实践，但建立和维护自动化测试框架和持续集成环境可能需要一定的技术和资源投入。

2. 需要注意的事项

1）团队协作和沟通：极限编程侧重团队成员之间的紧密协作和高效沟通。团队应该建立良好的沟通机制，保持信息的流动和共享，确保团队成员之间的理解和协作。

2）用户参与和反馈：极限编程强调用户参与和持续反馈。团队应该积极与用户和其他利益相关者合作，及时获取他们的反馈，并将其纳入项目开发和优先级调整的过程中。

3）风险管理：极限编程的迭代和快速发布可能会增加一些项目风险，如代码质量问题、集成问题等。团队应该关注这些风险，并采取适当的措施加以管理和缓解。

4）高质量的软件交付：尽管极限编程鼓励快速迭代和发布，但团队仍然应该保证交付的软件具有高质量和稳定性。自动化测试、代码审查、持续集成等实践可以帮助团队实现这一目标。

5）持续学习和改进：极限编程强调团队的持续学习和改进。团队应该定期召开回顾会议，分析团队工作的优点和不足，并制定相应的改进措施，以不断提高团队的效率和质量。

尽管极限编程在软件开发中带来了很多好处，但在实践中仍然面临一些挑战，有一些需要注意的事项。通过团队的积极努力和持续改进，这些挑战可以被克服，极限编程的实践也能够更好地发挥作用。

2.8 小结

极限编程是一种敏捷开发方法，强调快速反馈、团队协作和持续改进等。它采用迭代开发的方式，通过频繁交付可工作软件来满足客户需求。极限编程的核心实践包括用户故事、测试驱动开发、持续集成和部署，以及团队协作和沟通等；极限编程的优势包括提高开发团队的生产力、提高软件质量和更高的客户满意度。

本章从极限编程的定义与起源开始介绍，逐步深入，向读者介绍了极限编程的核心原则、采用极限编程的原因、如何进行快速迭代开发、如何更好地进行团队协作和沟通、如何进行质量保障和风险管理以及极限编程的扩展应用和实践，读者可以通过学习本章内容，对极限编程有足够的了解。

2.9 习题

1. 描述极限编程的核心原则，并解释其对软件开发的重要性。
2. 解释快速迭代开发的概念，并提供一个实例来说明其在项目中的应用。
3. 描述用户故事的概念，并说明如何使用用户故事进行项目管理。
4. 解释在极限编程中，团队协作和沟通的重要性以及它们如何帮助提高软件质量。
5. 请说明在极限编程中如何进行风险管理和计划迭代。
6. 假如你决定在自己的项目中使用极限编程，你会如何应用极限编程？你期望从极限编程中获得什么优势？

第 3 章

软件测试基本原理

本章主要介绍软件测试时需要用到的计算机科学中的相关技术与原理。完成本章的学习后，读者对软件测试会有基本的了解，对各类软件测试方法的优劣有基本的认知，并且在对各类软件进行测试时可以选择不同的方法。

3.1 软件测试基础知识

软件测试是一种评估和验证软件产品质量的过程。它涉及执行程序或系统，以确定其是否满足预期的需求，并发现潜在的缺陷或错误。软件测试通常包括测试目标、测试计划、测试设计、测试执行、缺陷管理、测试报告、测试评审等。这些软件测试的基础步骤有助于确保软件的质量和可靠性。

3.1.1 软件测试的目标

通俗地讲，人们认为软件测试的目标就是发现软件本身的错误或漏洞。专业人员也就软件测试给定了一些规则，如：测试是为了发现程序中的错误而执行程序的过程，好的测试方案是极可能发现迄今为止尚未发现的错误的测试方法，成功的测试是发现了迄今为止尚未发现的错误的测试。

IEEE 对软件测试也给出了定义，即使用人工或自动化的手段来运行或测试某个系统的过程，其目的在于验证该系统是否满足规定的需求，或者弄清预期结果与实际结果之间的差别。所谓人工测试的手段，主要是指通过测试人员亲自动手对软件的各种使用场景进行模拟验证。所谓自动化测试的手段则是借助目前所拥有的可以使用的各类测试工具，替代部分手工测试工作，从而提高软件测试的总体效率。

将诸多规则和定义归纳总结为以下几点：

1）软件测试是为了提高所测试软件的总体质量，通过对目标软件进行各种测试，使得软件在各方面都有显著的提升。

2）软件测试可以保障软件的安全。对于一些特定软件来说，软件的安全性是放在第一位的，这些软件的数据经过层层加密，只有通过不断测试来提高软件的安全性，才能确保这些软件上线后不会出现致命的漏洞。

3）软件测试可以降低软件开发的成本。在软件开发过程中以并行方式进行软件测试，可以及时发现漏洞、及时修改，所需要的成本远比软件发布、上线之后发现漏洞进行修改成本小，从而降低软件开发所需成本。

4）软件测试可以提升用户的使用体验，软件的最终归宿都是交由用户使用。然而，开发人员在开发过程中通常按照顺向思维来编写程序，很少能站在用户的角度去思考；而测试人员通常以逆向思维来思考软件可能存在的问题，站在用户的角度进行测试，能够在最终软件交给用户时使用户获得较好的使用体验。

3.1.2 软件测试的分类

软件测试穿插在软件编写的全过程中，按照不同的阶段或不同的目的，我们将软件测试划分为不同的类别，并按照名称归类。

1. 按照测试的阶段分类

按照软件测试的阶段分类，软件测试可分为单元测试、集成测试、确认测试与系统测试。这种划分的依据是软件开发的过程，目的是确认软件开发的各个阶段是否完成了任务。

首先是单元测试，它又称为模块测试，是在完成软件单元模块的编写后进行的。它可以验证软件的模块功能是否完善、模块接口是否符合要求。全部模块都完成并经过单元测试，确定没有问题后，将模块组合在一起进行集成测试。集成测试也叫组装测试或联合测试，在单元测试的基础上将所有模块按照要求组装为子系统或系统，主要测试各个模块（单元）间的接口以及集成后的功能。集成测试的目的是确保各模块组合在一起后能够按照软件的预期运行。

完成单元测试与集成测试后，就要进行确认测试，也就是验收测试。确认测试主要负责检验软件是否符合用户的需求，是否按照软件需求分析阶段的需求进行设计。最后再进行系统测试，将整个软件的全部模块整合起来在实际使用环境中进行测试，经过系统测试并确认无误之后软件才可以交付用户使用。

2. 按照测试执行方式分类

按照测试执行方式分类，软件测试可以分为手动测试与自动化测试。手动测试是指测试人员通过手动操作软件来验证其功能和性能；自动化测试是指使用自动化工具或脚本执行测试任务，以提高效率和一致性。

3. 按照测试目的分类

按照测试目的分类，软件测试可以分为功能测试、性能测试、安全测试、兼容性测试和可靠性测试。

功能测试（Functional Testing）：主要负责验证软件的功能是否与规格说明书或需求文档中定义的功能相符。

性能测试（Performance Testing）：主要负责评估软件在不同负载下的性能表现，如响应时间、吞吐量等。

安全测试（Security Testing）：主要负责评估软件的安全性，发现潜在的漏洞和安全风险并解决。

兼容性测试（Compatibility Testing）：主要负责测试软件在不同的操作系统、浏览器、设备等环境下的兼容性。

可靠性测试（Reliability Testing）：主要负责通过持续运行和压力测试来评估软件的可靠性和稳定性。

4. 按照是否执行被测程序分类

按照是否执行被测程序分类，软件测试可以分为静态测试和动态测试。静态测试是指对软件文档、源代码等进行审查和分析，发现问题和潜在缺陷。动态测试是指通过执行软件来验证其功能和性能。

这些是常见的软件测试分类方式，测试人员应该根据实际情况选择适合的分类方式，以组织和执行软件测试。

3.1.3 软件测试的原则

软件测试的原则是指在进行软件测试时应遵循的一些基本准则和理念。这些原则有助于指导测试人员进行有效、全面和高质量的软件测试工作。

1）测试完备性原则：测试要尽可能全面地覆盖软件的功能和特性，以确保所有可能的情况都得到测试。这意味着测试人员需要设计和执行足够的测试用例，以发现潜在的缺陷。

2）缺陷定位原则：测试人员应该通过分析测试结果和收集的信息来准确定位缺陷的根本原因。找出导致缺陷的具体代码、配置或设计问题，并提供明确的缺陷报告，以便开发人员能够快速修复。

3）测试优先级原则：在资源有限的情况下，测试人员应该优先考虑和执行最重要、最关键的测试活动。根据风险评估、需求重要性和用户期望等因素，确定测试的优先级，确保测试工作的效果和价值最大化。

4）尽早测试原则：在软件开发的早期阶段就开始测试，以便尽早发现和纠正潜在的缺陷。这有助于降低修复成本，提高开发效率，并减少对后续阶段的影响。

5）自动化测试原则：通过使用自动化测试工具和框架，可以提高测试的效率和一致性，并减少人为错误。自动化测试可用于执行重复性的、烦琐的或大规模的测试任务，释放测试人员的时间和精力，使他们能够更加专注于复杂的测试活动和策略。

6）可溯源性原则：测试活动应该有完整的记录和文档，以便进行溯源和追踪。这包括测试计划、测试用例、测试结果、缺陷报告等。可溯源性有助于更好地管理和控制测试过程，并确保测试的可重复性和可验证性。

这些原则可以作为指导，帮助测试人员在软件测试过程中做出明智的决策，最大限度地发现和解决软件中的缺陷，提高软件质量并满足用户需求。

3.1.4 软件测试生命周期

软件测试生命周期是指软件测试在整个软件开发过程中的不同阶段和活动，通常将软件生命周期划分为六个阶段。

1）需求分析与测试：在软件需求分析阶段，测试人员参与需求评审和分析，确保需求准确、完整和可测量。基于需求文档，测试人员可以开始编制测试计划和确定测试策略。

2）设计与测试：在软件设计阶段，测试人员与开发团队合作，了解系统结构和模块功能。根据设计文档或原型，测试人员开始编写测试用例，包括功能测试用例、接口测试用例、性能测试用例等。

3）编码与单元测试：开发人员进行编码工作时，他们会执行单元测试，以验证代码的正确性。测试人员可以参与单元测试用例的编写和执行，确保单元代码达到预期的功能和质量要求。

4）集成与系统测试：在软件集成阶段，不同的模块被组装在一起形成完整的系统。测试人员执行集成测试，验证模块之间的交互与整体系统的功能和性能。这包括接口测试、兼容性测试、安全性测试等。

5）验收测试：在软件开发完成后，测试人员进行验收测试，以确认软件是否满足用户的需求和预期。这通常是由最终用户或项目的利益相关者执行的测试活动。验收测试可以包括功能验证、用户界面测试、用户体验测试等。

6）上线与维护：在软件上线前，进行最后的冒烟测试和回归测试，确保软件在生产环境中正常运行。软件上线之后，可能会出现问题和新的需求，测试人员参与问题追踪和缺陷修复，并根据需要执行更新的测试活动。

在整个软件测试生命周期中，测试人员与开发人员、业务分析师和其他团队成员紧密合作，持续评估和改进测试策略和方法。通过充分利用每个阶段的测试活动，软件测试可以有效地发现和修复缺陷，提高软件质量并满足用户需求。

3.1.5　软件测试和质量保证

软件测试和质量保证是软件开发过程中不可或缺的两个方面，它们相互补充，共同确保软件的质量。

1）软件测试是质量保证的一部分：软件测试是质量保证过程中的一个子集。它涉及规划、设计和执行测试用例，以发现潜在的缺陷并验证软件的功能和性能。通过软件测试，可以识别和纠正软件中存在的问题，提高软件产品的质量。

2）质量保证是更广泛的活动：质量保证包括软件测试以外的许多其他活动。它涵盖了整个软件开发生命周期中的过程和方法，旨在确保软件达到预期的质量标准。这包括需求管理、配置管理、代码审查、过程规范等。质量保证的目标是在整个开发过程中建立有效的质量控制和质量管理机制，以确保交付高质量的软件产品。

3）软件测试是质量保证的反馈机制：软件测试提供了关于软件质量和问题的反馈信息。通过软件测试活动，可以评估软件是否达到预期的质量标准，并发现软件中可能存在的问题。这些测试结果可以用来改进软件开发过程中的质量保证活动，以便更好地管理和控制软件质量。

4）质量保证以预防为主：质量保证注重在开发过程中采取预防措施，以避免缺陷和问题的出现。它强调建立良好的开发标准、过程规范和质量控制措施，以确保软件的设计、实现和交付达到高质量的标准。软件测试则是通过检测和验证来发现和纠正已经出现的问题，以确保软件在交付前具备一定的质量水平。

综上所述，软件测试是质量保证的一个关键组成部分，质量保证涵盖了更广泛的活动和策略。通过有效的质量保证和软件测试，可以提高软件的可靠性、安全性和用户满意度，并确保软件能够按时交付和持续运行。

3.2 软件需求与测试用例设计

软件需求与测试用例设计是软件开发过程中的两个关键环节，它们相互依赖，共同确保软件的质量和符合用户需求。软件需求包括需求定义、需求分类、需求获取与分析、需求规约、需求验证与确认五个部分。其中，需求定义是指明确定义软件系统需要实现的功能和性能特性；需求分类是指根据功能性和非功能性将需求分类，例如用户需求、系统需求、性能需求、安全需求等；需求获取与分析是指通过与利益相关者沟通、原型设计、文档调研等方式收集和分析需求，并理解需求背景和目标；需求规约则是详细描述需求，包括输入、输出、处理逻辑等，并确保需求的一致性、完整性、可测试性和明确性；需求验证与确认是指与利益相关者共同验证需求的准确性和完整性，并进行需求变更控制和追踪。

测试用例设计通常包括确定目标与范围、测试策略选择、选择用例设计技术设计用例、编写用例的测试步骤和预期结果以及用例优先级排序五个部分。首先，需要明确测试的目标与范围，确定要测试的功能和特性；其次，根据软件的特征和需求选择合适的测试策略，如黑盒测试、白盒测试、功能测试、性能测试等；再次，要根据需求和测试策略，使用不同的用例设计技术，例如等价类划分、边界值分析、决策表、状态转换图等，来设计测试用例；从次，在测试过程中需要根据设计的测试用例，编写具体的测试步骤和预期结果，确保测试用例的清晰、可执行和可测量；最后，将测试用例按照优先级排序，确保测试覆盖度和效率，并确定执行顺序。

通过良好的软件需求和测试用例设计，开发团队能够更好地理解用户需求，保证软件系统的功能和性能符合要求，并建立起有效的测试过程和验证机制。这样能够提高软件质量、减少缺陷和问题，并满足用户的期望。

3.2.1 软件需求分析与规约

软件需求分析与规约是软件开发过程中非常重要的部分，也是确保软件开发成功的关键步骤之一。通过系统地收集、分析、建模和规约需求，能够明确软件系统的功能和性能要求，并为后续的设计、开发和测试工作提供基准。良好的需求分析与规约能够减少沟通误差、降低开发风险，并提高软件交付的质量和客户满意度。

1）需求收集：通过与利益相关者（如客户、用户、业务分析师）交流、文档调研、原型设计等方式，获取需求信息。可以使用面谈、问卷调查、观察等技术手段。

2）需求分类与整理：将收集到的需求按照功能性和非功能性分类，并结构化整理。例如，将功能需求划分为模块或子系统，将非功能需求划分为性能、安全、可靠性等方面。

3）需求分析：对需求进行深入分析，理解需求的背景、目标和关联关系。通过使用工具和技术（如数据流图、用例分析、系统建模）来识别需求之间的依赖和冲突，并明晰模糊或不完整的需求描述。

4）需求建模：使用合适的建模技术和工具，将需求转化为可视化的模型。例如，使用数据流图、时序图、状态图等表示需求的流程、交互和状态变化。

5）需求验证与确认：与利益相关者共同验证需求的准确性、完整性和一致性。可以通过需求评审、原型演示、用户验收测试等方式进行需求确认。

6）需求规约：将已验证的需求转化为规范化的、可执行的表达形式。使用合适的工具和语言，例如自然语言、用例描述、规则语言等，确保需求的清晰性和明确性。

7)需求追踪与变更控制:建立需求追踪机制,跟踪需求的变更和演化过程,确保需求的一致性和可追溯性。及时评估和管理需求变更,防止不必要的变更导致项目延期或成本增加。

3.2.2 测试用例设计原则

在软件测试过程中,测试用例编写是非常重要的部分,测试用例的好坏在很大程度上决定了软件测试的结果。测试用例设计是为了有效地检验软件系统的正确性、完整性和稳定性,是确保软件质量的关键步骤之一。通常来说,在进行测试用例设计时,需要遵循以下原则:

1)完整性(Completeness):测试用例应覆盖软件系统的所有功能和需求,包括正常情况、异常情况以及边界条件。确保所有可能的输入组合和路径都得到测试,以达到全面测试的目的。

2)一致性(Consistency):测试用例应与需求规约和设计文档保持一致。验证软件的实现是否符合预期,确保软件在不同环境和使用场景中的行为始终一致。

3)自洽性(Coherence):测试用例应相互独立且具有清晰的目标。每个测试用例都应该专注于测试单一特性或场景,以便更好地跟踪问题和分析结果。

4)有效性(Effectiveness):测试用例应具有足够的敏感度,能够有效地发现潜在缺陷。通过合适的测试数据、边界值和错误猜测等方法,提高测试用例的效果。

5)可重复性(Repeatability):测试用例应具备可重复执行的特性,以确保测试结果的可验证性。测试用例的执行过程应明确、可靠,并确保测试环境和数据的一致性。

6)可追踪性(Traceability):测试用例应与需求之间建立关联,以便能够追踪和验证每个需求都被相应的测试用例覆盖。确保测试过程对需求变更的追踪和控制。

7)经济性(Economy):在设计测试用例时,应考虑时间、资源和成本的因素。通过合理的优先级设置和测试策略,优化测试用例的设计,以实现最佳的测试效果和成本效益。

这些原则有助于测试团队设计出全面、有效的测试用例,并提高软件质量。在实际应用中,需要根据具体项目的特点、需求和时间限制等因素进行权衡和调整,以获得最佳的测试覆盖和效果。同时,测试人员与开发团队密切合作和持续反馈,以加强测试用例设计的有效性和准确性。

3.3 黑盒测试技术

黑盒测试技术是一种软件测试方法,它基于系统的功能和需求进行测试,而不考虑系统内部的具体实现细节,就如同人们在一个漆黑的盒子里摸索一般,无法看到内部的构建。在黑盒测试中,测试人员只关注输入和输出,以验证系统是否按照预期工作,而无须了解系统内部的代码逻辑。

黑盒测试技术通常适用于各个阶段的测试,且易于生成测试数据。我们使用黑盒测试一般是为了发现软件中的以下错误:

1)软件的功能不正确或缺少部分功能。

2)软件性能出错。

3)软件界面出现故障。

4)软件初始化失败和终止失败。

5)数据结构出错或外部数据库访问出错。

常见的黑盒测试技术通常有等价类划分、边界值分析、错误推测、因果图和随机测试等，下面将会为大家详细介绍几种使用最广泛的方法。当然，无论使用哪种黑盒测试技术，目标都是尽可能地覆盖系统的功能，并发现潜在的错误和缺陷。通过黑盒测试，可以验证系统是否满足需求，并提高软件质量和可靠性。

3.3.1 等价类划分

等价类划分是一种常用且有效的黑盒测试技术，可以帮助测试人员在有限的资源和时间内高效地完成测试。通过合理划分等价类和选择恰当的测试用例，可以发现系统中的问题，并提高软件的质量和可靠性。在软件测试过程中，将等价类划分技术应用于测试策略中，能够有效地增强测试覆盖并提升测试效果。

1. 理解等价类划分

等价类划分是一种基于输入条件的测试方法，通过将可能的输入数据划分为若干等价类，从每个等价类中选择测试用例进行验证，来尽可能地覆盖各种情况。等价类划分的核心思想是，如果一个测试用例能够代表某个等价类的行为，则其他相同等价类的测试用例的行为应该是相似的。

2. 等价类划分的步骤

1）识别输入条件：首先，需要清楚地了解系统的输入条件。输入条件可以是用户的输入、外部环境的变化或其他相关因素。这些输入条件决定了系统行为的不同情况。

2）划分等价类：根据输入条件的特征和系统的行为规则，将可能的输入数据划分为若干等价类。等价类应该满足两个条件：同一等价类中的输入应该产生相似的行为；不同等价类中的输入应该产生不同的行为。

3）选择测试用例：从每个等价类中选择一个或多个测试用例进行测试。测试用例应该尽可能地覆盖不同的等价类和各种情况。通常，可以选择等价类的边界值、典型值和异常值作为测试用例。

4）执行测试用例：根据选择的测试用例，执行测试并记录结果。确保系统按照预期处理不同的输入情况，并验证其输出是否符合预期。

5）验证覆盖率：通过测试用例的执行情况，评估等价类划分的覆盖率。如果有未覆盖到的等价类，可以选择更多的测试用例来加强覆盖。

3. 等价类划分的优势

1）高效性：等价类划分方法能够有效地减少测试用例的数量，同时保持对系统各种情况的覆盖。这样可以节省测试时间和资源。

2）易于理解和使用：等价类划分方法简单直观，测试人员只需关注输入条件和它们的相似性，而不需要深入了解系统的内部实现。

3）发现潜在问题：通过等价类划分，可以发现系统对不同等价类的处理方式是否一致，以及系统对边界值和异常情况的处理是否正确。

4. 注意事项

1）等价类划分需要合理的对输入条件的划分，确保每个等价类能够代表一组具有相同行为的输入。

2)边界值和异常值的选择要注意覆盖各种情况,以发现潜在的错误和缺陷。
3)等价类划分不能覆盖所有可能的输入情况,还需结合其他测试技术进行综合测试。

5. 等价类划分简单示例

为了方便读者的理解,下面列举出一些等价划分的例子供读者参考。

假设我们要测试一个简单的登录功能,其中有两个输入条件:用户名和密码。我们可以使用等价类划分方法来设计测试用例。

(1)识别输入条件
1)用户名:可以是任意长度的字符串。
2)密码:可以是任意长度的字符串。

(2)划分等价类

根据输入条件的特征和系统的行为规则,将可能的输入数据划分为若干等价类。
1)等价类1:用户名为空,密码为空。
2)等价类2:用户名为空,密码非空。
3)等价类3:用户名非空,密码为空。
4)等价类4:用户名非空,密码非空。

(3)选择测试用例

从每个等价类中选择一个或多个测试用例进行测试。
1)测试用例1:输入空用户名,输入空密码。
2)测试用例2:输入空用户名,输入非空密码。
3)测试用例3:输入非空用户名,输入空密码。
4)测试用例4:输入非空用户名,输入非空密码。

(4)执行测试用例

根据选择的测试用例,执行测试并记录结果。
1)测试用例1:期望结果为登录失败,提示用户名和密码不能为空。
2)测试用例2:期望结果为登录失败,提示用户名不能为空。
3)测试用例3:期望结果为登录失败,提示密码不能为空。
4)测试用例4:期望结果为登录成功。

(5)验证覆盖率

通过测试用例的执行情况,评估等价类划分的覆盖率。如果有未覆盖到的等价类,可以选择更多的测试用例来加强覆盖。

根据上面我们划分出的等价类,可以设计出测试方案,见表3-1。

表3-1 测试方案

编号	等价类	输入		期望得到的输出
		用户名	密码	
1	用户名为空,密码为空	空	空	用户名和密码不能为空
2	用户名为空,密码非空	空	非空	用户名不能为空
3	用户名非空,密码为空	非空	空	密码不能为空
4	用户名非空,密码非空	非空	非空	登录成功

这是一个简单的例子,展示了如何使用等价类划分方法来设计测试用例。

6. 等价类划分复杂示例

在实际应用中，根据具体的系统和需求，需要仔细考虑输入条件的不同情况，并划分合理的等价类。下面我们再给出一个较为复杂的例子供读者参考。

假设我们要测试一个在线购物平台的用户注册功能，其中有多个输入条件：用户名、密码、电子邮件和手机号码。

（1）识别输入条件

1）用户名：一个字符串，长度为 3～10 个字符。

2）密码：一个字符串，长度为 6～12 个字符，必须包含至少一个大写字母、一个小写字母和一个数字。

3）电子邮件：一个合法的电子邮件地址。

4）手机号码：一个合法的手机号码，必须以国际区号开头，例如 +86。

（2）划分等价类

根据输入条件的特征和系统的行为规则，将可能的输入数据划分为若干等价类。

1）等价类 1：用户名长度为小于 3 个字符。

2）等价类 2：用户名长度为 3～10 个字符，密码长度为小于 6 个字符。

3）等价类 3：用户名长度为 3～10 个字符，密码长度为 6～12 个字符，密码缺少大写字母。

4）等价类 4：用户名长度为 3～10 个字符，密码长度为 6～12 个字符，密码缺少小写字母。

5）等价类 5：用户名长度为 3～10 个字符，密码长度为 6～12 个字符，密码缺少数字。

6）等价类 6：用户名长度为 3～10 个字符之间，密码长度为 6～12 个字符，密码包含大写字母、小写字母和数字。

7）等价类 7：用户名长度为 3～10 个字符，密码长度为大于 12 个字符。

8）等价类 8：用户名长度超过 10 个字符。

9）等价类 9：用户名、密码符合要求，电子邮件格式不正确。

10）等价类 10：用户名、密码、电子邮件符合要求，手机号码格式不正确。

11）等价类 11：所有输入条件符合要求。

（3）选择测试用例

从每个等价类中选择一个或多个测试用例进行测试。

1）测试用例 1：用户名为"ab"，密码为"Abc123"，电子邮件为"test@163.com"，手机号码为"12545326587"。

2）测试用例 2：用户名为"abc123"，密码为"Abc123"，电子邮件为"123"，手机号码为"86123456789"。

3）测试用例 3：用户名为"abc123"，密码为"abc"，电子邮件为"test@163.com"，手机号码为"12545326587"。

4）测试用例 4：用户名为"abc123"，密码为"Abcdef"，电子邮件为"test@163.com"，手机号码为"12545326587"。

5）测试用例 5：用户名为"abc123"，密码为"abc123"，电子邮件为"test@163.com"，手机号码为"12545326587"。

6）测试用例 6：用户名为"abc123"，密码为"123456"，电子邮件为"test@163.

com"，手机号码为"12545326587"。

7）测试用例7：用户名为"abc123"，密码为"Abc123"，电子邮件为"test@163.com"，手机号码为"123456"。

8）测试用例8：用户名为"abc123"，密码为"Abc123"，电子邮件为"test@163.com"，手机号码为"12545326587"。

（4）执行测试用例

根据选择的测试用例，执行测试并记录结果。

1）测试用例1：期望结果为用户名太短。

2）测试用例2：期望结果为电子邮件格式错误。

3）测试用例3：期望结果为密码太短。

4）测试用例4：期望结果为密码缺少数字。

5）测试用例5：期望结果为密码缺少大写字母。

6）测试用例6：期望结果为密码缺少字母。

7）测试用例7：期望结果为手机号码格式错误。

8）测试用例8：期望结果为注册成功。

（5）验证覆盖率

通过测试用例的执行情况，评估等价类划分的覆盖率。如果有未覆盖到的等价类，可以选择更多的测试用例来加强覆盖。

根据上面我们划分出的等价类，可以设计出测试方案，见表3-2。

表 3-2 测试方案

编号	输入				期望得到的输出
	用户名	密码	电子邮件	手机号码	
1	ab	Abc123	test@163.com	12545326587	用户名太短
2	abc123	Abc123	123	86123456789	电子邮件格式错误
3	abc123	abc	test@163.com	12545326587	密码太短
4	abc123	Abcdef	test@163.com	12545326587	密码缺少数字
5	abc123	abc123	test@163.com	12545326587	密码缺少大写字母
6	abc123	123456	test@163.com	12545326587	密码缺少字母
7	abc123	Abc123	test@163.com	123456	手机号码格式错误
8	abc123	Abc123	test@163.com	12545326587	注册成功

这个例子展示了面对复杂情况时的等价类划分，涉及不同长度的用户名和密码，以及电子邮件和手机号码的格式要求。通过合理划分等价类并选择测试用例，我们可以覆盖多种可能的组合情况，以验证用户注册功能在不同条件下的正确性。在实际应用中，根据具体的系统需求，还可以进一步细化等价类划分，以尽可能全面地测试系统的各种情况。

3.3.2 边界值分析

大量的实践表明，程序最容易出错的地方是定义域的边界处，因此，对边界值进行详细的分析检验显得非常重要。边界值分析是黑盒测试中常用的一种技术，它着重于测试输入和输出的边界条件，以发现潜在的错误和缺陷。下面将为大家详细介绍边界值分析方法的原理、应用场景，以及如何使用这种方法进行测试。

1. 原理

边界值分析基于以下观点：通常，在输入和输出的边界上发生的错误与在边界内部发生的错误相比更容易被发现。因此，通过选择恰当的边界值作为测试用例，可以最大限度地提高测试效率和覆盖范围。

边界值通常包括以下几个方面：

1）最小边界值（Minimum Boundary Value）：边界下限的最小值。
2）最大边界值（Maximum Boundary Value）：边界上限的最大值。
3）边界内值（Within Boundary Value）：介于最小边界值和最大边界值之间的值。
4）边界外值（Outside Boundary Value）：小于最小边界值或大于最大边界值的值。

不难看出，边界值分析法其实和等价类有着紧密的关系，在我们设计的等价类中，应该对其判断条件的边界（例如刚好符合条件与刚好不符合条件）进行测试，而不是选取符合等价类的典型条件或任意值进行测试。

2. 应用场景

边界值分析适用于各种软件系统的测试，特别是那些具有输入范围限制和边界条件约束的系统。以下给出一些适合应用边界值分析的场景。

1）输入字段限制：当软件系统需要用户输入某些字段时，通常会对输入进行限制，例如长度、范围等。边界值分析可以帮助确定最小值、最大值以及边界内和边界外的值，以测试系统对这些限制的处理能力。

2）数值范围约束：在涉及数值输入的情况下，系统可能对数值范围施加了限制。通过边界值分析，可以确定最小值、最大值以及边界内和边界外的值，以测试系统在不同数值范围下的准确性和鲁棒性。

3）列表和数组索引：当软件系统提供选择列表、下拉菜单、表格等功能时，边界值分析有助于选择最前、最后和中间位置的选项进行测试，以确保系统正确处理各个选项，并验证其在边界位置是否正常运行。

4）时间和日期条件：在涉及起始时间、截止日期等条件的软件系统中，边界值分析可以用于确定最早时间、最晚时间以及边界内和边界外的时间值，据此进行测试，以验证系统在不同时间条件下的正确性。

5）文件和存储限制：当软件系统涉及文件上传、存储空间限制等情况时，边界值分析有助于确定最小文件大小、最大文件大小以及边界内和边界外的文件大小，以测试系统对文件处理的能力。

6）异常条件处理：边界值分析还可以用于测试系统对异常条件的处理能力。例如，在输入字段中输入非法字符、特殊符号等，或者模拟网络连接中断、资源耗尽等异常情况，以测试系统是否能够正确处理这些异常情况。

需要注意的是，边界值分析并不局限于上述场景，还可以根据具体的软件系统和需求进行灵活应用。在实际测试过程中，结合其他测试技术和方法，可以更全面地覆盖各种测试场景，提高测试的有效性和效率。

3. 使用方法

进行黑盒测试时，通常有一套惯用的流程。

1）确定输入字段：首先，确定需要进行边界值分析的输入字段。这可以是表单字段、参数、变量等，取决于正在测试的系统或功能。

2）确定边界：对于每个输入字段，确定其边界值。边界通常有最小值、最大值以及边界内的值。

3）确定测试用例：根据边界确定的值，生成测试用例。每个边界值都应包括在测试用例中，其相邻的边界内值也应包括在测试用例中。例如，对于最小值和最大值的边界，同时也选择一个边界内值进行测试。

4）运行测试用例：使用生成的测试用例运行系统或功能，记录测试结果以及系统的反应。

5）检查结果：检查测试结果，验证系统是否正确处理了边界值及其附近的值。如果测试结果与预期不符，则可能存在问题或错误。

6）调整测试用例：根据测试结果，调整测试用例，进一步测试系统的功能和鲁棒性。可以根据需要进行迭代，直到达到预期的测试覆盖度。

需要注意的是，边界值分析并非仅在确定边界值和生成测试用例的阶段使用。在实际应用中，边界值分析通常与其他测试技术例如等价类划分、错误推测、决策表等相结合，以提高测试覆盖度和效果。此外，还可以利用自动化测试工具来辅助进行边界值分析。这些工具有助于生成测试用例、执行测试并分析测试结果，提高测试效率和准确性。

可见，边界值分析是一种通过确定输入数据的边界及其附近的测试用例来测试系统或功能的方法。它有助于发现输入限制错误、验证系统对边界条件的处理能力，并提高测试的全面性和有效性。边界值分析的优点在于它可以在相对较少的测试用例下发现大量潜在错误，从而提高测试效率和覆盖率。然而，边界值分析也存在一些局限性，比如只关注输入和输出的边界条件，可能忽略了其他的错误场景。因此，在实际应用中，可以结合其他测试技术和方法来提高测试的全面性和准确性。

边界值分析的图表通常是一种表格形式，用于呈现边界值及其附近的测试用例。表 3-3 是一个简单的边界值分析的示例图表。

表 3-3 一个简单的边界值分析的示例图表

输入字段	边界值	边界内值
年龄	最小值（0）	最小值 +1
	最大值（100）	最大值 -1
	边界上的值（0、100）	边界内的值（30、50、70）
数量	最小值（1）	边界上的值（1、10）
	最大值（10）	最大值 -1
	边界上的值（1、10）	边界内的值（5）

在这个示例中，有两个输入字段：年龄和数量。对于年龄，最小值为 0，最大值为 100。边界内的值可以选择介于最小值和最大值之间的值，例如 30、50 和 70。对于数量，最小值为 1，最大值为 10。边界上的值是最小值和最大值本身，即 1 和 10。边界内的值可以选择一个在最小值和最大值之间的值，例如 5。

通过表 3-3，我们可以清楚地看到每个输入字段的边界值及其附近的测试用例。这些测试用例可以用于运行系统或功能，验证其对边界及其附近值的处理能力。

请注意，实际应用中，图表的结构和内容将根据具体的系统或功能而异。这个示例只是一个简单的边界值分析的图表，读者可以根据需要自定义和扩展。

下面再展示几种边界值分析的应用实例供读者参考，读者可以根据实例进行分析，在日后的实际应用中更好地使用。

（1）日期选择器

假设一个系统中有一个日期选择器，用户可以在其中选择日期。在进行边界值分析时，可以考虑以下情况：

1）最小值测试：选择日期的最早可能日期。

2）最大值测试：选择日期的最晚可能日期。

3）边界内值测试：选择日期的典型值，即在最小值和最大值之间的某个日期。

（2）购物车结算功能

假设一个电商网站中有一个购物车结算功能，用户可以将商品添加到购物车并进行结算。在进行边界值分析时，可以考虑以下情况：

1）最小值测试：购物车为空的情况。

2）最大值测试：购物车中包含最大数量的商品。

3）边界内值测试：购物车中包含典型数量的商品，如几个或几十个商品。

（3）密码设置

假设一个系统中有一个密码设置功能，用户可以设置自己的登录密码。在进行边界值分析时，可以考虑以下情况：

1）最小值测试：设置最短长度的密码。

2）最大值测试：设置最长长度的密码。

3）边界内值测试：设置典型长度的密码，通常是 8～20 个字符。

（4）调查问卷

假设一个系统中有一个调查问卷功能，用户可以填写问卷并提交反馈。在进行边界值分析时，可以考虑以下情况：

1）最小值测试：不填写任何问题的答案。

2）最大值测试：填写所有问题的答案。

3）边界内值测试：填写部分问题的答案，如选择几个问题进行回答。

这些实例仅是边界值分析在不同应用场景下的简单示例，实际应用中可能存在更多复杂的情况和边界条件。通过边界值分析，可以覆盖系统的边界情况和极端情况，以确保系统在各种输入条件下都能正常工作。

3.3.3 错误推测

黑盒测试中的等价类划分和边界值分析可以帮助我们设计出非常不错的测试方案，但是对于一些特殊的程序来说，它们通常会有一些特殊的出错情况，面对这种情况我们可以使用错误推测法。错误推测法是黑盒测试中常用的一种技术，它是一种基于假设的测试方法。它通过假设系统存在不良案例和错误扩展情况，来发现潜在的错误或漏洞，测试人员需要根据对系统的了解和经验，提出可能引发错误的案例假设。错误推测法关注系统的行为和输出结果。测试人员并不关心系统内部的实现细节，只关注输入和输出之间的映射关系。他们通过观察实际输出和系统行为，判断系统是否正确处理了不良案例。

错误推测法主要用于验证系统的错误处理和容错能力。测试人员通过设计测试用例来测试系统能否正确地识别和处理错误情况，以及防止错误的扩展。这有助于提高系统的可靠性和稳定性，错误推测法在很大程度上依赖于测试人员的专业知识和经验。测试人员需要对系统有深入的理解,并能够准确地推测可能的错误情况。他们还需要具备分析实际输出和系统行为的能力,以确定系统是否存在问题。错误推测法通常会与其他黑盒测试方法结合使用,如边界值分析、等价类划分等。测试人员可以根据不同的测试目标和需求,选择合适的方法来设计测试用例和执行测试。

1. 错误推测法的原则

由于错误推测法是基于假设的测试技术,因此它通过推断系统的行为来发现潜在的错误。它基于以下两个原则:

1)不良案例假设:测试人员假设系统存在一些不符合规范的案例,这些案例可能导致系统出现错误。

2)错误扩展假设:测试人员假设系统在处理错误时可能会出现连锁反应,即一个错误可能导致其他错误的发生。

根据这些原则,测试人员可以设计测试用例来验证系统是否正确处理了不良案例,并检查系统的错误处理机制能否防止错误的扩展。

2. 错误推测法的步骤

错误推测法的应用通常包括以下步骤:

1)了解系统:测试人员首先需要了解系统的功能和规范要求。这包括系统的输入、输出、边界条件等。

2)假设不良案例:测试人员根据对系统的了解,推测可能导致系统错误的不良案例。这些案例可以基于常识、经验或类似系统的已知错误。

3)设计测试用例:针对每个不良案例,测试人员设计具体的测试用例。测试用例应包括输入数据、预期输出和执行步骤。

4)执行测试用例:测试人员按照设计的测试用例执行测试,记录实际输出和系统行为。

5)分析结果:测试人员分析实际输出和系统行为,判断系统是否正确处理了不良案例。如果发现错误或异常行为,将其记录并报告给开发团队。

6)错误扩展分析:对于发现的错误或异常行为,测试人员进一步分析可能导致错误扩展的潜在情况。他们可以根据已知错误和系统的结构来推测其他可能发生错误的位置。

错误推测法在黑盒测试中起到了重要的作用。它能够帮助测试人员从系统外部的视角发现潜在的错误,以改进系统的可靠性和稳定性。然而,值得注意的是,错误推测法仍然依赖于测试人员的经验和主观判断,因此在实际应用中,测试人员需要具备充分的专业知识和测试技巧,以确保有效地推测出系统中可能存在的错误,同时,它也需要与其他测试方法相结合,形成一个全面的测试策略,以提高测试效果和发现潜在问题的能力。

3.3.4 因果图

在黑盒测试中,因果图(Cause-Effect Graphing)是一种常用的测试方法。通过构建因果关系图,可以帮助测试人员识别输入和输出之间的关系,并生成高效的测试用例,以验证系统的功能和行为。因果图基于输入和输出的因果关系,旨在发现系统中潜在的错误和缺陷。它的主要原理包括:

1)确定系统的输入条件和因素。

2)分析输入因素与系统行为之间的关系。

3）根据因果关系构建因果图，以生成测试用例。

因果图的目标是提高测试的效率和覆盖率，减少测试用例的数量，同时保证对系统潜在问题的充分验证。

使用因果图进行软件测试时，测试人员通常需要先确定系统的输入条件和因素，对系统的功能和规格进行全面的了解，明确系统的输入条件和因素。这可能需要测试人员首先与开发人员、业务分析师或其他相关人员进行沟通和讨论，然后分析输入因素与系统行为之间的关系，根据系统的功能和行为，分析系统的输入因素与输出结果之间的因果关系。通过识别不同的输入条件和因素，以及它们对系统行为的影响，可以建立输入和输出之间的映射关系。

根据分析结果，使用图形化工具或绘图软件构建因果图。因果图由输入条件、中间条件和输出条件组成，它们之间通过因果关系进行连接。输入条件表示系统的不同输入因素，中间条件表示不同的操作和计算过程，输出条件表示系统的不同输出结果。最后从构建的因果图中提取各种可能的测试情况和组合，并生成相应的测试用例。这些测试用例应该覆盖因果图中的所有路径和条件，以确保对系统行为的全面测试。

1. 因果图的实践指导

在使用因果图进行黑盒测试时，可以遵循以下实践指导：

指导1：合理选择输入因素和条件。

根据系统的特点和测试目标，选择具有代表性和关键性的输入因素和条件。这样可以确保测试用例的有效性和覆盖率。

指导2：确保因果图的完备性。

构建因果图时，需要确保所有的输入条件、中间条件和输出条件都能正确地反映系统的功能和行为。任何漏掉的条件都可能导致测试遗漏。

指导3：融入边界值和异常情况。

在构建因果图和生成测试用例时，应考虑输入条件的边界值和异常情况。这些异常情况通常更容易引发系统中的错误和异常行为。

指导4：记录和跟踪测试结果。

执行测试用例时，需要记录每个测试的输入、期望输出和实际输出，以便追踪和分析测试结果。应及时记录所发现的问题并与开发团队沟通。

因果图是黑盒测试中一种重要且实用的方法，可以帮助测试人员分析系统输入和输出之间的因果关系，并生成高效的测试用例。通过准确地识别和验证输入条件和因素，可以提高测试的效率和覆盖率，并及早发现系统中的潜在问题。在实际应用中，需要根据具体项目和需求合理运用因果图，并结合其他测试方法进行综合性测试工作。

2. 因果图的实例

下面给出一个用因果图设计测试用例的实例，供读者参考。

假设我们要测试一个简单的登录系统，输入条件为用户名（有效、无效）、密码（有效、无效），中间条件为数据库连接状态（成功、失败），输出条件为登录结果（成功、失败）。

因果关系如下：

1）如果用户名有效且密码有效，则数据库连接状态为成功。

2）如果用户名无效，则数据库连接状态为失败。

3）如果密码无效，则数据库连接状态为失败。

4）如果数据库连接状态为成功，则登录结果为成功。

5）如果数据库连接状态为失败，则登录结果为失败。

基于以上因果关系，我们可以生成以下测试用例：

测试用例 1：

1）输入：用户名有效、密码有效。

2）预期输出：登录结果为成功。

测试用例 2：

1）输入：用户名无效、密码有效。

2）预期输出：登录结果为失败。

测试用例 3：

1）输入：用户名有效、密码无效。

2）预期输出：登录结果为失败。

测试用例 4：

1）输入：用户名无效、密码无效。

2）预期输出：登录结果为失败。

测试用例见表 3-4，它涵盖了因果图中的所有路径和条件，可以有效地验证系统在不同输入条件下的登录行为。通过执行这些测试用例并记录实际输出，我们可以检查系统是否按照预期工作，并发现潜在的错误和缺陷。

表 3-4　测试用例

编号	输入	预期得到的输出
1	用户名有效、密码有效	登录成功
2	用户名无效、密码有效	登录失败
3	用户名有效、密码无效	登录失败
4	用户名无效、密码无效	登录失败

3.4　白盒测试技术

在软件开发过程中，白盒测试（White Box Testing）也称为透明盒测试或结构测试，它是一种基于对软件内部结构和实现细节的了解而进行的测试方法。与黑盒测试侧重于功能和用户的角度不同，白盒测试关注代码级别的验证，以揭示潜在的软件错误和缺陷，就如同程序摆在了一个透明的盒子里面，测试人员可以看到其中的内部框架、结构和细节，从而对其进行测试。

白盒测试的主要原理是通过深入了解软件的内部结构、算法和代码逻辑，编写测试用例以验证每个组件和逻辑的正确性和健壮性。其目标是发现问题，并改进代码质量和软件可靠性。

3.4.1　程序控制流图

程序控制流图（Control Flow Graph）是一种用于描述程序控制流程的图形表示方法。它展示了程序中各个语句之间的控制依赖关系和执行顺序，帮助测试人员理解程序的结构以及设计有效的测试用例。

1. 程序控制流图的元素

程序控制流图通常由以下几个元素组成：

1）基本块（Basic Block）：基本块是程序控制流图中的基本单元，它代表一组连续的语句，没有分支和跳转。一个基本块从一个入口节点开始，到一个出口节点结束。

2）语句节点（Statement Node）：语句节点表示程序中的一条语句，例如赋值语句、条件语句、循环语句等。每个语句节点都与相应的代码行相关联。

3）控制流边（Control Flow Edge）：控制流边描述了程序中的跳转和控制流转移关系。通常，它们连接两个基本块或语句节点，并表示从一个节点到另一个节点的控制流方向。

4）入口节点（Entry Node）：入口节点是程序控制流图的起点，代表程序的入口处。

5）出口节点（Exit Node）：出口节点是程序控制流图的终点，代表程序的出口处。

2. 构建程序控制流图的步骤

在构建程序控制流图时，需要进行以下步骤：

1）识别基本块：将程序代码划分成一组连续的基本块，每个基本块都以一个入口节点开始，以一个出口节点结束。通常基本块以不带分支和跳转的语句作为边界。

2）绘制语句节点：为每条语句创建一个语句节点，并将其放置在程序控制流图中的适当位置，与相应的代码行对应。

3）连接控制流边：根据程序中的跳转语句（如条件语句、循环语句、函数调用等），连接基本块和语句节点之间的控制流边。

4）添加入口和出口节点：添加一个入口节点，表示程序的起点，连接到第一个基本块或语句节点。添加一个出口节点，表示程序的终点，由最后一个基本块或语句节点连接到出口节点。

3. 程序控制流图的定义与图形表示

一般用 $G=(N,E)$ 表示流图 G，其中 N 是节点的有限集合，E 是有向边的有限集合，每一条边 $<i, j>$ 用由节点 i 指向节点 j 的箭头表示。Start 和 End 是 N 中两个特殊的节点，N 中的任何一个节点都可以从 Start 出发到达，同样 N 中的任何一个节点也都有一条终止于 End 的路径。节点 Start 没有输入边，节点 End 没有输出边。

一般来说，在程序 P 的程序控制流图中，使用节点来表示基本块，边则表示基本块之间的控制流。同时，对基本块和节点进行标识，基本块 b 对应结点 n（这里 n 是一个通用标识，具体标识可以是任意的）。若基本块 b_i 和 b_j 被边 $<i, j>$ 连接，则表示控制可能从基本块 b_i 转移到 b_j。

在对程序进行控制行为分析时，一般采用程序控制流图的形式加以表示，每一个节点用一个符号表示，一般用椭圆或者矩形框表示。这些椭圆或者矩形框被标以相对应的基本块标号，椭圆或者矩形框之间用代表边的线条相连，控制流的方向由箭头表示。对于判断语句，通常是从该基本块中引出两条边，对应 true 和 false 选择的分支。对下面的程序进行程序控制流图定义：

$N=\{Start,1,2,3,4,End\}$

$E=\{<Start, 1>,<1,2>,<1,3>,<2,4>,<3,4>,<4,End>\}$

图 3-1a 对该程序控制流图进行了描述，基本块序号应位于相应框的最右边或是右上方；如果只对基本块的控制流感兴趣，而不重视具体内容，可以删去其具体内容，用圆圈代表节点，如图 3-1b 所示。

通过程序控制流图，测试人员可以清晰地看到程序中各个语句之间的控制依赖关系和执行顺序。它有助于测试人员理解程序结构，发现潜在的问题和错误，并设计有效的测试用例来覆盖不同的路径和分支。

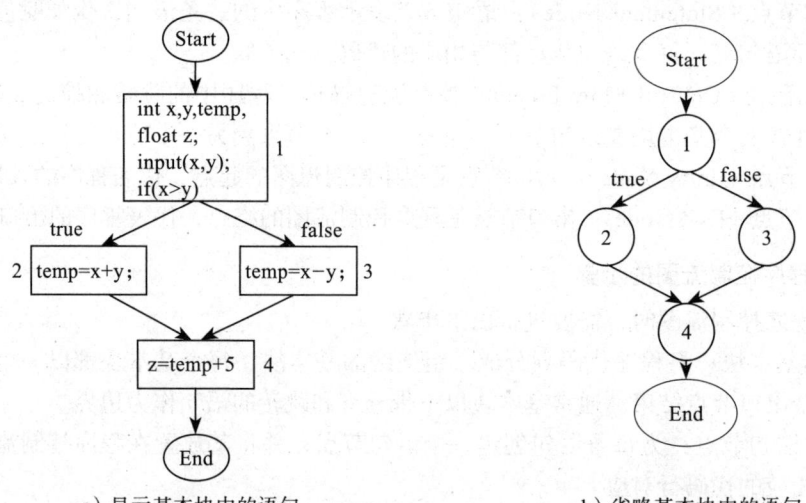

a）显示基本块中的语句　　　　　　b）省略基本块中的语句

图 3-1　程序控制流图

值得注意的是，对于大型复杂的程序，程序控制流图可能非常庞大和复杂，难以直观地呈现。在这种情况下，可以使用工具辅助生成和分析程序控制流图，以提高测试效率和准确性。

3.4.2　语句覆盖

在白盒测试中，语句覆盖（Statement Coverage）是一种重要的测试技术，通过度量测试用例对源代码中的语句的覆盖程度来评估软件的测试质量。语句覆盖的含义是选择足够多测试语句，将程序中的每一条语句都至少执行一遍，这样就可以暴露出程序中存在的问题。

语句覆盖是一种衡量测试用例对源代码中语句执行情况的指标。它旨在验证每一条源代码语句是否至少被执行了一次。语句覆盖的原理是通过运行测试用例，观察每个语句是否被执行，来判断是否满足覆盖条件。如果存在未被执行的语句，则说明该语句在测试中未被覆盖到，可能存在错误或遗漏。

1. 编写测试用例时考虑的方面

为了实现语句覆盖，在编写测试用例时需要考虑以下几个方面。

1）单元测试。语句覆盖通常在单元测试阶段进行。单元测试是以最小的可测试单元（如函数、方法）为目标，独立地测试其功能是否正确。通过针对每个语句编写测试用例，确保每个语句至少被执行一次。

2）选择合适的测试用例。为了达到语句覆盖的目标，需要选择一组合适的测试用例，覆盖目标代码中的每个语句。可以通过等价类划分、边界值分析和错误推测等技术来设计测试用例，确保对各种情况进行覆盖，尽可能多地执行目标代码中的语句。

3）插桩技术。在实现语句覆盖时，常常使用插桩技术。插桩是指在源代码中插入额外的代码，用于记录每个语句的执行情况。通过在源代码中插入记录语句的代码，并在运行测试用例时触发这些记录语句的执行，来统计每个语句的执行次数。

4）代码覆盖率工具。为了方便检测语句的覆盖情况，可以使用代码覆盖率工具来分析测试用例的执行结果。这些工具能够生成报告，显示每个语句的执行情况，包括被执行的次数、未被执行的次数和未被执行的语句列表。通过分析这些报告，可以确定哪些语句未被覆盖到，从而指导测试改进。

2. 进行语句覆盖的实践指南

在进行语句覆盖时，可以考虑以下实践指南。

指南 1：确保测试用例能够执行到每个语句。

编写测试用例时，要特别关注每个语句的覆盖情况。尽可能地设计多样化测试用例，涵盖各种情况，确保每个语句至少被执行一次。

指南 2：分析和优化测试用例集合。

通过分析代码覆盖率报告，可以找出未被覆盖的语句，并优化测试用例集合以提升覆盖率。可以考虑添加新的测试用例，或修改已有的测试用例以触发未被覆盖的语句。

指南 3：结合其他覆盖标准。

语句覆盖只是白盒测试中的一个指标。为了更全面地评估测试质量，可以结合其他覆盖标准（如分支覆盖、路径覆盖）进行综合分析。

指南 4：持续改进和迭代。

语句覆盖是一个动态的过程，需要不断改进和迭代。根据测试结果和反馈，进行问题修复和代码优化，提高测试覆盖率和质量。

3. 语句覆盖示例

假设有以下源代码片段：

```
def calculate_sum(a, b):
    if a > 0:
        result = a + b
    else:
        result = a - b
    return result
```

为了实现语句覆盖，可以编写以下几个测试用例。

测试用例 1：

  输入：a = 3, b = 2

  预期输出：result = 5

  执行路径：第 1 行、第 2 行、第 3 行和第 6 行都被执行

测试用例 2：

  输入：a = -3, b = 2

  预期输出：result = -5

  执行路径：第 1 行、第 4 行、第 5 行和第 6 行都被执行

测试用例 3：

  输入：a = 0, b = 2

  预期输出：result = -2

  执行路径：第 1 行、第 4 行、第 5 行和第 6 行都被执行

测试用例 4：

  输入：a = -2, b = 5

预期输出：result = -7

执行路径：第 1 行、第 4 行、第 5 行和第 6 行都被执行

通过执行以上测试用例，可以覆盖源代码中的每一条语句，确保每个语句至少被执行一次。如果有任何一条语句未被执行到，就需要调整测试用例，使其能够覆盖该语句。这个示例中，语句覆盖要求每个条件分支都至少被执行一次，以验证代码的正确性。

语句覆盖是白盒测试中的重要技术之一，通过度量测试用例对源代码中语句的覆盖程度来评估测试质量。通过选择合适的测试用例，使用插桩技术和代码覆盖率工具，可以实现语句覆盖的目标。同时，要结合其他覆盖标准进行综合分析，持续改进和迭代，提高软件的可靠性和稳定性。

3.4.3 分支覆盖

分支覆盖是一种软件测试技术，用于衡量测试用例对源代码中条件分支执行情况的覆盖程度。分支覆盖又可以叫作判定覆盖，是指在程序执行的过程中，不仅要求每个语句至少被执行一次，还要求每个判定的每种结果都应该至少被执行一次，也就是说每个判定的分支必须至少被执行一次。它的目标是验证每个条件分支的不同可能路径是否至少被执行了一次。通过分支覆盖，可以评估测试用例对代码的覆盖率，并发现潜在的错误或遗漏。

分支覆盖的原理是通过运行测试用例，观察每个条件分支是否被执行，来判断是否满足覆盖条件。在程序的源代码中，存在各种条件语句（如 if 语句、switch 语句），这些语句中的条件表达式会导致程序的执行发生不同的分支选择。分支覆盖的目标就是确保每个条件分支都至少被执行一次，以便最大限度地发现潜在的问题。

假设我们有一个简单的函数，用于判断输入的数字是否为正数。函数代码如下：

```
def is_positive(num):
    if num > 0:
        return True
    else:
        return False
```

现在我们要进行分支覆盖测试，以确保上述函数代码的每个条件分支都被执行到。

为了实现分支覆盖，我们可以设计以下测试用例：

1）测试用例 1：输入一个大于 0 的数字，如 2。这个测试用例将导致条件 num > 0 为真，并执行第一个分支。

2）测试用例 2：输入一个小于等于 0 的数字，如 -5。这个测试用例将导致条件 num > 0 为假，并执行第二个分支。

通过这两个测试用例，我们可以覆盖函数中的所有条件分支。

可以使用插桩技术和代码覆盖率工具来分析测试执行结果。假设我们在每个条件分支处插入记录语句，记录每个分支的执行情况。运行上述两个测试用例后，我们可以得到以下执行结果：

第一个分支被执行一次（对应测试用例 1 中的情况）。

第二个分支被执行一次（对应测试用例 2 中的情况）。

通过分析执行结果，我们发现每个条件分支都被执行了一次，达到了分支覆盖的目标。

这只是一个简单的例子，实际的软件系统中可能存在更复杂的条件分支。通过设计多样

化测试用例，覆盖各种条件的不同取值，可以提高分支覆盖率，并发现潜在的错误或遗漏。

不难看出，分支覆盖是一种用于衡量测试用例针对源代码中条件分支执行情况的测试技术。通过选择合适的测试用例，使用插桩技术和代码覆盖率工具，可以实现分支覆盖的目标，提高软件的可靠性和稳定性。

3.4.4 条件覆盖

条件覆盖的含义是指在程序中不仅每一条语句要至少被执行一遍，而且其判定表达式中的每个条件的各种可能都需要至少被执行一次，一次条件覆盖之前必须完成语句覆盖，它旨在验证条件表达式所涉及的不同取值情况能否正确地影响程序的行为。条件覆盖也被称为布尔覆盖或谓词覆盖。

条件覆盖要求测试用例中的每个条件表达式都必须具有两个可能的取值：真和假。通过这种方式，可以确保每个条件的两种情况都得到覆盖，从而提高测试的全面性和准确性。

1）条件：条件是指程序中的逻辑判断语句，通常表现为 if 语句、while 循环的判断条件等。每个条件通常都由一个或多个条件表达式组成，例如比较操作符（如 >、<、==）和逻辑操作符（如 &&、||）等。

2）条件表达式：条件表达式是构成条件的基本元素，它由操作数和操作符组成，用于进行逻辑判断。条件表达式的结果通常为布尔类型（真或假）。

3）真条件和假条件：真条件是指使条件表达式的结果为真的输入数据，而假条件是指使条件表达式的结果为假的输入数据。

4）条件组合：对于具有多个条件的复杂条件语句，条件覆盖要求测试用例覆盖每个条件的各种可能组合。例如，有两个条件 A 和 B，条件覆盖要求测试用例覆盖到以下四种组合：（A 为真，B 为真）；（A 为真，B 为假）；（A 为假，B 为真）；（A 为假，B 为假）。

5）插桩和代码覆盖率工具：为了实现条件覆盖，可以使用插桩技术向源代码中插入记录语句，用于跟踪每个条件的执行情况。代码覆盖率工具可以用于分析测试执行结果，生成报告，显示每个条件的执行情况，包括被执行的次数、未被执行的次数和未被执行的条件列表。

通过设计满足条件覆盖要求的测试用例，以及插桩和代码覆盖率工具的支持，可以评估测试的全面性和覆盖率，发现潜在的问题和潜在的错误路径。

假设我们有一个简单的函数，用于判断学生的考试成绩是否及格。函数代码如下：

```
def is_passed(grade):
    if grade >= 60:
        return True
    else:
        return False
```

现在我们要进行条件覆盖测试，以确保上述代码中的条件表达式被覆盖。

为了实现条件覆盖，我们可以设计以下测试用例：

1）测试用例 1：输入一个大于等于 60 的成绩，如 70。这个测试用例将导致条件 `grade >= 60` 为真，并执行第一个分支。

2）测试用例 2：输入一个小于 60 的成绩，如 45。这个测试用例将导致条件 `grade >= 60` 为假，并执行第二个分支。

通过这样的测试用例，我们可以覆盖函数中的每个条件表达式的两种情况。

可以使用插桩技术和代码覆盖率工具来分析测试执行结果。假设我们在每个条件表达式处插入记录语句，记录每个条件的执行情况。运行上述两个测试用例后，我们可以得到以下执行结果：

第一个条件表达式被执行一次（对应测试用例 1 中的情况）。

第二个条件表达式被执行一次（对应测试用例 2 中的情况）。

通过分析执行结果，我们发现每个条件表达式都至少被执行了一次，达到了条件覆盖的目标。

需要注意的是，一方面条件覆盖虽然要求每个条件的两种情况都被覆盖，但并不要求执行每个条件表达式的每个子表达式。在实际测试中，可能还需要考虑更复杂的条件，如多个条件组合、嵌套条件等，以确保代码被全面测试覆盖。

另一方面，条件覆盖虽然能够确保每个条件至少被执行一次，但并不能保证覆盖所有可能的路径。其他白盒测试技术，如路径覆盖或决策覆盖，可以用于进一步提升测试的覆盖率和全面性。因此，在软件测试中，通常会结合多种测试技术来提高测试质量和效果。

3.4.5　路径覆盖

路径覆盖（Path Coverage）旨在确保程序中的每条可达路径都至少被执行一次。这种覆盖方式要求测试用例能够穿过程序的所有语句，从源代码的起点到终点，涵盖所有路径。

路径覆盖是基于程序控制流图来进行的。程序控制流图表示程序的控制流程，包括各个语句之间的关系和条件分支等。为了实现路径覆盖，需要对程序控制流图进行分析，并将其转化为路径集合。通常，路径可以通过图的遍历算法（如深度优先搜索）得到。

路径覆盖的基本步骤如下：

1）构建程序控制流图：将程序的源代码转换为程序控制流图，将每个语句表示为节点，控制流边表示节点之间的跳转关系。

2）识别可达路径：通过对程序控制流图进行遍历（如深度优先搜索），识别出所有可达的路径。每个路径都是从程序控制流图的起点到终点的唯一序列。

3）设计测试用例：根据识别出的可达路径，为每个路径设计一个测试用例。测试用例应该按照路径上的语句顺序执行，以确保覆盖每个路径。

4）执行测试用例：使用设计好的测试用例执行程序，并记录每个被执行的路径。

5）检查覆盖情况：分析测试结果，检查是否所有可达路径都被执行了。如果有未被执行的路径，则需进一步调整测试用例或增加新的测试用例来覆盖这些路径。

路径覆盖可以帮助测试人员发现隐藏在程序中的潜在问题和错误。通过执行每个路径，可以验证程序在不同路径下的行为是否正确，特别是在条件判断、循环和异常处理等复杂控制结构场景中。

尽管路径覆盖是一种强大的测试技术，但它也存在一些限制。由于程序控制流图可能非常庞大，路径组合的数量可能会呈指数级增长，因此完全覆盖所有路径变得很困难。所以，通常会结合其他覆盖技术，如条件覆盖、决策覆盖和边界值分析，以达到全面测试覆盖。

3.4.6　基本路径测试

基本路径测试是一种在软件开发生命周期中用于设计和执行有效测试用例的方法。它通过分析程序控制流图，找到程序中的独立路径，并据此设计测试用例。

基本路径测试是一种白盒测试方法，它通过分析程序控制流图，找出程序中的独立路径，即基本路径。基本路径是指程序中没有循环的最长路径，它至少覆盖程序中所有语句一次。

1. 基本路径测试的原理

基本路径测试基于以下原理：

1）基本路径是程序控制流图中的一个路径，它由一个入口节点到一个出口节点，覆盖程序中所有语句至少一次。

2）程序中的每个基本路径都是独立的，执行一个基本路径不会影响其他路径的执行结果。

3）通过设计测试用例来覆盖所有基本路径，可以发现程序中的潜在错误和缺陷。

2. 基本路径测试的步骤

基本路径测试包括以下步骤：

1）构建程序控制流图：通过代码分析或使用工具，生成程序控制流图。

2）确定基本路径：找出程序中的独立路径，即基本路径。

3）设计测试用例：为每个基本路径设计测试用例，覆盖不同的语句和分支情况。

4）执行测试用例：根据设计好的测试用例执行测试，并记录结果。

5）检查测试覆盖率：检查测试覆盖率，确保所有基本路径都被覆盖。

6）分析测试结果：分析测试结果，发现潜在错误和缺陷，并进行修复和验证。

3. 基本路径测试的优点

基本路径测试拥有以下优点：

1）提高测试覆盖率：基于对程序控制流图的分析，基本路径测试可以覆盖程序中所有语句和分支，从而提高测试覆盖率。

2）发现潜在错误：基本路径测试可以发现程序中的潜在错误和缺陷，包括逻辑错误、边界情况和异常情况等。

3）有效使用测试资源：基本路径测试可以帮助测试人员选择有限的测试资源，以覆盖程序中最重要和最复杂的路径。

4. 基本路径测试的示例

假设有以下程序代码片段：

```
def calculate_area(length, width):
    if length <= 0 or width <= 0:
        return 0
    Else if length == width:
        return length * width
    else:
        return 2 * (length + width)
```

我们可以通过基本路径测试的步骤来设计测试用例。

1）构建程序控制流图。根据代码片段，我们可以得到如图 3-2 所示的程序控制流图。

2）确定基本路径。根据程序控制流

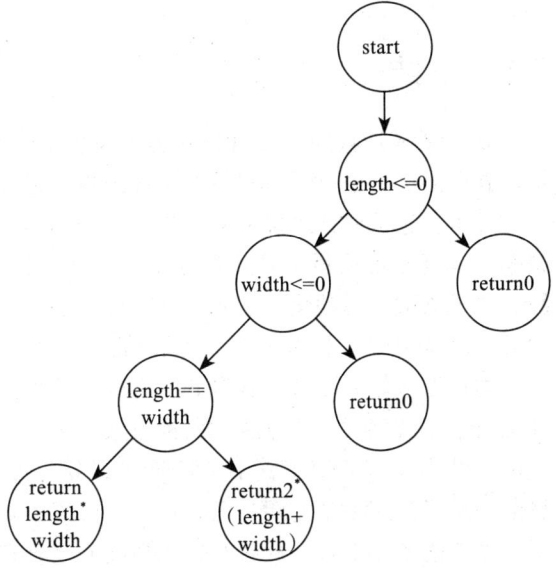

图 3-2　程序控制流图

图，我们可以找到三个基本路径。

路径1：(start) -> [length <= 0 or width <= 0] -> [return 0] -> (End)

路径2：(start) -> [length <= 0 or width <= 0] -> [length == width] -> [return length * width] -> (End)

路径3：(start) -> [length <= 0 or width <= 0] -> [length != width] -> [return 2 * (length + width)] -> (End)

3）设计测试用例。针对每个基本路径，设计测试用例来覆盖不同的情况。

对于路径1，我们可以设计以下测试用例：

输入：length = 4, width = -2

预期输出：0

对于路径2，我们可以设计以下测试用例：

输入：length = 3, width = 3

预期输出：9

对于路径3，我们可以设计以下测试用例：

输入：length = 5, width = 7

预期输出：24

4）执行测试用例。使用设计好的测试用例来运行程序，并记录实际输出结果。

5）检查测试覆盖率。检查测试覆盖率，确保所有基本路径都得到了覆盖。

6）分析测试结果。将测试结果和预期输出进行比较，检查是否发现了潜在错误和缺陷。

这就是一个基本路径测试的示例。通过设计测试用例来覆盖不同的基本路径，我们可以发现潜在的错误和缺陷，并提高对程序的测试覆盖率。

基本路径测试是一种有效的软件测试方法，可以帮助测试人员设计和执行有效的测试用例，提高测试覆盖率，发现潜在错误和缺陷。通过理解基本路径测试的概念、原理和步骤，测试人员可以更好地应用基本路径测试来提高软件质量和可靠性。同时，结合其他测试方法和技术，测试人员可以进一步优化软件测试过程，确保软件的正确性和稳定性。

3.5 小结

软件测试是软件开发过程中至关重要的一环，旨在发现和解决软件缺陷，提高软件质量。软件测试是通过运行软件系统或组件，在检查和评估其特定需求的同时，识别错误和问题的过程。它可以帮助确保软件具备预期的功能、性能和可靠性。软件测试主要是为了发现缺陷、提高软件质量以及验证需求；软件测试主要遵循测试完备性、缺陷定位、测试优先级、尽早测试、自动化测试和可溯源性等原则。按照测试目的分类，软件测试可以分为功能测试、性能测试、安全测试、兼容性测试以及可靠性测试。

本章先从软件测试基础讲起，再介绍软件需求以及软件测试所需的测试用例设计，接着详细介绍黑盒测试与白盒测试两种方法，由浅入深地帮助读者全面了解软件测试。其中，黑盒测试技术详细介绍了其中的等价类划分、边界值分析、错误推测以及因果图；白盒测试详细介绍了程序控制流图、语句覆盖、分支覆盖、条件覆盖、路径覆盖和基本路径测试等方法。相信读者在学习本章后对软件测试一定会有详细的认知。

3.6 习题

1. 解释软件测试的目标是什么，并写出至少两个软件测试的目标。
2. 什么是软件测试的分类？请列举至少两种软件测试的分类方式。
3. 解释软件测试生命周期是什么，并说明其在软件开发过程中的作用。
4. 什么是语句覆盖？请给出一个例子，并说明其在白盒测试中的应用。
5. 什么是分支覆盖？请给出一个例子，并说明其在白盒测试中的应用。
6. 什么是条件覆盖？请给出一个例子，并说明其在白盒测试中的应用。
7. 请使用基本路径测试方法设计测试用例。要求：画出程序控制流图，计算环形复杂度，给出独立路径，并且设计测试用例。

```
1    void sort(int Num, int Type) {
2        int x = 0;
3        int y = 0;
4
5        while (Num > 0) {
6            if (Type == 0) {
7                x = y + 2;
8            } else if (Type == 1) {
9                x = y + 5;
10           } else {
11               x = y;
12           }
13           y++;
14           Num--;
15       }
16   }
```

实践篇

第 4 章

大规模测试管理

在进行大规模测试管理时,有效的组织和协调是至关重要的。本章将介绍华为云 CodeArts TestPlan 这一测试工具,以帮助团队高效地进行大规模测试管理。其测试管理融入了全生命周期追溯、团队多角色协作、敏捷测试、需求驱动测试等理念,覆盖测试需求管理、测试任务分配、测试任务执行、测试进度管理、测试覆盖率管理、测试结果管理、缺陷管理、测试报告、测试仪表盘,提供一站式管理功能,提供适合不同团队规模、流程的自定义能力,可多维度评估产品质量,高效管理测试活动,保障产品高质量交付,帮助团队更好地组织和执行测试活动。通过使用 CodeArts TestPlan,团队可以实现测试活动的可视化管理、自动化执行和结果分析,提高测试效率和质量。同时,CodeArts TestPlan 还提供了丰富的报告和统计功能,帮助团队进行测试结果分析和决策。

4.1 全生命周期追溯

全生命周期追溯是指在测试管理过程中跟踪和管理测试活动从需求到交付的整个生命周期。通过全生命周期追溯,团队可以确保每个测试活动都与相关需求、设计和开发环节相对应,并及时识别和解决问题,确保软件交付的质量和一致性。全生命周期追溯还能够提供可靠的审计和验证,满足合规性和法规要求。

4.1.1 测试生命周期管理

CodeArts TestPlan 通过其测试设计、测试管理、测试执行、测试评估能力,提供完整覆盖 IPD-PTM(Integrated Product Development - Product Testing Management,集成产品开发 - 产品测试管理)的测试生命周期,将测试流程融入作业活动。典型的产品测试流程如图 4-1 所示。

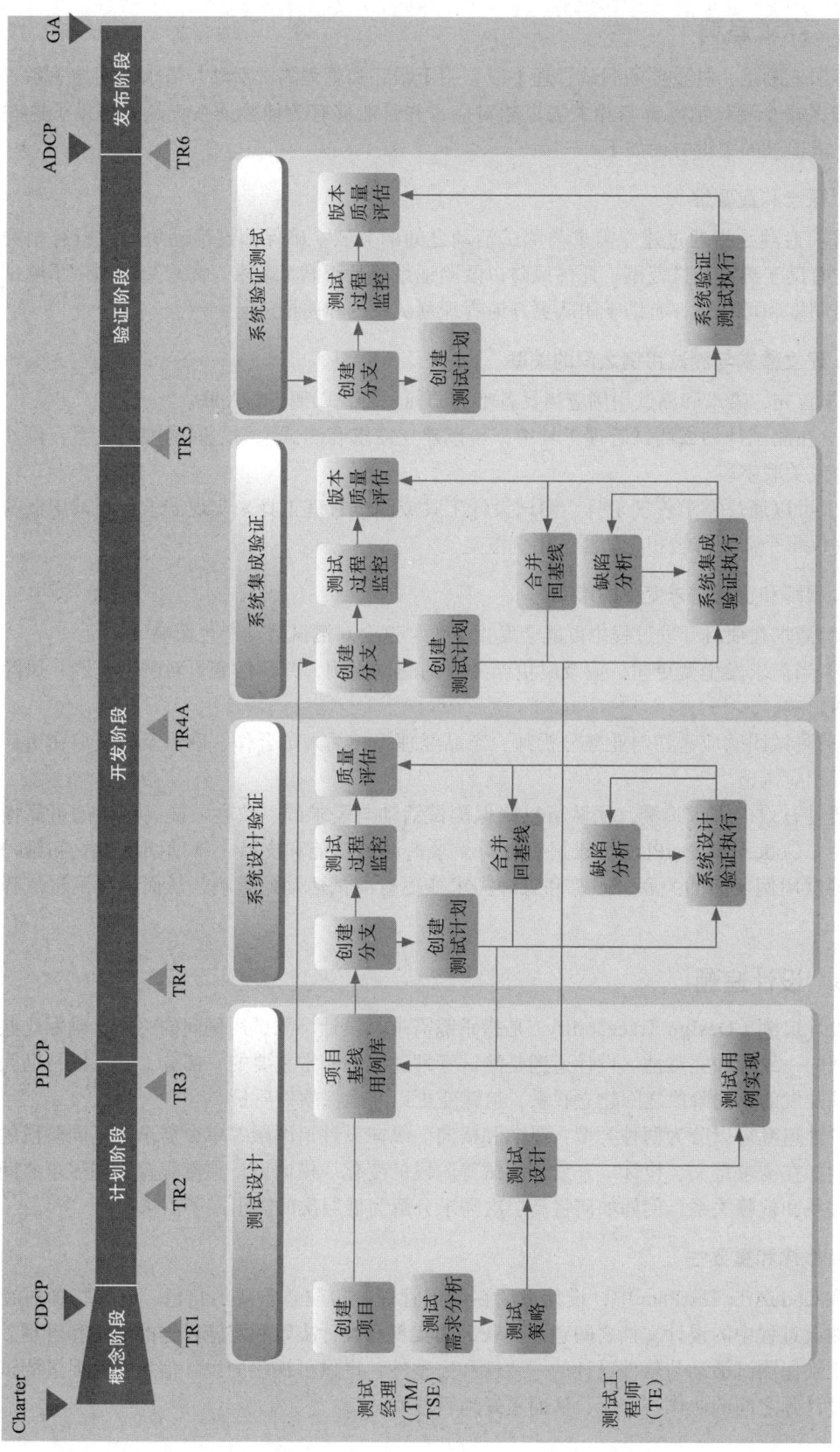

图 4-1 典型的产品测试流程

4.1.2 需求追溯

需求追溯是一种重要的测试管理手段，用于跟踪和管理测试活动与需求之间的关系。它旨在确保每个测试活动都与相关需求相对应，并且能够有效地验证系统是否满足了这些需求。需求追溯的关键方面如下。

1. 概念和重要性

需求追溯是指通过建立需求与测试活动之间的关联，确保测试活动覆盖了所有相关需求。它有助于确定测试范围、评估风险以及验证系统是否满足需求。需求追溯提供了测试活动的透明度和可视化，有助于团队更好地管理测试进度和质量。

2. 建立需求与测试用例之间的关联

1）首先，需求和测试用例应当具备唯一的标识符，以便进行关联。

2）在测试计划或测试管理工具中，可以建立需求和测试用例之间的映射关系，例如使用矩阵或关联字段。

3）可以通过需求管理工具、测试设计工具或测试管理工具来实现需求与测试用例的关联，确保每个需求都被相应的测试用例覆盖。

3. 跟踪和管理需求变更的影响

1）需求在项目开发过程中可能会发生变更，这会对测试活动产生影响。

2）当需求发生变更时，应及时更新关联的测试用例，并评估变更对测试范围、风险和计划的影响。

3）测试团队应密切与业务分析师、产品经理等相关人员合作，确保及时获取变更信息并做出相应调整。

通过有效的需求追溯，团队可以确保测试活动与需求的一致性，提高测试的可靠性和有效性。CodeArts TestPlan 可以提供针对需求追溯的功能和支持，帮助团队建立和维护需求与测试用例之间的关联，跟踪和管理需求变更对测试活动的影响，从而优化测试流程和结果。

4.1.3 设计追溯

设计追溯（Design Traceability）是指跟踪需求、设计、测试用例间的关系，确保这些元素之间的一致性和完整性。设计追溯是测试管理过程中非常重要的一部分，它可以帮助团队在软件开发的不同阶段之间建立联系，追踪变更以及确保软件质量。

设计追溯可以分为两种类型：纵向和横向。纵向设计追溯跟踪单个需求在不同阶段的变化，例如在需求定义、设计、开发和测试等阶段的变化。横向设计追溯跟踪不同需求之间的交互关系和依赖关系，例如如何将高层次需求分解为低层次的需求或子需求。

1. 概念和重要性

在 CodeArts TestPlan 中，设计追溯在测试管理中扮演着重要的角色，它是指通过在需求与测试过程中的设计文档之间建立关联，来实现对设计决策和实施过程的追踪和管理。它有助于确保测试活动与软件设计的一致性和完整性，提供可视化的设计信息，并促进测试团队与设计师之间的协作与交流，从而更好地管理测试。

2. 建立设计文档与测试计划、测试用例间的关联

（1）关联设计文档与测试计划

在测试计划中，提供一个字段或区域来记录与设计相关的信息，例如设计文档的名称、版本号等。

将设计文档与测试计划相关联，测试团队可以通过链接或引用文档的方式，方便地访问和参考相关的设计信息。

（2）关联设计文档与测试用例

在测试用例中，为每个设计决策或需求标识器分配唯一的标识符，以便将设计文档与测试用例关联。

通过在测试用例中引用相应的设计文档标识符或特定设计决策的标识符，建立设计文档与测试用例之间的关联。

3. 跟踪和管理设计变更的影响

（1）确保一致性和完整性

测试团队需要仔细审查设计文档，了解系统的整体架构、模块设计、接口规范等内容。基于设计文档，设计相应的测试用例，确保每个设计决策都被适当的测试所覆盖。定期回顾设计文档与测试用例的关联关系，确保设计变更时相应地更新测试用例，并检查测试用例的完整性。

（2）协作与交流

设计追溯可促进测试团队与设计师之间的协作与交流。可以定期举行会议或工作坊，讨论设计决策、解决问题和优化测试流程。在 CodeArts TestPlan 中，协作功能模块有助于测试团队与设计师共享信息、提出疑问和进行讨论。

4. 设计追溯的重要作用

通过以上步骤，设计追溯在 CodeArts TestPlan 中发挥重要作用：

1）确保测试活动与软件设计的一致性和完整性，验证系统是否按照设计要求实施。促进测试团队与设计师之间的协作与交流，共同解决问题、优化设计和测试过程。

2）提供可视化的设计信息，帮助测试团队更好地管理测试进度和质量。

3）追踪设计决策的演变过程，了解设计文档的版本变更和相关测试活动的需求变更。

综上所述，设计追溯在 CodeArts TestPlan 中是一个重要的测试管理手段，它确保测试活动与软件设计的一致性和完整性，并促进协作与交流，提高测试质量和效率。

4.1.4 开发追溯

开发追溯（Development Traceability）是指跟踪软件开发过程中的不同阶段，包括需求分析、设计、编码和测试之间的关系。开发追溯旨在确保软件开发过程的一致性、可追溯性和质量。通过开发追溯，团队可以更好地了解软件开发过程中各个环节之间的关系，确保软件在不同阶段的一致性和质量。它还可以帮助团队跟踪变更、解决问题，并提供对决策和变更的可追溯性。

1. 概念和重要性

在 CodeArts TestPlan 中，开发追溯是指通过建立代码变更与测试活动之间的关联，在测试管理中跟踪和管理代码变更对测试活动的影响。开发追溯在测试管理中的意义如下：

1）开发追溯有助于保持测试活动与代码变更的一致性，确保测试能够充分覆盖代码变更所引入的功能改动和缺陷修复。

2）它帮助测试团队识别潜在的代码缺陷和风险，并评估测试的完整性和有效性。

3）开发追溯可促进测试团队与开发团队之间的协作与交流，共同解决问题、优化设计和测试过程。

2. 建立代码变更与测试活动之间的关联

1）使用版本控制系统（如 Git）记录代码变更历史，并与测试活动相关联。可以通过提交注释、分支信息等，来标识与特定测试活动相关的代码变更。

2）集成工具（如 Jenkins）可自动化构建和部署测试环境，将代码变更与测试活动相关联，并触发相应的测试流程。

3）通过集成工具中提供的报告和通知功能，及时向测试团队通知有关代码变更的信息，并确保测试活动能够适应这些变更。

3. 跟踪和管理代码变更的影响

1）通过与开发团队紧密合作，获取代码变更的信息，例如代码提交记录、缺陷修复说明等。

2）检查代码变更的范围和内容，了解其对相关功能和模块的影响。

3）评估代码变更对测试用例的影响，检查是否需要更新、新增或删除现有测试用例，并相应地进行调整。

综上所述，开发追溯在 CodeArts TestPlan 中是一个重要的测试管理手段。它有助于确保测试活动与代码变更的一致性，评估代码的质量和风险，并促进测试团队与开发团队之间的协作与交流。利用版本控制系统和集成工具实现开发追溯，可以有效地跟踪和管理代码变更对测试活动的影响，提高测试的质量和效率。

4.1.5 缺陷追溯

缺陷追溯（Defect Traceability）在 CodeArts TestPlan 中具有重要性，其主要目的是跟踪、报告和修复软件中的缺陷。

1. 概念和重要性

缺陷追溯是指在软件测试过程中，对发现的缺陷进行来源追踪影响分析以及修复验证的一系列活动。缺陷追溯帮助测试团队识别和记录所发现的缺陷，确保它们得到适当的处理和解决。

它提供了对缺陷生命周期的可视化跟踪，涉及从缺陷的发现到报告、修复和验证的全过程。

缺陷追溯促进了测试团队与开发团队之间的协作与交流，共同解决问题，并提高软件质量。

2. 跟踪、报告和修复缺陷的有效方法

1）在测试执行期间，测试团队应该使用缺陷跟踪系统（如 Jira、Bugzilla 等）来记录和报告所发现的缺陷。每个缺陷都应包含详细的描述、重现步骤和相关附件等信息。

2）测试团队应确保缺陷被正确分配给开发团队，并监督缺陷的处理进度。测试团队定期与开发人员沟通，了解缺陷修复的状态和计划。

3）一旦缺陷被修复，测试团队应验证其修复情况，并在缺陷跟踪系统中记录相应的结果。如果未成功修复或引入了新问题，则应重新打开相应的缺陷。

3. 缺陷追溯对测试流程改进和质量提升的价值

1）缺陷追溯允许测试团队分析和评估缺陷的分布和趋势。这些信息有助于发现缺陷产生的模式和根本原因，以及采取相应的措施进行预防。

2）通过对缺陷的分析，测试团队可以识别测试活动中的薄弱环节和改进机会，以提高测试效率和覆盖率。

3）缺陷追溯还提供了对软件质量改进的度量指标，包括缺陷的数量、解决速度和影响范围等。这些指标可以用于评估测试流程的效果，并帮助制定持续改进的策略。

综上所述，缺陷追溯在 CodeArts TestPlan 中具有重要性。它确保缺陷得到适当的跟踪、报告和处理，并促进了测试团队与开发团队之间的协作与交流。通过有效实施缺陷追溯，测试团队可以改进测试流程、提高软件质量，并持续提升测试效率和效果。

4.1.6 审计和验证

在 CodeArts TestPlan 中，全生命周期追溯在审计和验证过程中扮演着重要的角色。

1. 全生命周期追溯的重要性

全生命周期追溯涵盖了软件开发和测试过程的各个阶段，包括需求分析、设计、开发、测试和发布等。它有助于确保每个阶段的活动与文档、工件和决策之间的一致性和连贯性。

追溯信息可以提供对软件开发和测试活动的完整历史记录，包括变更、问题、决策等。这对于审计和验证人员来说是非常有价值的，因为他们可以了解软件过程的执行情况和合规性。

2. 准备和提供追溯信息以满足合规性和法规要求

1）在测试计划开始之前，确定适用的合规性和法规要求，并了解相关追溯信息的范围和内容。这可能包括需求、设计文档、代码变更、测试用例、测试结果和发布记录等。

2）确保所有相关文档和工件都得到正确的版本控制，并与追溯信息相关联。建立良好的文档管理和变更控制机制，以便在需要时能够轻松地检索和提供相关信息。

3）在审计和验证过程中，准备追溯信息的摘要和概述，以便审计人员和验证人员能够快速了解整个软件开发和测试过程的关键细节。

3. 利用追溯信息进行验证和审计活动

1）验证活动：利用追溯信息来验证测试活动的执行情况和结果。比较测试用例和测试结果之间的关联关系，确保已经覆盖了相应的需求和设计规范。此外，还可以通过追溯信息来评估测试质量、缺陷修复情况和漏洞处理过程等。

2）审计活动：审计人员可以利用追溯信息对整个软件生命周期进行审计。他们可以跟踪并核实每个阶段的活动，确保满足合规性和法规要求。此外，还可以使用追溯信息来评估风险管理措施、变更管理流程和项目管理实践的有效性。

综上所述，在 CodeArts TestPlan 中，全生命周期追溯对于审计和验证过程至关重要。准备和提供追溯信息以满足合规性和法规要求是必要的，并且在验证和审计活动中利用追溯信息可以评估软件开发和测试的合规性、质量和风险管理情况。

4.2 团队多角色协作

大规模测试管理需要涉及多个团队成员角色，包括测试工程师、开发人员、产品经理和业务分析师等不同角色。团队多角色协作是指各个角色之间的紧密合作和协调，以确保测试活动顺利进行。通过有效的沟通和协作，团队可以更好地理解需求、设计和开发过程，并共同解决问题，提高测试效率和质量。团队多角色协作还能够促进知识共享和技能培养，提高团队整体的水平和竞争力。

4.2.1 角色定义

CodeArts TestPlan 涉及的角色包括测试工程师、开发人员、产品经理和业务分析师等。这里详细说明测试工程师、开发人员和产品经理三种角色。

（1）测试工程师

职责：负责规划、执行和管理测试活动，确保软件交付的质量和稳定性。

任务：分析需求和设计文档，制订测试策略和计划。

创建测试用例，覆盖功能、性能和安全等方面的测试需求。

执行测试用例，并记录和报告测试结果。

追踪和管理缺陷，与开发人员合作进行问题排查和修复。

参与需求评审和设计评审，提供测试角度的反馈和建议。

支持自动化测试工具和框架的使用，提高测试效率和回归覆盖率。

（2）开发人员

职责：负责软件的设计、编码和调试，协助测试工程师解决问题并改进软件质量。

任务：根据需求和设计规范，进行软件的开发和编码工作。

参与代码评审，确保代码质量和可维护性。

协助测试工程师进行问题排查和修复，修复缺陷和功能问题。

提供技术支持和解决方案，帮助测试工程师提升测试效果和完成自动化测试。

（3）产品经理

职责：负责产品的规划、定义和需求管理，确保产品满足用户需求和市场竞争力。

任务：研究市场需求和用户反馈，定义产品的功能和特性。

编写产品需求文档和用户故事，明确产品的业务目标和功能描述。

参与需求评审，与测试工程师和开发人员协商需求实现方式。

提供产品相关的技术支持和培训，解答团队成员的疑问，澄清需求。

当然还有许多其他角色，比如测试项目或测试团队负责人、测试架构师、测试开发工程师、性能测试工程师、测试环境管理人员等。这些角色共同协作，不可或缺，以确保软件交付的质量、功能完备性和用户满意度。具体的角色设置和任务分配可能会根据项目的具体情况和团队结构而有所调整。

4.2.2 解决开发、测试的协作问题

在团队多角色协作中，解决开发和测试的协作问题对于保证软件质量、提高团队效率和协同工作非常重要。通过合理分工、明确责任、及时沟通和紧密协作，可以有效地解决多角色协作中的问题，并取得更好的团队成果。

1. 缺陷处理过程中的问题

测试人员在产品测试过程中发现缺陷，提出问题单，并将其转交给开发人员处理，同时跟踪问题单的处理和验证，在验证通过后关闭缺陷。然而，在这个过程中，开发人员和测试人员可能会遇到以下问题：

1）开发人员抱怨缺陷描述不详细：开发人员可能抱怨测试人员提交的缺陷描述不够清晰，没有提供复现步骤或软件版本号等信息，导致沟通成本增加。

2）无法复现缺陷：开发人员可能在本地开发环境中无法复现测试人员所描述的缺陷，因此直接将缺陷退回给测试人员。

3）缺乏及时通知：开发人员在修复缺陷后没有及时通知测试人员，导致测试人员无法及时进行缺陷复查。

4）忽视相关功能的测试：测试人员在发现问题后可能没有扩展——对周边相关功能进行测试，从而忽视了可能存在的类似缺陷。同样，开发人员也可能没有主动进行类似的扩展。

5）缺陷严重级别的异议：开发人员可能对测试人员标记的缺陷严重级别持有异议，认为其重要性不如测试人员所述。

这些问题可能会增加开发人员和测试人员之间的沟通和协作成本，影响缺陷处理的效率。为了解决这些问题，开发人员可以加强和测试人员的沟通，明确缺陷描述的要求，确保测试人员提供足够的信息。另外，建立良好的沟通渠道和流程、及时的通知机制和问题跟踪工具，有助于促进开发团队和测试团队之间的合作和问题解决。

2. 缺陷处理流程

开发人员和测试人员均是软件产品质量的责任人，在产品质量保障方面有着共同的目标和意愿，区别只在于工作内容不同。缺陷处理流程的制定和落地，应该本着作为二者之间协作的黏合剂和润滑剂的目标，帮助实现互信、高效的协作，而避免成为不作为的借口和矛盾的引火线。一个完整的缺陷处理流程如图 4-2 所示，在实际操作中可以作为参考。

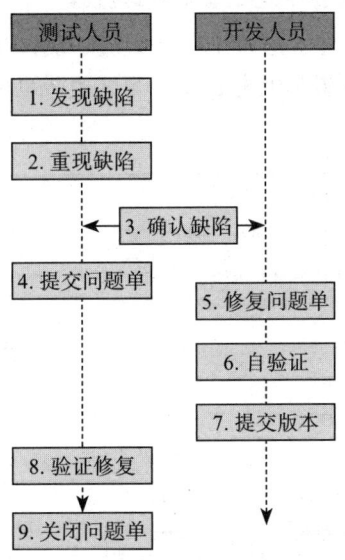

图 4-2　完整的缺陷处理流程

1）发现缺陷。在软件开发和测试中，当发现缺陷时，需要进行系统性分析以确定缺陷的本质。首先，要进行发散分析，探索是否存在其他相关的缺陷表现，并尝试叠加更多的测试操作步骤。其次，需要猜测缺陷的原因并验证推测，避免将测试步骤作为原因，应该关注引起缺陷的数据变化等根源。最后，整理缺陷发生的条件、操作步骤和缺陷表现。

2）重现缺陷。测试人员需尽量找到可复现的步骤。如果缺陷偶尔发生且难以确定复现步骤，就需要寻求开发人员的帮助以进行问题分析。测试人员可以尝试使用不同的输入数据、组合或测试环境来重现缺陷，并与其他人员共享缺陷描述和截图以还原问题。

3）确认缺陷。在提交问题单之前，测试人员应与开发人员进行确认，包括确认是否为缺陷、是否重复出现、是否可重现，以及是否需要补充缺陷日志等信息，并确保严重程度和解决日期的准确性。

4）提交问题单。问题单的提交应该清晰、全面、可管理和可追溯。最好使用专门的缺陷管理系统，并与需求和开发任务管理系统相连接，以便进行统一管理和规划。问题单中应包含缺陷级别、类型、描述、根本原因分析、处理意见、测试建议、关联的测试用例、环境信息描述、开发所需日志和截图等。

5）修复问题单。修复问题单后，开发人员需要做进一步的测试，确保所修复的缺陷以及相关场景都得到了解决。修复完成后，需要在问题单中记录缺陷的根本原因、发生条件和解决方法。

6）自验证。在自验证阶段，开发人员需要构建他们自己的测试版本（通常称为个人构建或开发者构建），并将这一构建部署至测试环境做进一步的测试和验证。

7）提交版本。修复代码经过评审后，发布至目标修复版本的代码分支。

8）验证修复。测试人员在测试环境中验证修复是否完整，是否引入新的缺陷。

9）关闭问题单。只有在回归测试中验证缺陷已被解决且没有引入新缺陷的情况下，才能正常关闭问题单。

以上是在 CodeArts TestPlan 中团队多角色协作沟通与协调处理缺陷的流程和相关说明。

3. 在 CodeArts TestPlan 服务中定制缺陷处理流程

1）确定缺陷状态，例如新建、进行中、已解决、测试中、已拒绝、已关闭，CodeArts TestPlan 缺陷工作项模板已经预置了上述状态。测试团队也可以自行扩展，添加新状态，如图 4-3 所示。

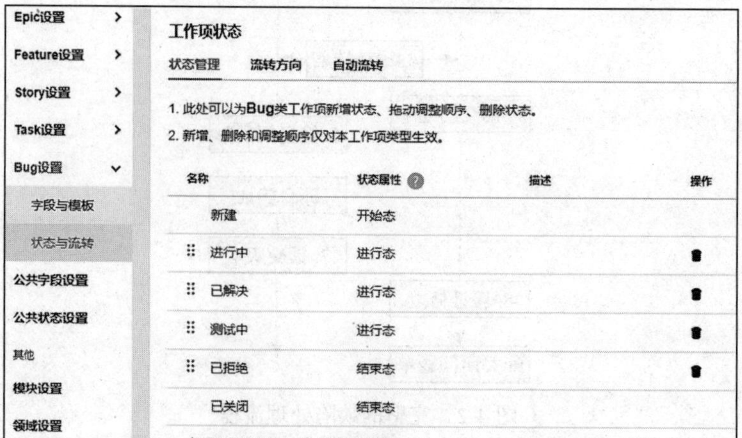

图 4-3 确定缺陷状态

2）设置缺陷状态流转方向，控制缺陷在某个状态下只能向指定的状态流转，如图 4-4 所示。

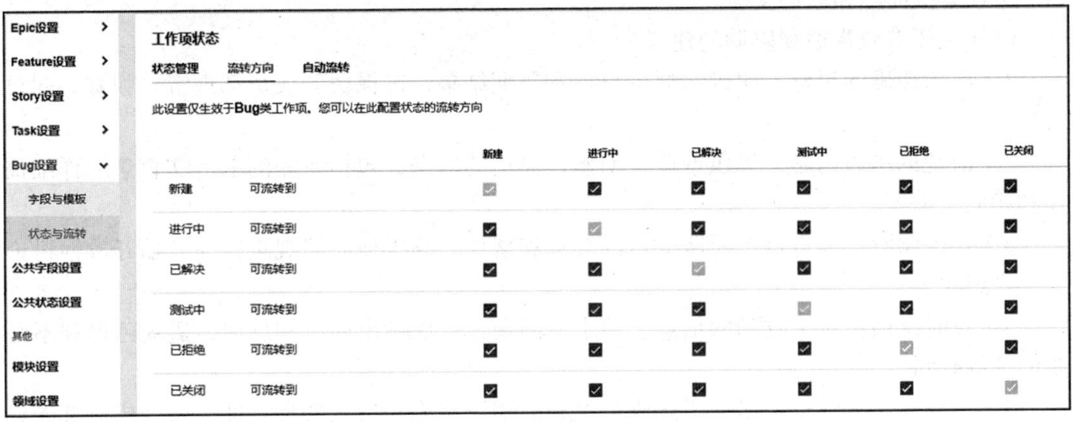

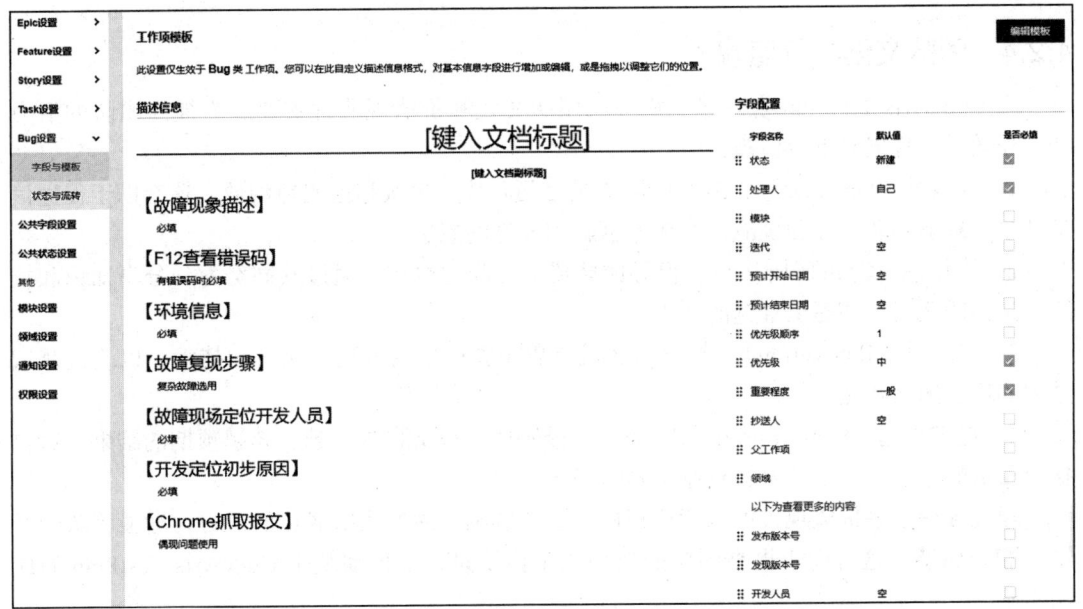

图 4-4　设置缺陷状态流转方向

3）设置缺陷预置字段和模板，指导测试人员和开发人员填写信息，如图 4-5 所示。

图 4-5　设置缺陷预置字段和模板

4.2.3　沟通与协调

由 4.2.2 节可知，团队间的沟通与协调尤为重要，良好的沟通与协调不仅能够提高工作效率，而且能够避免一些问题的发生。

（1）沟通渠道和工具

1）会议：定期召开会议，包括项目启动会、需求评审会、设计评审会等，以便多个角色直接交流和讨论。

2）电子邮件：使用电子邮件进行正式的书面沟通，例如发送会议纪要、发送重要文档或提醒团队成员重要事项。

3）即时通信工具：使用即时通信工具（如企业微信、Slack 等）进行实时沟通和快速交流，方便解决问题和取得反馈。

（2）关于有效沟通和协调的建议

1）清晰明确的目标：明确沟通的目标和预期结果，确保团队成员都理解并朝着共同目标努力。

2）清楚的沟通内容：提供准确、明确、简洁的信息，包括所需的上下文背景、详细描述和相应数据等。

3）积极倾听：尊重每个团队成员的意见和建议，倾听他们的观点，并鼓励开放性讨论和共享想法。

4）及时反馈：对于收到的信息、请求或问题，尽快做出回应和反馈，避免延迟和不必要的等待时间。

5）共享知识与信息：促进团队成员之间的知识交流和信息共享，确保每个成员都能获得所需的信息和资源。

通过使用适当的沟通渠道和工具，以及采纳有效沟通和协调的建议，可以增强团队之间的合作和理解，提高团队多角色协作的效率和质量。

4.2.4 团队文化与价值观

在 CodeArts TestPlan 中，建立积极的团队文化和价值观非常重要。为提高团队的活力和工作效率，提倡以下价值观：

1）开放性（Openness）：鼓励团队成员之间开放、坦诚和透明地沟通。这有助于促进信息共享、理解团队目标和挑战，并激发创新和改进的想法。

2）协作性（Collaboration）：倡导团队成员之间的协作。通过共同努力、分享知识和技能，达到团队目标并提供卓越的成果。

3）创新性（Innovation）：鼓励团队成员勇于尝试新的方法、工具和技术，以改进测试过程和增强测试效能。

4）追求卓越（Pursuit of Excellence）：鼓励团队成员追求卓越，超越预期的结果。这包括对质量的追求、持续学习和专业素养的提升。

通过强调这些价值观，可以营造积极向上的氛围，激发团队成员的潜力，增强团队的凝聚力和归属感。这有助于提高团队的效率和工作质量，并推动整个 CodeArts TestPlan 的成功实施。

4.2.5 协作工具与平台

1. 具体的协作工具与平台

在 CodeArts TestPlan 中，团队可以使用以下协作工具与平台来支持多角色协作：

1）需求管理和项目管理工具：使用 Jira、Trello 或 Microsoft Azure DevOps 等工具来管理需求、任务和项目进度。这些工具提供了项目看板、故事点追踪、工作分配、迭代规划等功能，有助于团队成员跟踪工作进展并协同完成任务。

2）团队协作软件：企业微信、Slack、Microsoft Teams 等即时通信工具可用于实时沟通、文档共享和团队讨论。通过建立交流群组、频道或项目组，团队成员可以方便地讨论、解决问题、分享资源和相互支持。

3）文档协作和知识管理：Google Docs、Microsoft Office 365 的共享文档功能或 Confluence 等协同编辑工具能够支持多人同时编辑和评论文档，促进团队合作和知识共享。

4）版本控制系统：使用像 Git 这样的版本控制系统来管理源代码，并利用代码托管平台（如 GitHub、GitLab 或 Bitbucket）来存储、合并和审查代码变更。这有助于团队成员协同开发、保持代码一致性并追踪变更历史。

2. 指导和培训措施

为了确保团队成员能够充分利用这些工具与平台来支持多角色协作，可以采取以下指导和培训措施：

1）培训计划：制订培训计划，包括针对不同角色的培训课程，涵盖工具的基本功能和高级用法。为新加入团队的成员提供入职培训，并定期更新培训，以便团队成员掌握最新的工具功能和最佳实践。

2）内部文档和指南：创建内部文档和指南，详细介绍如何使用各种工具与平台。提供操作指引、示例和常见问题解答，帮助团队成员快速上手并解决问题。

3）协作和分享经验：鼓励团队成员在团队会议、邮件列表或知识库中分享他们的经验和技巧。通过交流和互相学习，促进团队成员之间的协作和提高。

4）持续支持和反馈：建立一个反馈渠道，允许团队成员提供关于工具与平台的使用意见、问题和建议。定期与团队成员召开会议和开展评估，了解他们在使用工具与平台方面的需求和挑战，以便提供持续的支持和改进。

通过合适的指导和培训，团队成员将能够更好地利用协作工具与平台，支持多角色协作，并提高工作效率和质量。

4.3 敏捷测试

敏捷测试是一种以敏捷开发为基础的测试方法，强调迭代、自组织和快速反馈。在大规模测试管理中，采用敏捷测试方法可以使团队更加灵活和高效地进行测试活动。通过短周期的迭代和持续集成，团队可以及时识别和修复缺陷，提高软件交付的速度和质量。敏捷测试还能够增强团队的应变能力和创新能力，适应不断变化的需求和市场环境。

4.3.1 敏捷测试的定义、原则和特点

1. 定义

在 CodeArts TestPlan 中，敏捷测试被定义为一种以迭代开发和快速反馈为基础的测试方法。其核心原则包括持续集成、自组织团队和及时响应变化。团队通过短周期的迭代进行软件开发和测试，以快速交付高质量的产品。

2. 原则

1）持续集成：团队通过持续集成将开发和测试活动紧密结合，确保代码的稳定性和一致性。每次代码提交后都会自动构建和运行测试，及时发现潜在的缺陷。

2）自组织团队：团队成员具备自主决策和协作的能力，他们在项目中承担多个角色，并通过有效的沟通和协调来推动测试活动的进行。

3）及时响应变化：敏捷测试注重灵活性和适应性，团队能够快速响应需求变化和用户反馈。他们能够调整测试策略和计划，以确保软件交付符合最新的需求和期望。

通过遵循敏捷测试的原则，团队能够更好地应对快速变化的需求和市场环境。持续集成确保了高质量的代码交付，自组织团队增强了协作精神，及时响应变化提高了产品的适应性和用户满意度。

3. 特点

在传统项目中，测试往往被迫扮演着门卫的角色：只在开发完成后的测试阶段进行质量控制。然而，在敏捷项目中，测试人员不再等待工作降临，而是以主动的姿态参与整个开发周期，为项目提供持续的价值。敏捷测试的特点如下：

1）从用户角度出发：敏捷测试强调从客户和用户的角度来测试系统，关注系统是否满足用户需求和期望。测试用例的编写和执行都围绕用户故事展开，确保功能符合用户期望。

2）持续迭代地测试：敏捷测试重点关注新开发的功能，并且不再将测试局限于严格的测试阶段。测试从早期（如模块层面的单元测试）开始，随着开发的深入持续进行回归测试，保证之前测试过的内容的正确性。

3）尽早开始测试：敏捷测试建议尽早开始测试，在系统某个层面可测时就开始相应的测试活动。这样可以尽早发现和修复缺陷，提高整体质量。

在敏捷开发中（如图4-6所示），测试人员与开发人员紧密合作，彼此协同推进项目进程。开发人员不会超前于测试人员，这是因为在测试之前他们的工作处于"未完成"状态。而且，测试人员积极参与需求讨论、代码评审和缺陷修复等活动，以确保软件交付的高质量。总之，敏捷测试强调从用户角度出发，持续迭代地测试新功能，并建议尽早开始测试。这种方式使得测试人员在整个开发过程中发挥重要作用，测试人员和开发人员共同努力以提供高质量的软件产品。

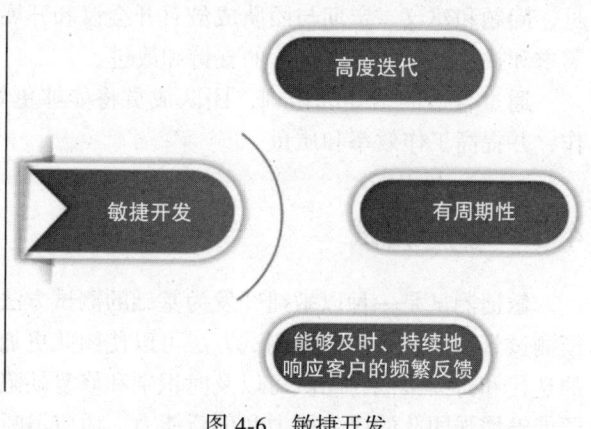

图4-6 敏捷开发

4.3.2 敏捷测试的方法和实践

在 CodeArts TestPlan 中，采用了一系列敏捷测试方法和实践来支持敏捷开发流程，其中包括用户故事拆分和优先级确定、测试驱动开发（TDD）和行为驱动开发（BDD）等。团队将用户需求拆分成小任务，每个小任务都有明确的验收标准和测试用例。测试人员可以通过 TDD 或 BDD 方法编写测试代码，并与开发人员紧密合作，使测试活动贯穿于整个开发过程。

1）用户故事拆分和优先级确定：团队将用户需求拆分成小的可执行任务，每个任务都有清晰的验收标准和测试用例。这样可以确保每个功能都能够被独立地测试和验证，并根据功能的重要性和优先级进行适当的规划。

2）测试驱动开发：测试人员使用 TDD 方法，先编写针对单个功能或模块的测试用例，然后再编写代码以满足这些测试用例。这种方法强调在编写代码之前就明确预期的行为和功能，有助于提高代码质量和可维护性。

3）行为驱动开发：BDD 是一种通过描述系统行为来进行测试的方法。在 CodeArts TestPlan 中，团队使用 BDD 框架（如 Cucumber）来编写可读性强的测试场景和步骤。这有助于促进开发人员、测试人员和其他利益相关者之间的共同理解和沟通。

4）紧密合作与整合：测试活动贯穿于整个开发过程，测试人员与开发人员紧密合作。他们共同讨论需求、设计和实现，确保测试活动在每个迭代中都得到适当的关注和执行，以提高产品质量。

通过采用这些敏捷测试方法和实践，华为云测试团队能够更好地应对需求变化和提供持续的反馈。用户故事拆分和优先级确定帮助团队集中精力开发和测试最重要的功能。TDD 和 BDD 方法鼓励测试人员在开发之前就明确预期的行为和功能，从而提高代码质量。紧密合作和整合则促进了团队成员之间的协作和沟通，使测试活动融入整个开发过程。

4.3.3　敏捷测试团队的角色和责任

在 CodeArts TestPlan 中，敏捷测试涉及多个团队角色的协作。敏捷测试工程师负责编写和执行测试用例，与开发人员一起进行持续集成和自动化测试。产品负责人负责定义用户故事和验收标准，并与敏捷开发团队的其他成员共同确定优先级。开发人员负责编写可测试的代码，并与测试工程师紧密合作以确保软件质量。

在 CodeArts TestPlan 中，敏捷测试团队涉及以下角色和责任：

1）敏捷测试工程师：敏捷测试工程师负责编写和执行测试用例，以验证软件功能是否符合用户需求和验收标准。他们使用敏捷测试方法和工具进行自动化测试、回归测试和性能测试等活动。他们与开发人员紧密合作，持续集成代码并提供及时的反馈。

2）产品负责人：产品负责人是整个敏捷开发团队中的代表，负责定义用户故事和验收标准。他们与敏捷开发团队的其他成员协商确定各项功能的优先级，并确保敏捷开发团队明确理解和满足用户需求。产品负责人参与测试计划制订和测试结果评审，以确保产品的高质量交付。

3）开发人员：开发人员负责根据用户需求和验收标准编写可测试的代码。他们与测试工程师紧密合作，确保代码通过持续集成和自动化测试，并修复测试中发现的缺陷。开发人员积极参与需求讨论和技术决策，确保软件的可测试性和质量。

这些角色之间的紧密协作是敏捷测试成功的关键。通过有效的协作和沟通，敏捷测试团队能够灵活地应对需求变化，并持续交付高质量的软件产品。每个角色在项目中都充分发挥其专业知识和技能，以实现共同的目标。

4.3.4　敏捷测试工具和自动化支持

在 CodeArts TestPlan 中，采用了各种敏捷测试工具和自动化支持来提高测试效率和质量。例如，使用 Jenkins 进行持续集成和构建自动化测试环境，使用 Selenium 进行 Web 应用程序的自动化测试，使用 Cucumber 进行 BDD 场景的测试用例编写和执行等。这些敏捷测试工具和自动化支持使团队能够快速构建、执行和分析测试，并实现持续交付和反馈。

1. 敏捷测试工具

1）持续集成工具（如 Jenkins）：通过使用持续集成工具，团队能够自动构建、部署和测试软件。它可以配置自动化构建流程，并集成各种测试工具和框架，以确保每次代码提交后都进行自动化测试，并及时提供测试结果。

2）自动化测试工具（如 Selenium）：对于 Web 应用程序的自动化测试，团队使用 Selenium 等自动化测试工具。这些工具可以模拟用户操作，执行各种功能和界面测试，并生成详细的测试报告和日志。

3）BDD 工具（如 Cucumber）：BDD 工具如 Cucumber 可以帮助团队编写可读性强的测试场景和步骤。它将测试与需求描述紧密结合，促进开发人员、测试工程师和其他利益相关者之间的共同理解和沟通。

4）测试管理工具：测试管理工具如 Jira、TestRail 等可用于跟踪和管理测试任务、缺陷和测试结果。它们帮助团队组织测试活动、分配任务、记录缺陷，并提供测试进度和质量的可视化报告。

除了上述工具外，还可以使用其他敏捷测试工具和框架，团队根据项目需求选择合适的工具，从而能够快速构建、执行和分析测试，提高测试效率和质量，并实现持续交付和反馈。

2. 测试自动化

在敏捷和 DevOps 中，测试的自动化是必需的。我们需要用自动化手段去管理关键的测试活动，并为开发提供必要的反馈。下面我们就来看看测试自动化都包含哪些内容，以及如何做好测试自动化。但是在开始相关内容之前，我们先来看一个经典的测试自动化的模型——测试金字塔。

（1）测试金字塔

测试金字塔如图 4-7 所示。

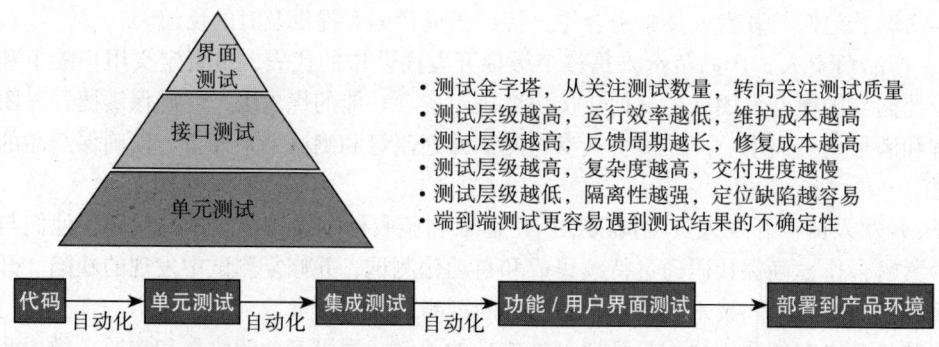

图 4-7 测试金字塔

测试金字塔旨在指导团队在测试自动化中以最低的成本获得最大的价值。它展示了三个不同的自动化测试层次。

三层金字塔中，最下层是单元测试，单元测试是自动化测试策略稳固的根基，因此也是金字塔结构的最底层；中间接口测试层是为了过渡用户界面和程序单元而设计的，包含了大多数自动化业务测试，这些测试主要用于验证是否正确地进行了开发；最上层是界面测试，通常用户界面是脆弱的，测试和修改的经济成本和时间成本较高。

换句话说，测试金字塔建议团队通过合理分配资源和关注点，将大部分自动化测试放在基础层，而将顶层的自动化测试保持到较少的状态。这样可以提高整体测试效率和质量，同时降低开发和维护的成本。

（2）测试自动化实践

在 CodeArts 中，提供了一些工具帮助完成测试自动化实践。这些工具涵盖了测试管理和自动化测试的不同方面。

测试管理：CodeArts 提供了测试管理功能，包括整体测试流程的管理、测试用例和需求的管理，并支持双向可追溯性。

移动应用测试：CodeArts 提供了移动应用测试工具，可以对应用软件包进行系统化的兼容性测试，检测是否存在兼容性问题，并能够模拟多种用户场景。

API 测试：CodeArts 提供了自动化的 API 测试工具，用户可以编写测试用例对 API 进行自动化测试。

性能测试：CodeArts 提供了性能测试工具，用户可以模拟高并发场景，提供多种加压策略，并对吞吐量、响应时间、负载能力等进行结构分析。测试完成后，还提供多维度可视化的看板，以便详细展示测试执行情况。

测试自动化的目的是减少手工测试和手工操作。测试自动化不仅包括自动化测试执行，还包括其他所有可以减少人力投入的活动，例如自动化环境创建、自动化部署、自动化监控、自动化数据分析等。上文讲了很多自动化测试执行部分内容，例如把一些人工测试任务做成自动化测试，但是测试自动化除了执行之外，还包括从环境的获取，到生成测试数据、执行自动化测试，再到最终生成结果。问题会被自动推送给相关的人、对应的组织去解决。测试自动化工具自动生成测试报告，测试人员直接拿到测试结果。

4.3.5 敏捷测试的优势和挑战

在 CodeArts TestPlan 中，敏捷测试带来了许多优势。首先，敏捷测试能够快速响应需求变化，通过短周期的迭代进行持续交付和反馈，提高产品的适应性和质量。其次，敏捷测试促进了各个团队角色之间的紧密协作和沟通，加强了团队的协同能力。然而，敏捷测试也可能面临需求不稳定、时间压力等挑战，需要团队具备快速适应变化和高效解决问题的能力。

1. 优势

1）快速响应需求变化：敏捷测试通过短周期的迭代和持续交付，能够快速适应需求的变化。团队可以及时调整测试计划和测试重点，确保产品与用户需求保持一致。

2）持续交付和反馈：敏捷测试通过快速迭代和自动化测试，使团队能够频繁地交付可工作的软件，并及时获得用户和其他利益相关者的反馈。这有助于提高产品质量、减少开发风险，并及时修复问题。

3）团队协作和沟通：敏捷测试强调各个团队角色之间的紧密协作和沟通。开发人员、测试工程师和产品负责人等角色密切合作，共同制定测试策略、评审需求和解决问题，提高团队的协同效率。

在华为 CodeArts TestPlan 中通过应用敏捷测试方法，团队能够更好地适应快速变化的需求和市场环境，提高测试效率和质量，从而实现高质量的软件交付。

2. 挑战

1）需求不稳定：敏捷环境下，需求经常发生变化，这给团队的规划和执行带来挑战。团队需要灵活应对需求变化，及时调整测试重点和测试策略，确保产品质量。

2）时间压力：敏捷开发注重快速交付，时间压力较大。团队需要在有限的时间内完成测试活动，并保证测试质量，这要求团队高效组织和执行测试工作。

3）必要的技术和工具支持：敏捷测试依赖于自动化测试、持续集成等技术和工具的支持。团队需要具备相应的技术能力，并与开发团队密切配合，共同建设和维护测试环境与工具链。

4）传统的挑战。我们还需要格外注意在敏捷转型的过程中，传统的测试团队、测试人员甚至整个项目团队都会遇到的挑战。

以文化挑战为例（见图4-8）。

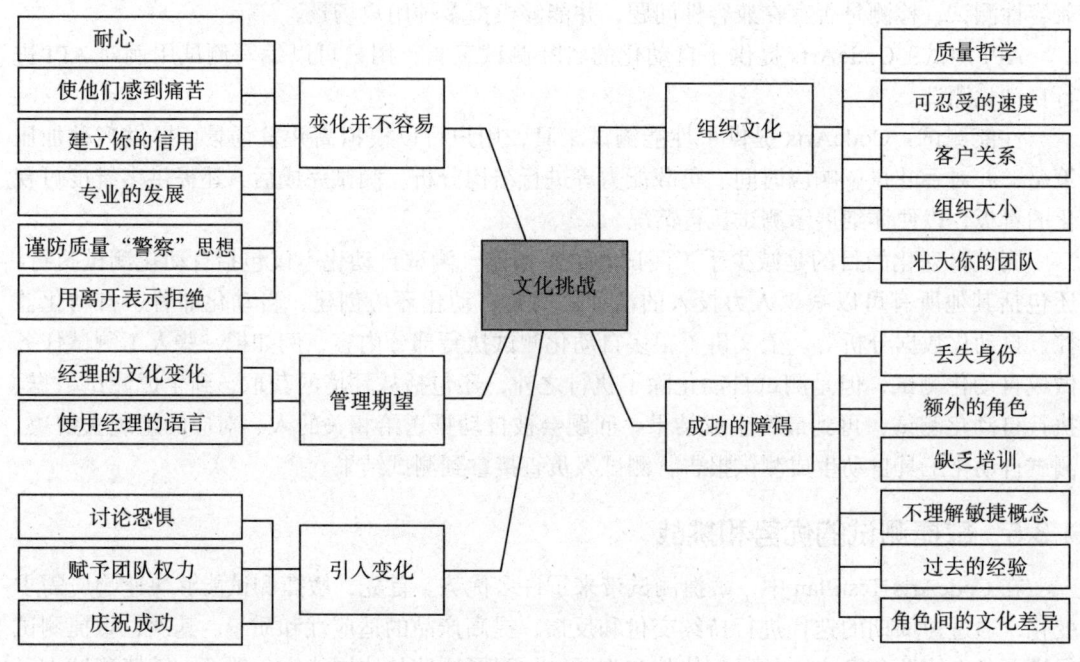

图 4-8 文化挑战

在进行敏捷转型的过程中，组织文化的冲突是常见的挑战。团队成员可能会抵触变化并对失败持怀疑态度。以下是应对文化挑战的一些建议：

①理解并接受变化：团队需要理解和接受变化的必要性，并明确变化带来的好处。通过教育、培训和有效的沟通，向团队成员传达变化的目标和愿景。

②预见和接受混乱：在变革过程中，混乱是难免的，但团队需要预见并接受这种混乱。团队要有耐心与决心，相信变革最终会带来积极的结果。

③循序渐进地实施变化：敏捷方法看似快速，但实际上仍可以循序渐进地引入新的实践。团队可以先选择一两个适合的敏捷实践进行尝试，然后逐步扩大范围和深入实施。

④支持和培训：为团队成员提供必要的支持和培训，帮助他们适应新的工作方式和实践。这包括技术培训、指导和分享最佳实践等。

⑤建立失败容忍文化：鼓励团队成员尝试新的方法和实践，并对失败持容忍态度。从失败中学习并不断改进是敏捷团队发展的重要部分。

通过采取有效措施，团队可以更好地适应变化，减少抵触情绪，并逐步实现敏捷转型的目标。

4.4 需求驱动测试

需求驱动测试是一种基于需求的测试方法，强调根据需求进行测试规划、设计和执行。在大规模测试管理中，需求驱动测试可以帮助团队更好地理解和验证需求，确保测试活动与需求一致并有效地覆盖功能和场景。通过明确的需求定义和测试策略，团队可以更加准确地评估测试进度和风险，并提供可靠的测试结果。需求驱动测试还能够提高测试用例的重用性和可维护性，降低测试成本和风险。

4.4.1 需求定义与分析

在 CodeArts TestPlan 中，团队会致力于理解客户的业务需求，并将其转化为清晰、可测量的需求文档。通过与客户和其他利益相关者密切合作，团队能够准确分析和理解需求，并确保测试活动与实际业务需要相一致。

在 CodeArts TestPlan 中，需求定义与分析是一个重要的阶段，团队会通过以下方式来实现：

1）与客户和其他利益相关者合作。团队与客户和其他利益相关者紧密合作，包括业务分析师、产品经理等，以确保充分理解客户的业务需求。他们将与客户进行会议、讨论和需求收集工作，以获取关键信息并澄清需求细节。

2）需求文档编写。团队将收集到的业务需求转化为清晰、可测量的需求文档。这些文档需要准确描述系统的功能、性能、安全性和可靠性等方面的需求。团队借助需求管理工具或需求管理平台来记录和跟踪需求，确保文档的一致性和完整性。

3）需求验证和确认。团队会与客户和其他利益相关者就需求进行沟通和确认，以确保自己正确理解和描述需求。通过有效的沟通和反馈，团队可以对需求进行验证，并与客户共同确认需求的准确性和完整性。

4）需求分析和优先级确定。团队会对需求进行分析和评估，以了解其重要程度和影响范围。通过与客户和其他利益相关者讨论，团队可以确定需求的优先级，并为后续测试活动的规划和资源分配提供依据。

以上方式确保了在 CodeArts TestPlan 中团队对客户业务需求的准确理解和转化。通过清晰的需求定义和分析，团队能够确保测试活动与实际业务需求相一致，并为后续测试阶段提供一个稳定的基础。

4.4.2 测试规划与设计

基于需求文档，团队会制订详细的测试计划和策略。这包括确定所需的测试环境和资源，设计适当的测试用例和数据，以及确定测试优先级和覆盖范围。CodeArts TestPlan 可能还会使用自动化测试工具来提高测试效率和精确度。

在 CodeArts TestPlan 中，测试规划与设计是确保测试活动有条理和高效执行的关键阶段。团队在该阶段所采取的措施如下：

1）确定所需的测试环境和资源。团队会评估所需的测试环境，包括硬件、软件、网络等方面的要求，并确保相应的测试环境可用和稳定。同时，团队还会评估和分配测试所需的资源，如测试人员、工具和设备等，以满足测试活动的需求。

2）设计适当的测试用例和数据。基于需求文档，团队会编写和确定详细的测试用例和测试数据设计方案。他们会考虑不同的功能、场景和边界条件，并确保测试用例能够全面覆盖系统的各个方面。此外，团队还会设计适当的测试数据，以模拟真实的使用情况和负载。

3）确定测试优先级和覆盖范围。团队会根据业务需求和风险评估，确定测试的优先级和覆盖范围。他们会对不同的功能模块和业务流程进行分类和排序，并确定测试的重点和深度。这样可以确保在有限的时间和资源下，重点覆盖关键功能和高风险区域。

4）使用自动化测试工具。CodeArts TestPlan 可能会采用自动化测试工具来提高测试效率和精确度。团队会评估适合的自动化测试工具，并进行相应的测试脚本开发和执行。自动化测试工具可以帮助团队快速执行大量重复性测试任务，并提供准确的结果和反馈。

通过以上措施，团队能够制订详细的测试计划和策略，确保测试资源的充分利用和测试活动的有序进行。同时，使用自动化测试工具还可以提高测试效率和精确度，缩短测试周期并提高测试质量。

4.4.3 测试执行与管理

在 CodeArts TestPlan 中，团队将执行测试用例并监控测试进度。他们会跟踪和记录测试结果，并及时发现和报告潜在的缺陷。团队还会建立缺陷管理系统，以便有效地追踪和处理缺陷。此外，团队可能会采用持续集成和持续交付等敏捷实践，以加快测试反馈和交付速度。

在 CodeArts TestPlan 中，测试执行与管理是确保测试活动顺利进行和缺陷被高效解决的重要阶段。团队在该阶段所采取的措施如下：

1）执行测试用例。团队会按照测试计划和设计准则执行测试用例。他们会确保测试环境准备就绪，并按照预定的顺序和优先级执行测试用例。测试人员会记录测试执行过程中遇到的问题、异常情况和其他观察结果。

2）监控测试进度。团队会密切关注测试进度，并及时报告测试的完成情况。他们可能会使用测试管理工具来跟踪测试用例的执行状态和测试进度。通过有效地监控，可以尽早发现并解决测试过程中的延迟或问题。

3）跟踪和记录测试结果。团队会跟踪和记录每个测试用例的执行结果和测试数据。他们会将执行结果与预期结果进行对比，并记录任何发现的差异或缺陷。这些记录有助于后续的缺陷分析和修复工作。

4）缺陷管理。团队会建立缺陷管理系统，以便有效地追踪和处理缺陷。他们会对发现的缺陷进行分类、优先级排序，并与开发人员和相关团队合作进行缺陷修复和验证。通过良好的缺陷管理，可以确保缺陷得到及时处理并追踪其处理进展。

5）持续集成和持续交付。团队可能会采用敏捷实践中的持续集成和持续交付方法。这意味着测试活动与开发过程相结合，测试反馈能够被快速地提供给开发人员，并实现频繁的软件交付。这种方法可以加速测试反馈和产品交付速度。

通过以上措施，团队能够有效执行测试用例，监控测试进度，并及时发现、记录和解决潜在的缺陷。同时，采用持续集成和持续交付等敏捷实践方法可以增强测试和开发的协同效率，提高产品的质量和交付速度。

4.4.4 测试评估与验证

在 CodeArts TestPlan 中，团队会根据测试结果评估系统的质量和稳定性。他们会使用各种指标和度量方法来衡量测试覆盖率、缺陷密度和性能等关键方面。此外，团队还会与开发人员和业务团队紧密协作，确保需求与实现之间的一致性和正确性。

在 CodeArts TestPlan 中，测试评估与验证是确保系统质量和稳定性的关键阶段。团队在该阶段所采取的措施如下：

1）使用指标和度量方法。团队会使用各种指标和度量方法来评估系统的测试覆盖率、缺陷密度和性能等关键方面。例如，他们可以衡量功能测试的覆盖率，检查代码质量和测试覆盖之间的一致性，并进行性能测试以验证系统的响应时间和吞吐量等方面是否达到要求。

①登录服务首页，搜索目标项目并单击项目名称，进入项目。
②单击导航栏"测试"→"测试质量看板"，进入"测试质量看板"页面。
③查看版本的测试质量看板。
④在页面左上角版本下拉列表中可以切换版本，再次单击测试计划下拉列表，可以切换测试计划，查看测试质量看板，如图 4-9 所示。

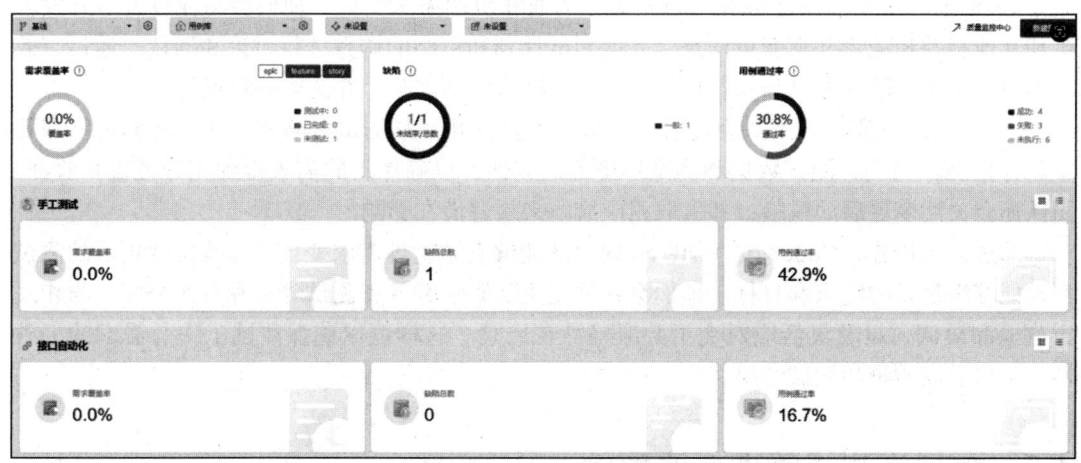

图 4-9 测试质量看板示例

2）缺陷分析和修复验证。团队会对已发现的缺陷进行分析，并与开发人员合作进行修复。修复后，团队会重新执行相关的测试用例，以验证缺陷是否得到解决。这些验证活动确保缺陷被有效修复，从而提高系统的整体质量。

3）与开发和业务团队的合作。团队会与开发人员和业务团队紧密合作，以确保需求与实现之间的一致性和正确性。他们会与开发人员就缺陷和需求进行沟通和讨论，并协调解决方案。通过有效的合作，团队可以准确评估系统的满足程度，并及时纠正任何需求与实现之间的偏差。

4）测试报告和总结。团队会编写测试报告，汇总测试结果和评估的指标。测试报告中会详细记录系统的测试覆盖情况、缺陷统计数据、性能数据等，并提供评估和建议。这些报告可以为后续版本的改进和决策提供重要参考。

通过以上措施，CodeArts TestPlan 的团队能够评估系统的质量和稳定性，并确保需求与实现之间的一致性和正确性。他们会使用各种指标和度量方法来衡量关键方面，并与开发人员和业务团队合作进行缺陷修复和验证。测试报告和总结提供了对系统质量的全面评估和建议，以支持后续的改进和决策过程。

4.4.5 需求变更管理

在大规模测试管理中，需求变更是常见的情况。CodeArts TestPlan 的团队会制定相应的变更管理流程，包括评估变更对测试的影响、调整测试计划和资源分配，并及时与相关方沟通和协调。团队会灵活应对需求变更，并确保变更后的测试活动能够满足新的需求和目标。

在 CodeArts TestPlan 中，需求变更管理是确保在大规模测试管理中应对变化的重要阶段。团队在该阶段所采取的措施如下：

1）评估变更的影响。团队会评估需求变更对测试活动的影响，并确定是否需要相应的调整和优先级排序。他们会与业务方和其他利益相关者讨论，了解变更的原因和目标，并根据实际情况评估其对测试资源、时间和策略的影响。

2）调整测试计划和资源分配。基于需求变更的评估结果，团队会相应地调整测试计划和资源分配。他们可能需要重新安排测试活动的顺序、优先级和时间表，并确保有足够的资源可用于执行新的测试任务。这样可以确保测试工作按照新的需求和目标进行。

3）沟通和协调。团队会及时与相关方沟通和协调需求变更。他们会与业务方、开发人员和其他利益相关者共享变更信息，并就测试计划和策略的调整进行讨论和确认。通过有效的沟通和协调，团队可以确保各相关方对变更有清晰的理解，并达成一致意见。

4）灵活应对变更。团队会灵活应对需求变更，并调整测试策略和方法。他们可能需要重新评估测试用例、测试数据和测试环境的适应性，以确保新的需求得到充分覆盖和验证。团队还会关注变更后的风险，并采取相应措施来缓解潜在影响。

通过以上措施，CodeArts TestPlan 的团队能够有效管理需求变更，并确保变更后的测试活动能够满足新的需求和目标。他们会评估变更的影响并调整测试计划和资源分配，与相关方沟通和协调，以及灵活应对变更并减轻潜在风险。这样可以确保测试工作与需求的一致性，并提供高质量的测试结果。

4.5　大规模测试管理实践案例

华为云提供多种类型的项目模板，针对大规模测试管理活动我们选择"Scrum"项目模板进行创建（见图 4-10）。Scrum 是增量迭代式的软件开发方法，也是当前主流的敏捷开发过程。通过迭代冲刺的方式，持续交付，从用户需求到用户反馈实现各个迭代闭环的软件开发过程。在华为云上我们可以将 Scrum 项目的迭代计划会议、每日站会（Stand-up Meeting）、迭代回顾、验收会议等与线上大规模测试管理能力相结合，来实现简单高效的管理。

在新建的项目如图 4-11 所示中，从左侧菜单依次选择"测试设计"和"测试用例"，进入对应的测试相关编辑界面，完成测试设计及用例输出等之后，即可在测试计划界面创建计划并关联对应的测试用例。测试计划对整体的测试活动进行全局管理，可以支持项目各角色同步目标、衔接上下游活动，支撑项目整体计划的达成。具体操作如图 4-12 和图 4-13 所示。

在凤凰商城项目中，我们通常按照每个季度一个大的版本发布计划进行测试计划倒排，在需求迭代开发阶段每两周一个迭代转测试版本，在回归阶段每一周一个迭代转测试版本。测试计划的关键要素包括测试周期、需要进行测试的需求集合、对应的用例集合等。

在新建完成测试计划并提供内容后，我们可以在华为云的该项目下通过左侧菜单进入测试计划浏览界面，根据需要查看及更新维护相应的测试计划。针对凤凰商城项目，2024 年 330 版本的测试计划开始于 2023 年 12 月 1 日，初期迭代纳入的被测需求涉及用例 25 个，将随着测试设计的逐步推进完成，逐渐补充更多用例内容，如图 4-14 所示。

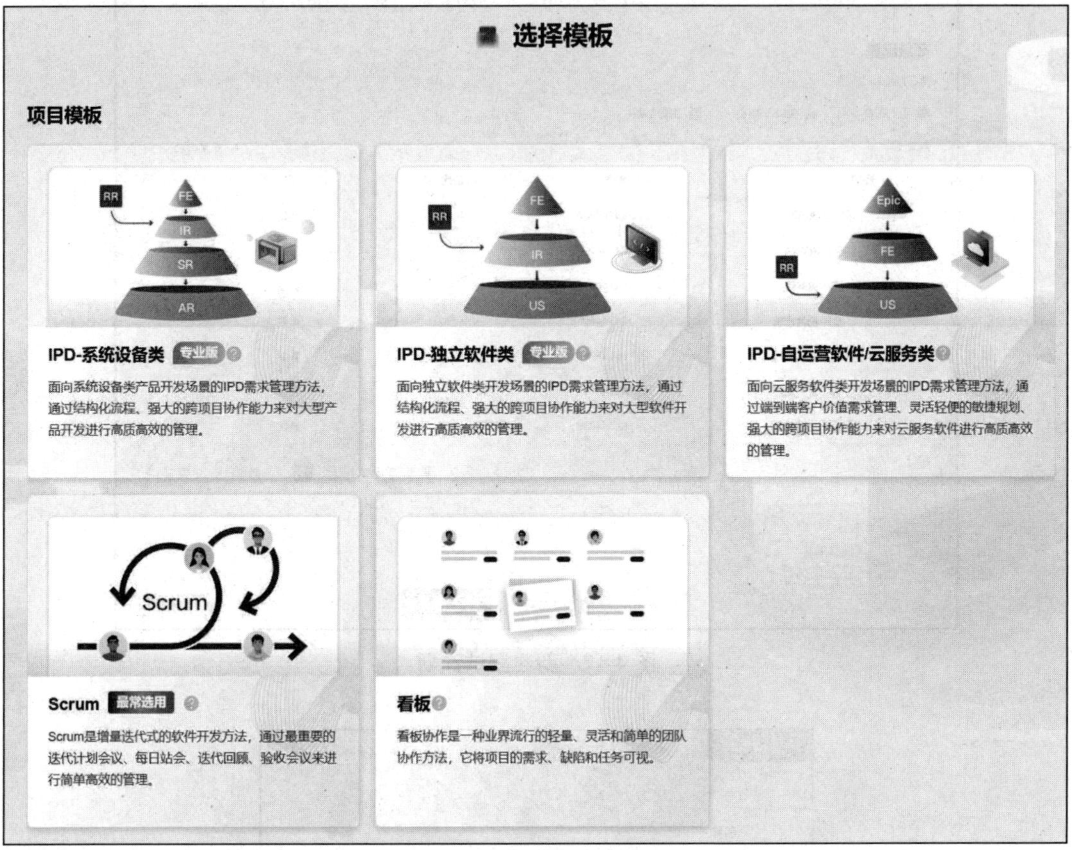

第 4 章 大规模测试管理

图 4-10 选择 Scrum 模板

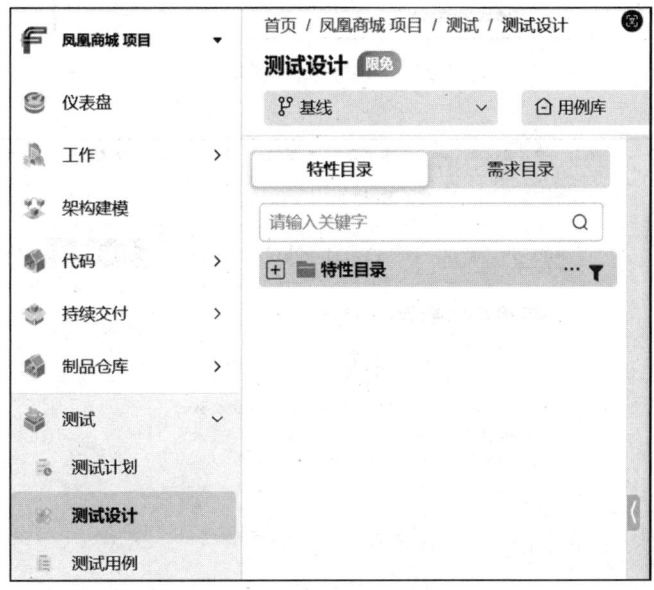

图 4-11 使用 Scrum 模板新建项目

图 4-12　新建测试计划

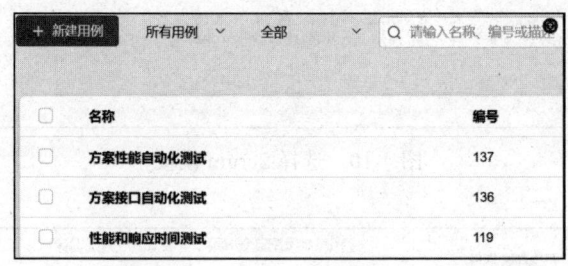

图 4-13　测试计划中添加需求

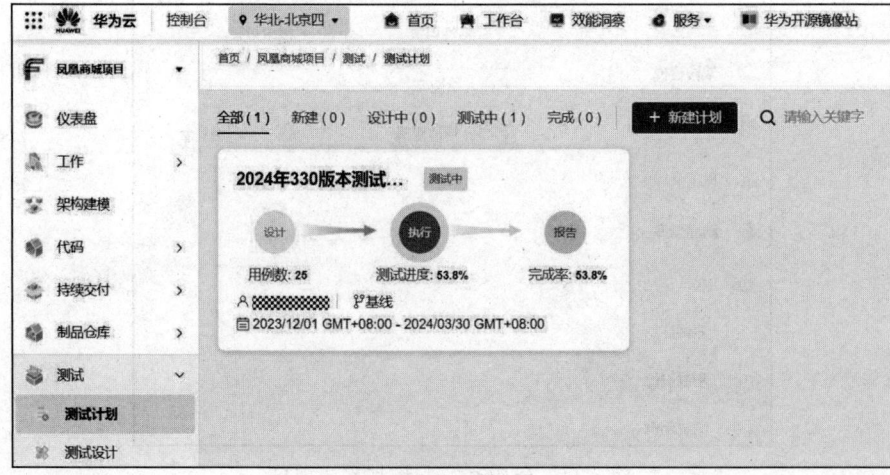

图 4-14　查看执行中的测试计划

整体测试计划创建完成后，需要通过创建测试执行的任务，将计划的执行分解到具体测试执行的人员上，并行推进测试计划的按期达成。在实际测试项目管理过程中，可以考虑将多轮迭代组合起来实现整个版本测试的两轮全量加一轮回归覆盖。在每轮迭代中，对于核心场景用例存在多次重复执行的情况，对于新需求、存量细分场景可以有策略地在一个或多个迭代轮次中进行覆盖。新建手工测试套件如图 4-15 所示。

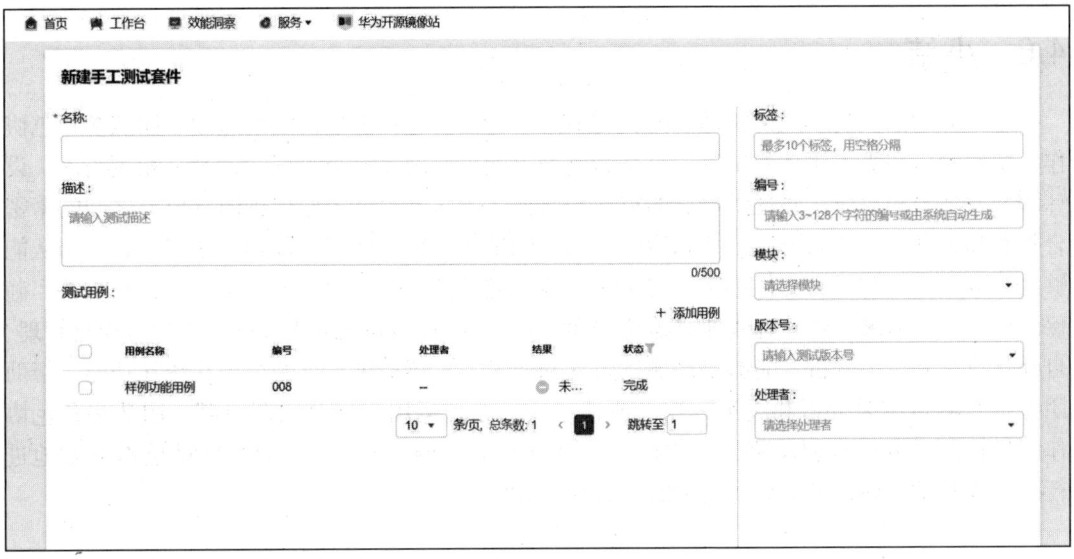

图 4-15　新建手工测试套件

针对测试计划执行过程中的进展与风险，除了通过例会等管理手段收集和掌握外，还可以借助平台的测试质量看板进行及时的监督评估。测试质量看板提供需求覆盖率、缺陷、用例通过率等关键信息，并支持根据测试迭代周期的自助选取进行精准查看和分析。测试质量看板默认界面如图 4-16 所示。

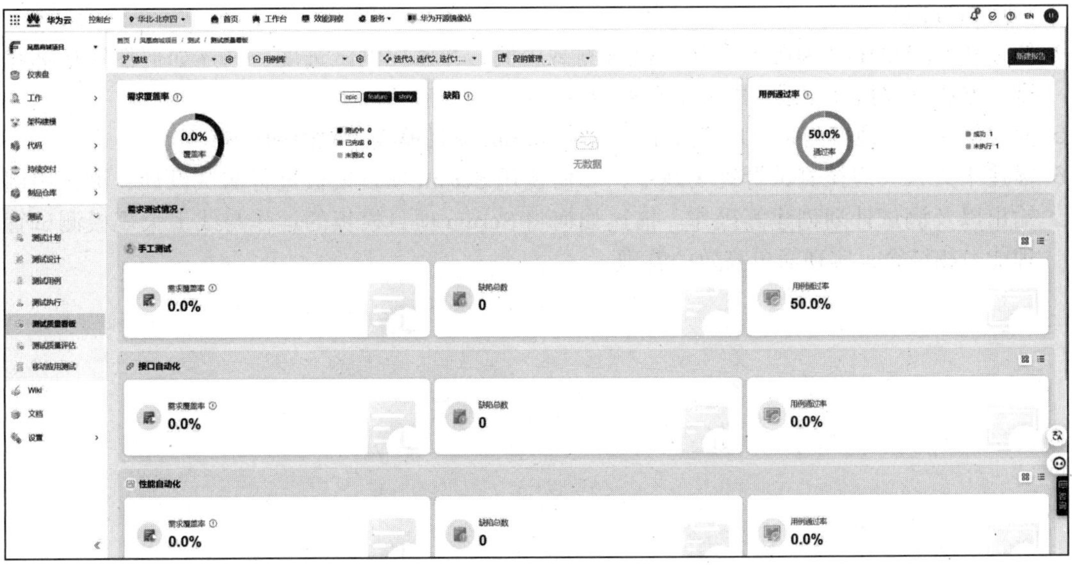

图 4-16　测试质量看板默认界面

大规模测试管理活动中，我们通常需要例行查看需求覆盖率，判断是否符合进度预期。用例通过率可以帮助我们判断当前被测系统的质量现状。

针对测试计划最终的输出总结以及编写测试报告，华为云提供线上测试报告编辑系统，可以将测试计划、过程质量及结果数据直接进行线上汇总，大大提高了测试报告输出的效率及内容的准确性，并支持全流程可追溯，为大规模测试管理的开展提供更高效的选择。

4.6 小结

本章介绍了大规模测试管理中的关键概念和方法，包括全生命周期追溯、团队多角色协作、敏捷测试和需求驱动测试等。全生命周期追溯可以确保每个测试活动都与相关需求、设计和开发环节相对应，并提供可靠的审计和验证。团队多角色协作促进团队成员之间的紧密合作和知识共享，提高测试效率和质量。敏捷测试通过短周期的迭代和持续集成，使团队能够及时响应变化和提高交付速度。需求驱动测试通过基于需求的测试规划、设计和执行，确保测试活动与需求一致并有效地覆盖功能和场景。此外，CodeArts TestPlan 支持可视化管理、自动化执行和结果分析，能够提高测试效率和质量，它还提供丰富的报告和统计功能，帮助团队进行测试结果分析和决策。综上所述，通过合理运用全生命周期追溯、团队多角色协作、敏捷测试和需求驱动测试等方法，并结合 CodeArts TestPlan 工具，团队能够高效地进行大规模测试管理，确保软件交付的质量和一致性。

4.7 习题

1. 什么是全生命周期追溯？它在大规模测试管理中有什么作用？它主要包含哪几个方面？
2. 在开发追溯中如何建立代码变更与测试活动之间的关联？如何追踪和管理代码变更的影响？
3. 在团队多角色协作中，为什么不同角色的任务分配很重要？如何确保各个角色之间的有效沟通和协作？
4. 描述在 CodeArts TestPlan 中如何执行测试用例，并监控测试进度。描述如何使用指标和度量方法来评估被测系统的质量和稳定性。
5. 简述华为云大规模测试管理实践中，选择 Scrum 项目模板的原因和优势。
6. 描述华为云大规模测试管理实践中，如何使用 Scrum 项目模板进行测试设计、测试用例输出以及测试计划创建等操作。描述如何将 Scrum 项目模板的运作与线上大规模测试管理能力相结合，实现简单高效的管理。

第 5 章

启发式测试策略与设计

启发式测试策略与设计是一种基于经验和直觉的测试方法,旨在发现软件中的潜在缺陷。本章将介绍如何使用启发式思维来制定测试策略和设计测试用例,以提高测试效果和发现更多的缺陷。越早发现缺陷,修复成本越低。因此,企业产品质量始终面临提升测试完备性以提前拦截产品缺陷的终极问题。而 CodeArts TestPlan 则运用上述启发式测试策略和设计模型,提供"需求–场景–测试点–测试用例"四层测试分解设计能力,启发测试人员发散思维,将脑海中的测试模型图形化地表达出来,即借助思维导图进行启发式测试设计,最后归档为测试用例,输出整体测试方案。

5.1 根据需求分解测试场景

在进行启发式测试设计之前,我们首先需要仔细分析软件的需求文档或功能规格说明书。通过深入理解软件的功能和特性,新建思维导图,将整个测试过程划分为不同的测试场景。测试场景是指在特定的条件下执行一系列操作以验证软件是否满足需求的情况。

5.1.1 需求分析与关键功能确定

需求分析是指对软件系统或产品的需求进行深入研究和理解,以获取准确、一致且完整的需求信息。它涉及从不同角度审视需求,并将其转化为明确的规范和说明,为后续的设计、开发和测试提供指导。因此,对需求文档进行仔细分析和理解对测试工作至关重要。这不仅能指导测试过程,确保软件满足用户需求,还有助于发现问题并设计有效的测试策略。测试团队应该充分投入时间和精力来理解和解读需求文档,并与其他团队成员积极地沟通和合作。这将为测试工作的成功和软件质量的提高奠定坚实的基础。

1. 分析需求文档的常用方法和技巧

分析需求文档时,一些常用的方法和技巧如下:

1)逐字逐句阅读:对需求文档进行仔细的逐字逐句阅读,确保全面理解每个句子和段落的含义。注意关键词、术语和描述的细节。

2）提问和澄清：在阅读过程中，将遇到的不明确、模糊或矛盾之处记录下来，并在与利益相关者（如业务分析师、产品经理）的沟通中提出问题，以获得更多的解释和澄清。

3）分解和分类：将需求文档分解为更小的功能单元，并将其分类到相应的主题或模块中。这有助于组织和理解大量的需求信息。

4）建立需求跟踪矩阵：创建一个需求跟踪矩阵，将每个需求与相关的功能、测试用例、设计文档等关联起来。这有助于追踪需求的实现和验证过程。

5）使用图形工具：使用流程图、用例图、状态转换图等图形工具来可视化需求和系统行为。这可以加深对需求和系统交互的理解，并帮助发现可能存在的问题。

6）编写具体场景和示例：为了更好地理解需求，可以编写具体的场景和示例，以展示系统在不同情况下的行为和交互方式。这有助于澄清和验证需求的准确性。

7）与利益相关者沟通：与业务分析师、产品经理和开发团队等利益相关者进行积极的沟通和讨论。通过与他们共享自己的理解、提出问题和寻求反馈，可以获得更全面和更准确的需求信息。

8）进行可追溯性分析：通过需求分析工具或技术，建立需求间的关联关系并跟踪需求的变更。这有助于确保需求的一致性和完整性，并支持需求变更管理。

通过采用上述方法和技巧，测试人员可以更好地分析需求文档，深入理解用户需求，并确保对需求的正确理解。这将有助于指导后续的测试策略制定、测试设计和验证工作。

2. 关键功能确定

在需求分析已完成的基础上，需要进一步识别软件的关键功能和特性，明确和理解它们在整个系统中的作用将有助于集中开发和保证这些关键功能和特性的成功实现，并确保系统满足用户需求和预期。这可以通过以下步骤进行：

1）深入了解业务需求：与利益相关者（如业务用户、产品经理）沟通，详细了解他们的业务需求和期望。探索他们最关注的功能和特性，以及这些功能和特性对业务流程的重要性。

2）识别关键功能和特性：基于收集到的需求信息，识别出对系统成功实现和用户满意度至关重要的关键功能和特性。这些功能和特性可能是解决核心问题、提供关键业务价值或具有竞争优势的方面。

3）分析功能和特性的影响：深入分析每个关键功能和特性在整个系统中的作用和影响。考虑它们与其他功能之间的依赖关系、交互方式，以及对系统性能、安全性和可靠性的影响。

4）确定优先级和权重：根据业务需求、项目约束和利益相关者的反馈，确定关键功能和特性的优先级和权重。这有助于在开发过程中合理安排资源，并确保关注度高的功能和特性首先得到满足。

5）绘制功能映射和关系图：使用工具（如用例图、流程图等）绘制功能映射和关系图。这有助于可视化关键功能和特性之间的关联，理解它们在系统中的位置和交互，并促进后续的设计和开发工作。

6）确保系统整体一致性：确保关键功能和特性与整个系统的架构、设计和其他非功能要求保持一致。考虑它们的集成方式、数据流动以及与其他模块或组件的协作。

7）持续评估和优化：在开发和测试过程中，持续评估关键功能和特性的实现情况，并根据反馈进行调整和优化。确保这些关键方面得到满足，并满足用户期望。

至此，我们已完成了需求分析及关键功能确定，接下来为了更好地设计与分解测试场景，我们可以根据需求新建思维导图。

5.1.2 基于需求新建思维导图

测试计划服务支持为需求新建思维导图，从需求出发，分解测试场景、分析测试点、输出测试方案和测试用例。

1. 新建思维导图的常规方法

思维导图又称脑图，用于规划测试方案、设计测试场景、定义测试点、编排测试步骤、生成测试用例等。在测试计划服务的"测试设计"页面中可以使用思维导图功能。其中思维导图的新建又分为普通新建和模板新建两种。

（1）普通新建

1）登录软件开发生产线首页，搜索目标项目并单击项目名称，进入项目。

2）单击导航栏中的"测试"→"测试设计"。

3）单击页面左上角的"普通新建"，如图 5-1 所示。

图 5-1 思维导图之普通新建（1）

页面跳转至新创建的思维导图页面，如图 5-2 所示，页面正中显示为根节点，根节点的名称自动填充为"思维导图"。双击根节点可修改根节点名称。

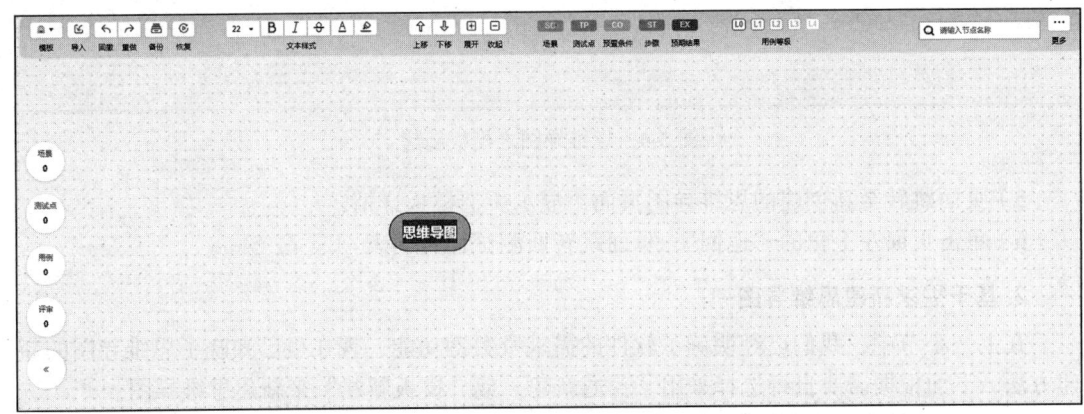

图 5-2 思维导图之普通新建（2）

4）单击页面左上角的"返回"，页面跳转回测试设计列表。列表中显示思维导图根节点名称，如图 5-3 所示。

图 5-3 思维导图之普通新建（3）

（2）模板新建

1）登录软件开发生产线首页，搜索目标项目并单击项目名称，进入项目。

2）单击导航栏中的"测试"→"测试设计"。

3）单击页面左上角的"模板新建"。

4）根据需要选择模板，单击"预览"可以查看该思维导图详情，单击"立即使用"进入思维导图，如图 5-4 所示。

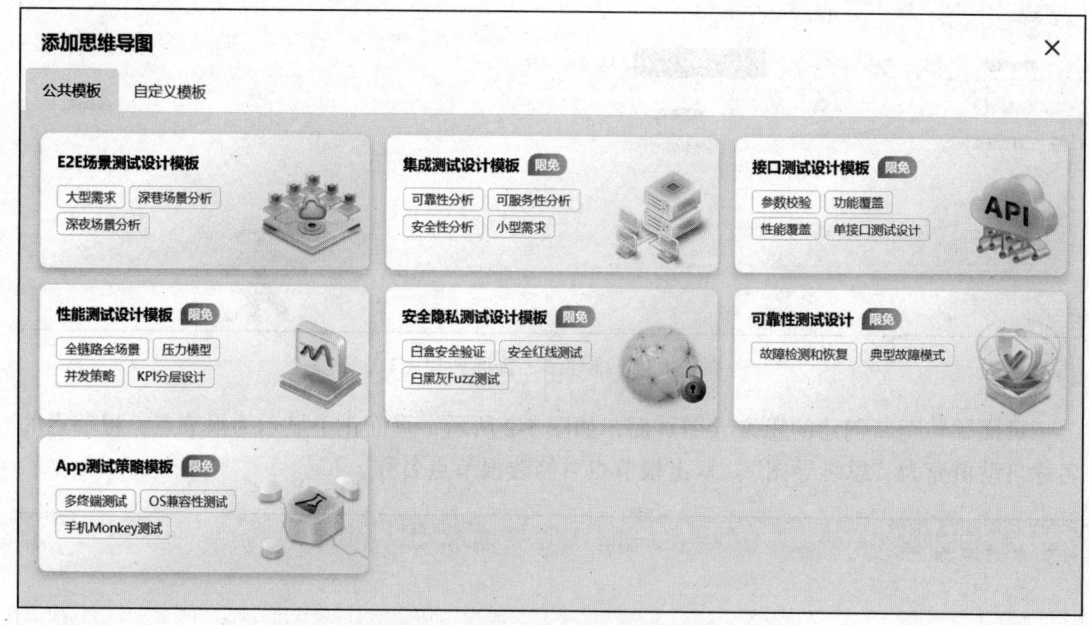

图 5-4 思维导图之模板新建

5）页面跳转至新创建的思维导图页面，显示所选模板详情。

6）单击页面左上角的"返回"，页面跳转回测试设计列表。

2. 基于需求新建思维导图

在上一小节中，我们已经明确了软件的需求及关键功能，现在也已知晓了思维导图的新建方法，下面根据需要自行选择采用"普通新建"或"模板新建"来新建思维导图。

1）登录软件开发生产线首页，搜索目标项目并单击项目名称，进入项目。

2）单击导航栏中的"测试"→"测试设计"。

3）在页面左侧的"需求目录"中选中一个需求，单击页面左上角的"普通新建"或

"模板新建",如图 5-5 所示。

3. 绘制思维导图过程中的注意事项

在绘制思维导图的过程中,我们需要注意以下几点:

1)思维导图主题:在思维导图的顶部或中心,写下主题,简明扼要地说明该思维导图的目的和关注点。例如,可以写下"基于需求的系统功能和特性"作为主题。

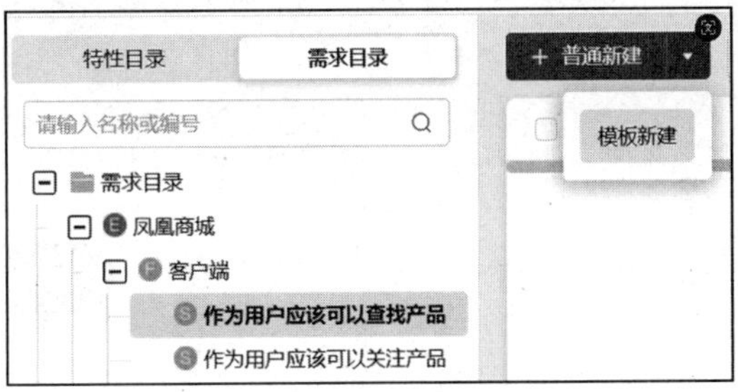

2)定义关键功能和特性:根据需求文档和需求分析结果,列举并定义关键的系统功能和特性。针对每个功能和特性,都应该用简洁的描述来概括其核心内容。

图 5-5 新建思维导图示例

3)细分子功能和特性:对每个关键功能和特性,进一步细分并考虑其子功能和特性。可以使用层次结构、缩进或其他可视化方式来组织和展示各个层级之间的关系。

4)描述功能和特性的作用:在思维导图中,为每个功能和特性提供更详细的描述,包括其在整个系统中的作用、价值和影响。这有助于阐明它们的重要性和优先级。

5)考虑功能之间的依赖关系:在思维导图中,标记或连接具有依赖关系的功能和特性。这有助于理解它们之间的关系,以及实现某个功能所需的前提条件。

6)关联非功能性需求:考虑将与功能相关的非功能性需求与相应的功能和特性进行关联。例如,安全性、性能、可用性等方面的需求会对系统的功能实现产生影响。

7)标记优先级和权重:使用符号、颜色或数字等方式,标记每个功能和特性的优先级和权重。这有助于在开发过程中确定和调整资源分配和时间计划。

8)补充说明和备注:根据需要,在思维导图的旁边或底部添加补充说明和备注,以解释功能和特性的细节、要点或其他相关信息。

通过上述步骤,我们所绘制的思维导图能够清晰地展示系统功能和特性的结构、关系和重要性。这样的思维导图对于沟通需求、指导设计和开发工作都非常有用,最重要的是,也为分解测试场景打下了良好的基础。

5.1.3 根据需求进行场景设计

再次说明,场景(即测试场景)是为了验证系统功能和特性是否按照需求正确实现而设计的具体测试情景。经过上述操作,我们已经基于需求新建了思维导图,而每一个思维导图都是针对不同的特定需求而绘制的,因此我们可以针对这些需求一一进行场景设计,从而实现根据需求分解测试场景。

(1)添加场景

添加场景的步骤如下:

1)进入已创建的思维导图。

2)为根节点新增一个子节点。在主题节点下方添加测试场景节点。每个场景节点代表一个具体的测试场景,与需求相关联。

3)选中步骤 2)中创建的节点,单击思维导图上方工具栏中"SC"(场景)。

当被选中的节点前出现"SC"时,表示添加场景成功,如图 5-6 所示。

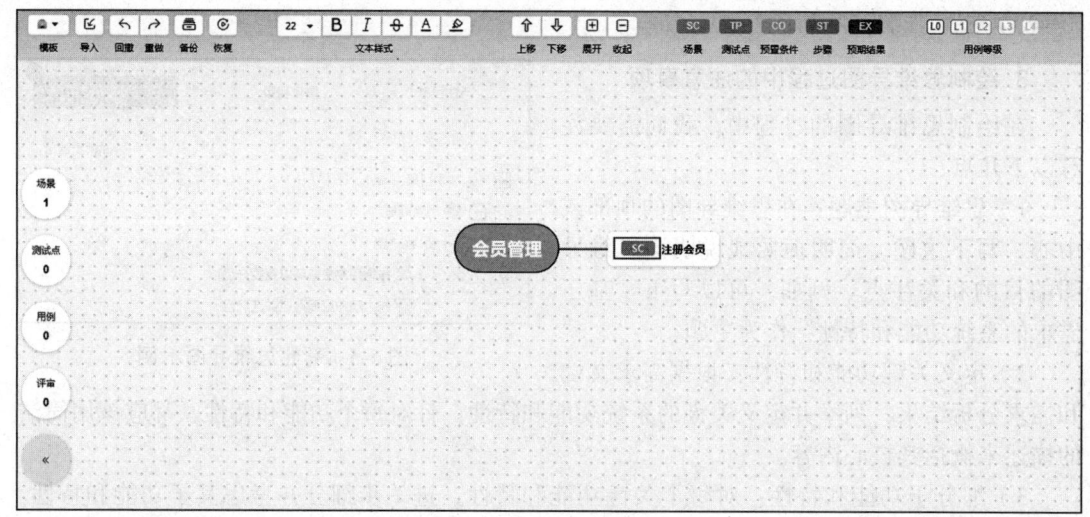

图 5-6 添加场景

（2）创建测试场景

添加场景成功后，我们就需要进一步创建测试场景。创建测试场景的一般步骤如下：

1）确定测试目标：明确测试场景的目标，即要验证系统中的哪些功能或特性。

2）选择测试数据：针对每个测试场景，确定需要使用的测试数据集合。这些数据应当能够触发系统功能，并覆盖各种典型和边缘情况。

3）描述测试步骤：为每个测试场景编写详细的测试步骤，描述在给定输入下应该执行的操作。应包括预置条件、用户操作和预期结果。

4）考虑异常情况：针对每个测试场景，考虑可能的异常情况和错误处理。应包括无效输入、边界条件、并发访问等情况，并设计相应的测试步骤。

5）考虑系统状态和环境要素：考虑测试场景所涉及的系统状态和环境要素，例如用户登录状态、网络连接状态等，以确保测试场景符合实际使用情况。

6）确定预期结果或期望行为：为每个测试场景定义明确的预期结果或期望行为。这有助于判断系统是否按照需求正确地执行了相应的功能。

7）设计边界测试场景：除了一般测试场景外，还要设计涉及边界条件和极端情况的测试场景。这有助于验证系统在极限情况下的稳定性和鲁棒性。

8）重复性和可复用性：确保测试场景是可重复执行和可复用的。每个测试场景都应该具有独立性，并且可以在不同测试阶段和环境中重复使用。

9）组织和管理测试场景：使用适当的工具或方法来组织和管理测试场景。例如，使用测试管理工具、测试用例管理系统或电子表格等。

通过分解、创建和执行测试场景，测试团队可以全面覆盖系统功能和特性，并检验其是否满足需求。这有助于发现潜在的问题和缺陷，并提供有关系统质量和稳定性的反馈信息。

5.2 根据场景分解测试点

在每个测试场景下，我们需要进一步分解出具体的测试点。从场景的角度来看，测试点是指在一个特定的场景下需要验证的功能或操作。通过将测试场景分解为多个测试点，我们可以更加详细地检查软件的各个方面,从而提高测试的全面性和准确性。

5.2.1 场景描述

对于每个测试场景,首先进行详细的场景描述。我们需要描述场景的目标、前提条件和用户操作,以及与之相关的功能和特性,应确保描述清晰、准确,并包含所需的环境设置和数据准备。其实这里的场景描述在上一节创建测试场景的具体步骤中涉及过,下面将具体说明。

进行场景描述时,可以考虑以下具体方面:

1)场景目标:明确场景的目标和预期结果。例如,场景的目标可能是验证用户能够成功完成某个操作或实现特定的业务流程。

2)前提条件、环境设置:列出场景执行所需的前提条件和环境设置。这包括系统状态、用户身份、数据准备等。例如,场景可能要求用户登录,并且必须存在相关数据记录。

3)用户操作流程:详细描述用户在场景中应该执行的操作流程。按照步骤,说明每个操作的顺序和方法。可以使用清单、流程图或文字描述进行展示。例如,对于购物网站的场景,用户操作流程可能包括打开网站、浏览商品、将商品添加到购物车、进行结算等。

4)输入和输出:指定场景中涉及的输入和预期输出。描述用户在操作过程中需要提供的数据或信息,以及他们期望从系统中获得的反馈或结果。例如,在搜索功能场景中,输入是关键字,输出是与关键字相关的搜索结果列表。

5)交互和界面:描述场景中与用户交互的界面元素和交互方式,包括按钮、链接、表单字段等。此外,还可以指定用户与界面之间的期望交互行为,如点击、输入、滚动等。

6)预期结果:明确每个步骤和操作的预期结果或期望行为。这有助于评估系统是否按照需求正确地响应用户的操作。例如,对于登录场景,预期结果可能是成功登录后跳转到用户个人资料页面。

7)边界情况:考虑涉及边界条件的具体情况,并在场景中指定这些情况。例如,在支付场景中,可包括测试使用最小金额、最大金额、无效的付款方式等情况。

通过展开上述方面的场景描述,可以提供更具体和更详尽的场景信息,以指导测试团队在测试过程中准确执行测试用例并验证系统的功能和特性。

5.2.2 测试点分类

从测试过程角度看,测试点是指测试过程中需要验证的具体项目或要素。它是对系统进行测试时需要检查、验证或确认的具体内容或功能。测试点通常与系统的功能、性能、安全、可用性等方面相关。每个测试点都是一个明确的目标或问题,需要进行相应的测试来验证系统是否满足相关要求或达到预期结果。测试点一般可分为功能、边界、异常、数据、性能、安全、可用性及综合八种。

1)功能测试点:在场景描述的基础上,针对每个场景,确定具体的功能测试点。功能测试点是指需要验证的具体功能或操作步骤,用于检查系统是否按照需求正确执行。例如,如果场景是用户注册功能,功能测试点可能包括验证用户名唯一性、密码强度要求、邮箱格式等。

2)边界测试点:除了一般功能测试点外,在场景中识别边界条件和极端情况下的测试点。边界测试点涉及系统的边界限制、最大值、最小值等情况,用于评估系统在极限情况下的行为。例如，在购物网站中的价格范围，边界测试点可能包括检查最低价格、最高价格以及接近边界值的价格。

3）异常测试点：根据场景，识别可能引起异常情况的测试点。这些测试点旨在验证系统能否正确处理无效输入、错误操作或其他异常情况，并给出适当的错误提示或处理方式。例如，在支付场景中，测试点可能包括尝试使用无效信用卡号、输入错误的CVV（信用卡安全码）等情况。

4）数据测试点：根据测试数据的不同组合和变化，确定相关的数据测试点。这些测试点有助于验证系统在不同数据集合下的正确性和一致性。例如，在搜索功能中，数据测试点可能包括针对关键字的大小写敏感性、特殊字符处理的方面等。

5）性能测试点：针对性能要求，确定相应的性能测试点。这些测试点涉及系统的响应时间、吞吐量、并发性能等方面，用于评估系统在负载情况下的性能表现。例如，在并发访问情况下，性能测试点可以包括测量系统的响应时间、吞吐量和资源利用率等方面。

6）安全测试点：根据安全需求，确定涉及系统安全性的测试点。这些测试点包括用户身份验证、访问控制、数据加密等方面，用于验证系统的安全性和保护机制。例如，在用户身份验证场景中，安全测试点可能包括检查密码加密算法和防止恶意登录的机制。

7）可用性测试点：识别与系统可用性相关的测试点。这些测试点涉及用户界面的易用性、导航流程、反馈机制等方面，以确保系统对用户友好且易于操作。例如，在注册页面中，可用性测试点可以包括界面布局合理性、表单字段标签清晰性等方面。

8）综合测试点：综合考虑多个因素，确定综合测试点。这些测试点涉及不同功能、特性和条件的组合，以验证系统在复杂场景下的整体行为和一致性。例如，在电子商务网站中，综合测试点可能包括添加商品到购物车、进行结账操作并验证库存更新等。

通过细分和明确测试点，测试团队可以有针对性地设计和执行测试用例，以覆盖各个方面的功能、边界、异常、数据、性能、安全和可用性等要求。这有助于提高测试覆盖率，并发现潜在的问题和风险。

5.2.3 基于场景进行测试点设计

此时我们已经根据需求，成功分解并创建了多个测试场景，在每个测试场景下，为了更加详细地检查软件的各个方面，提高测试的全面性和准确性，我们需要进一步分解出具体的测试点。

首先我们需要在已有的思维导图上进行添加测试点的操作。

1）进入已创建的思维导图。

2）为根节点新增一个子节点。对于每个测试场景节点，从该节点派生出多个测试点子节点。每个子节点表示一个需要验证的具体功能或情况。

3）选中2）中创建的节点，单击思维导图上方工具栏中"TP"（测试点）。

当被选中的节点前出现"TP"，表示添加测试点成功，如图5-7所示。

此外，为了组织和厘清测试工作的思路，我们可以添加说明和示例：对于每个测试点节点，在其下方添加说明和示例的文本框。在文本框内提供额外的说明、前提条件、输入数据、操作步骤和预期结果。

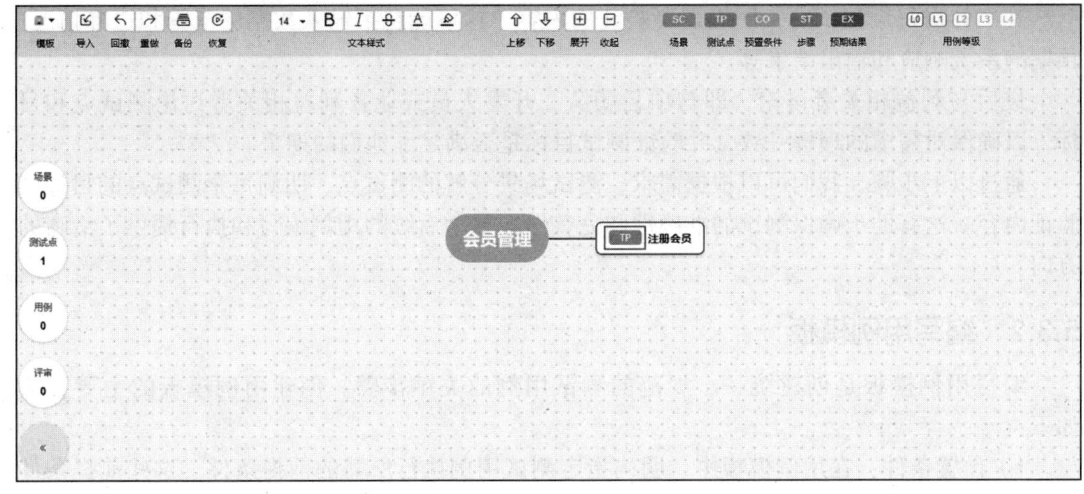

图 5-7 添加测试点示例

在具体特定的测试场景中,我们需要具体情况,具体分析,即根据特定的测试场景分解出相应的测试点。下面以为用户注册会员的测试场景为例,测试点如下:

1)检查用户名唯一性:验证系统是否正确地检测和处理重复的用户名,以确保每个用户都具有唯一的用户名。

2)密码强度要求:检查系统是否正确实施密码强度规则,如最小字符数、包含字母和数字等,以确保用户设置的密码符合安全要求。

3)邮箱地址格式验证:验证系统能否正确验证用户提供的邮箱地址格式,以确保输入的邮箱地址有效且符合规范。

4)错误处理:测试无效输入时系统的错误处理能力,如在用户名或密码字段中输入无效字符或过长的字符串,以验证系统能否给出适当的错误提示。

5)注册成功跳转:验证用户完成注册后系统是否正确地跳转到指定的页面,或者展示适当的成功消息。

具体的测试点将根据系统的需求和功能而有所不同。通过定义和执行这些测试点,测试团队可以全面验证系统的各个方面,并发现潜在的问题和缺陷。

5.3 根据测试点生成草稿用例

针对每个测试点,我们可以开始生成草稿用例。草稿用例是初步设计的测试用例,它们描述了在给定测试点下的预期输入、操作和输出。在编写草稿用例时,我们可以根据自己的测试经验和直觉提出各种可能的测试情况,并尽量覆盖不同的边界条件和异常情况。

5.3.1 确定测试点和目标

在前两节中,我们已经完成了"需求 – 场景 – 测试点"的三层测试分解设计,最终确定下来的测试点应该关注某个特定的功能、场景或约束条件,以便在测试中进行有效的验证。

在此基础上,首先我们要为每个测试点设定明确的测试目标。测试目标应该具体、可衡量,并与需求或功能规格相关联。它们应该描述我们希望在测试过程中实现的预期结果。

其次针对每个测试点，明确需要验证的内容。这可能包括输入数据的范围和边界情况、预期的系统响应和输出结果等。

最后与利益相关者讨论，即与项目团队、开发人员或业务利益相关者讨论测试点和目标，以确保对需求的理解一致，并验证测试目标是否满足了他们的期望。

通过以上步骤，我们可以根据需求、测试场景分解的测试点，明确每个测试点的目标和验证内容。这有助于确保测试的准确性和完整性，并为后续的用例编写和执行提供了清晰的方向。

5.3.2 编写用例模板

编写用例模板是创建统一、规范的测试用例的关键步骤。创建用例模板的主要方面如下：

1）预置条件：在用例模板中，明确指定测试用例执行所需的前提条件。这些前提条件可以是特定的系统状态、环境设置、用户权限等。确保在执行测试用例之前，这些前提条件得到满足。

2）操作步骤：在用例模板中，详细描述测试用例的操作步骤。步骤应该是简明清晰的指导，包括点击、输入、选择、导航等操作。在用例模板中输入数据时，列出测试用例执行时需要提供的输入数据，包括参数、配置、文件、用户输入等。对于每个输入项，提供明确的取值范围、边界条件和特殊情况说明。使用简洁的语言和具体的动词来描述每个步骤。

3）预期结果：在用例模板中，明确描述每个操作步骤的预期结果。预期结果应该与需求或功能规格一致，并明确定义成功或失败的标准。确保预期结果是可验证的，可以根据实际执行结果进行比较。

4）特殊情况和备注：在用例模板中，提供特殊情况和备注部分。这是用于记录一些特殊的测试情况、注意事项或其他相关信息的地方。例如，特定的环境要求、依赖关系、已知问题等。

5）格式和布局：确保用例模板具有统一的格式和布局，易于阅读和理解。使用标题、编号、段落等标记，使其结构清晰明了。可以根据需要使用表格、列表或子项来组织用例模板。

通过创建一个统一的用例模板，包括预置条件、操作步骤和预期结果等部分，可以确保测试用例的一致性和可读性。这样的模板也使得用例编写更高效，帮助团队成员更好地理解和执行测试用例。

5.3.3 设计草稿用例

此时我们已经完成了用例模板的编写，对于草稿用例的设计，我们只需要选择一个测试点，然后填充用例模板中的各项内容即可。

1）进入已创建的思维导图。

2）在"注册会员"节点下按需新建子节点预置条件、步骤、预期结果，根据需要新建子节点。

3）选中作为预置条件的节点，单击思维导图上方工具栏中"CO"（预置条件），如图 5-8 所示。

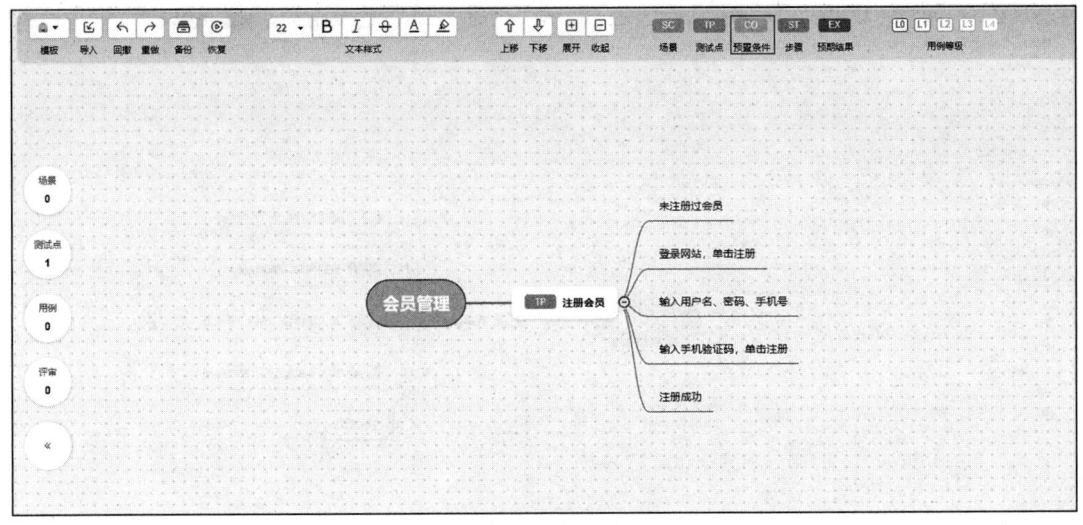

图 5-8　草稿用例设计之预置条件

当节点中出现"CO"时，说明设置成功。

4）选中作为步骤的节点，单击思维导图上方工具栏中"ST"（步骤），如图 5-9 所示。

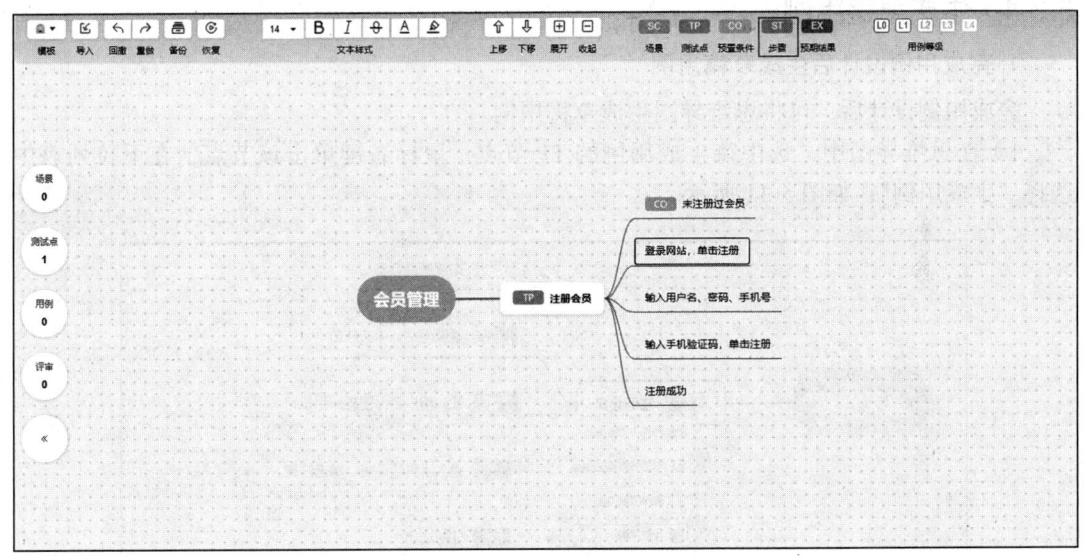

图 5-9　草稿用例设计之步骤

当节点中出现"ST"时，说明设置成功。

5）选中作为预期结果的节点，单击思维导图上方工具栏中"EX"（预期结果），如图 5-10 所示。

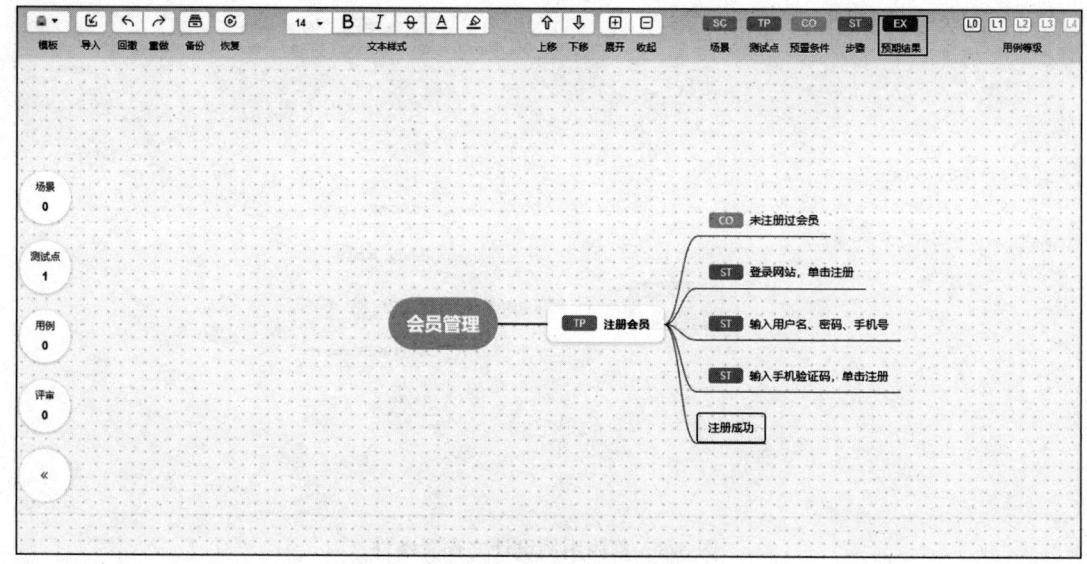

图 5-10　草稿用例设计之预期结果

当节点中出现 EX（预期结果）时，说明设置成功。

5.3.4　生成草稿用例

1. 完成用例设计后生成草稿用例

完成用例设计后，可将思维导图生成草稿用例。

1）在思维导图中，选中待生成用例的 TP 节点，鼠标右键单击该节点，在下拉列表中选择"生成用例"，如图 5-11 所示。

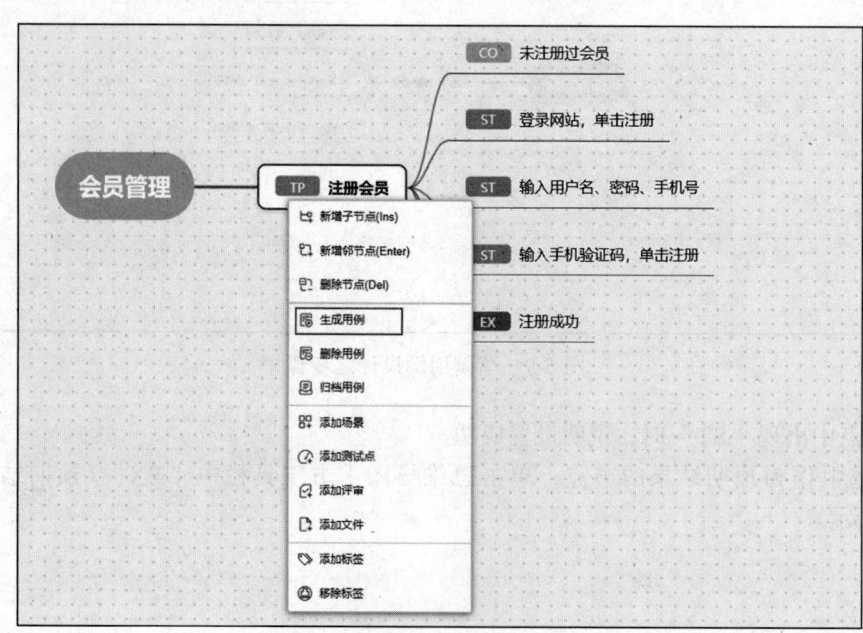

图 5-11　生成草稿用例示例（1）

2）当节点中出现 ![icon] 时，说明操作成功，此时生成的是草稿用例。单击 ![icon]，页面右侧将滑出用例详情，如图 5-12 所示。

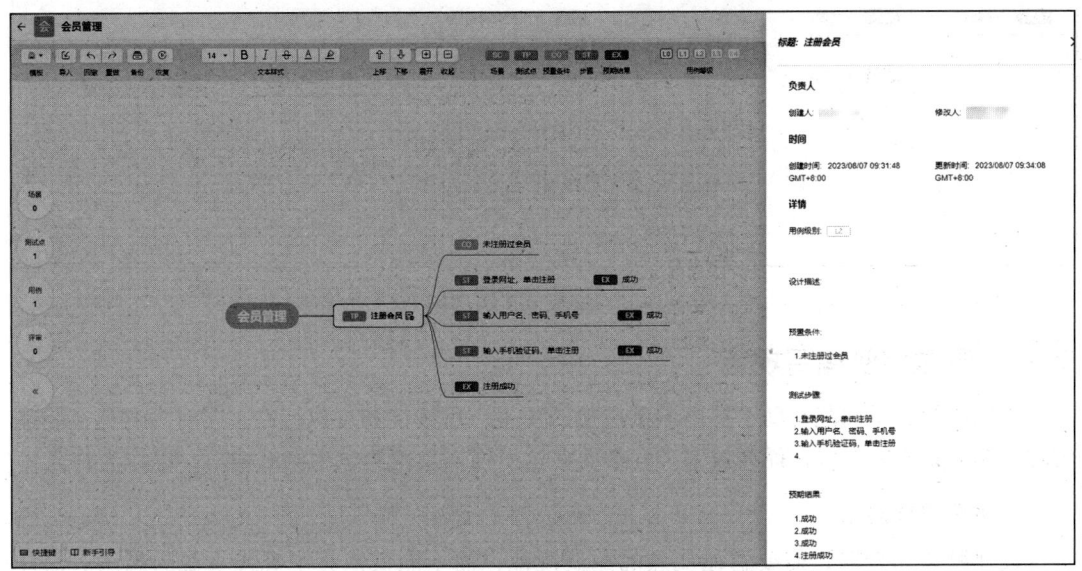

图 5-12　生成草稿用例示例（2）

2. 通过场景批量生成草稿用例

当一个场景下设置了多个测试点，可以通过场景批量生成草稿用例。在思维导图中，选中含有多个测试点的场景，鼠标右键单击该节点，在下拉列表中选择"生成用例"，如图 5-13 所示。

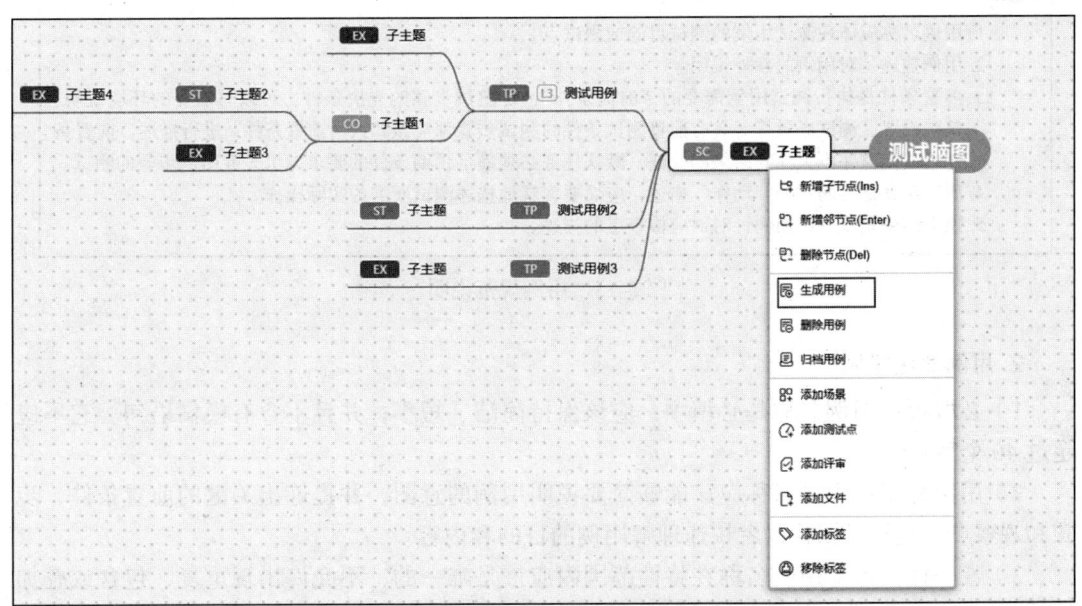

图 5-13　批量生成草稿用例（1）

此场景节点包含的全部测试点节点均出现 ![icon]，变成草稿用例。如图 5-14 所示。

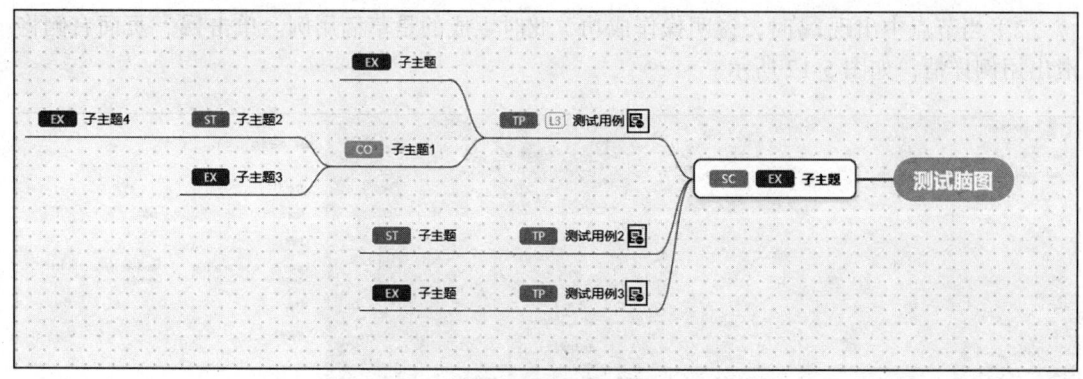

图 5-14　批量生成草稿用例（2）

5.3.5　测试用例编写规范

测试用例编写规范有助于提高测试用例的质量、可读性和可执行性。同时为避免实际操作时出现不必要的失误，提高效率，有必要在这里强调规范测试用例的编写，以作为补充。

1. 用例总体规范

设计测试用例时，需要遵循成熟的测试规范，而不能仅依靠主观或直观的想法。这样可以确保测试用例具有风格一致、用词一致、精确、简洁、易懂和易确认的特点，从而减少测试用例理解偏差和用例管理成本，提高测试效率和质量。此外，测试用例之间应该相互独立，不存在依赖关系。这种方法能够帮助测试团队创建高质量的测试用例，并确保测试用例的可重复性和可维护性。用例规范说明如图 5-15 所示。

> 📖 说明
> 1. 用例名称应体现测试用例的测试目的或测试点。
> 2. 用例描述是对用例的额外说明。
> 3. 前置条件是执行测试用例需要的"前提条件"，是测试步骤的先决条件。可以写需要的环境说明、参数设置、测试场景等。具有前置测试条件的测试步骤都应归入"前置条件"进行描述，前置条件中的步骤并不关注其结果的验证，默认任务必须满足预期条件的要求方可开展用例步骤的测试。
> 4. 测试步骤是对测试的"动作"描述，应简要客观地描述测试所需的实际操作。
> 5. 预期结果是该测试用例针对对应检查点的描述。

图 5-15　用例规范说明

2. 用例命名规则

1）必填项：用例名称是必填项，应该保持简洁、短小，并且不含有模糊语句。它不应超过 40 个字符。

2）用例意图：用例名称应该能够简要说明用例的意图，并提炼出关键的前置条件、步骤和观察点。这样可以让读者快速理解用例的目的和内容。

3）唯一性：每个用例名称在特性范围内应该是唯一的，不允许出现重复、包含或叠加的关系。避免仅用数字编号差异来区分不同的用例。

4）特殊字符：应避免在用例名称中使用特殊字符，可以使用下划线（"_"）对名称进行分割，以增加可读性。

另外，建议采用动宾结构来命名用例，例如"用例意图_预制条件_观察点"。如果需要追加条件或原因，也可以通过下划线进行拓展。

3. 用例前置条件、测试步骤、预期结果文字表达规则

在编写测试用例时，需要符合以下要求和规范：

1）精准表达：测试步骤和预期结果是必填项，需提供精确和具体的信息。前置条件应详细、简洁地说明执行测试前的准备工作，避免使用无用或抽象的条件。测试步骤中对测试操作对象和操作方法应清晰实例化，以便非用例作者也能理解并执行测试操作。如果需要设置参数，要明确说明，避免简单描述如"边界值""错误值""非法值""遍历所有字符"等。避免使用模糊或含有二义性的语句，并确保不遗漏任何测试动作。

2）简洁和单一逻辑：每个测试用例都应覆盖单一的测试逻辑。测试步骤建议在 7 步以内，超过 7 步时应考虑拆分为多个用例。避免在用例中描述产品技术或测试技术的基本知识和常识。每个执行步骤都应描述单一的操作，避免在同一步骤中包含多个复杂的操作。避免编写与测试无关的冗余内容。用例编写规范说明如图 5-16 所示。

> **📖 说明**
>
> 用例表达并不是描述越详细越好，描述复杂的用例可读性差，并且易造成理解上和操作上的困惑。
> 用例表达的简洁包括以下几个方面的要求：
> 1. 用例的执行步骤建议在 7 步以内，超过 7 步的考虑拆分为多个用例。
> 2. 测试执行的每一步描述中，如果有引用测试执行指导书中内容的，通过标记说明。
> 3. 对于产品技术、测试技术的基本知识和常识，不要在用例中描述；但对于较难理解和掌握的消息，建议在测试指导书中进行说明，不需在每个用例进行说明。
>
> **举例：**
> 以下是一个完整，表达简洁的测试步骤：
> a. 登录测试系统、切换至"资产"。
> b. 选择资产树 APP。
> c. 单击"Config"按钮，切换至"PDU"页面。
> d. 分别设置每页大小为 10/30/50 并单击左右分页按钮切换页面。
> e. 填写跳转页面树，单击跳转页面按钮。

图 5-16 用例编写规范说明

3）易懂和易确认：测试用例应从用户角度进行描述，使用易于理解的自然语言，并避免过于专业化的用语，以确保不同技术层面的测试人员都能理解。避免描述系统内部实现的细节。预期结果的描述应准确、具体、易确认，并能清楚判断测试失败或成功，避免使用模糊的描述如"无错误""无异常"。在重要的检查点上，需要填写预期结果，避免遗漏测试检查点。操作步骤和预期结果应严格区分。"易确认"说明如图 5-17 所示。

> **📖 说明**
>
> 易确认是针对预期结果而言的，指的是执行完成后根据预期结果能明确知道用例执行的结果是成功还是失败。目前主要的问题是测试用例中的检查点往往过多，因此在用例描述上过于含糊，从而无法确认用例执行是成功还是失败。

图 5-17 "易确认"说明

4）风格一致：测试语法表达规则，即测试用例的表达须符合测试语法表达规则；测试逻辑与测试数据分离。

5）用词一致：测试用例的表达必须使用相同的测试保留字（见表5-1）。测试用例表达要求用词一致。

6）去重：避免重复设计冗余用例。

表5-1 测试用例常见保留字

序号	保留字	其他不规格的说法
1	检查	观察、查询、确认、查看
2	设置	赋值、给予、标记
3	执行	运行、操作
4	重复	反复、循环

以上是一些常见的测试用例编写规范，当然，我们可以根据项目和团队的需求进行适当的调整和补充。遵循规范来编写测试用例可以提高测试效率、准确性和一致性，从而帮助团队更好地进行测试工作。

5.4 形成整体测试方法

整体测试的目的是验证软件系统的完整性、稳定性和可用性，确保系统在各个方面都能够满足用户的需求和预期。通过整体测试，可以发现系统中的集成问题、数据交互问题、性能问题等，从而提高系统的质量和可靠性。

于是我们需要将所有测试点和草稿用例整合起来，形成一个完整的测试方法。整体测试方法应该包含详细的步骤、预期结果和执行环境等信息，以便测试人员能够按照统一的标准进行测试。在形成整体测试方法时，我们可以进一步优化和完善测试用例，确保其覆盖尽可能多的功能和场景。

为了确保测试活动的有序开展和高质量验证，华为在IPD流程中定义了从需求分析到版本发布的详细测试活动、流程和规范。这些活动、流程和规范被集成到华为云CodeArts TestPlan中，通过标准化方式来保障测试的质量。这套完整的测试流程涵盖了测试策略、测试设计、测试管理、测试执行和测试评估等环节，并与IPD的高质量实践相结合。这种集成化的测试流程不仅可以满足产品复杂度增加的需求，还能随着华为产品发展而持续优化演进，广泛应用于各业务线的产品测试中。

5.4.1 汇总测试点和草稿用例

在进行实际的云测试操作时，之前根据需求分解得到的测试场景、根据场景分解得到的测试点以及根据测试点生成的草稿用例的步骤，总结如下：

1）测试场景汇总：首先，将根据需求分解得到的测试场景进行汇总。测试场景是描述系统功能或业务流程的高级概述，可以作为整体测试的划分依据。确保所有的测试场景都被包含在整体测试方法中。

2）测试点汇总：针对每个测试场景，进一步分解得到相应的测试点。测试点是对具体功能或业务流程中需要验证的关键点的描述。将所有的测试点进行汇总，确保涵盖了各个方面的测试要求。

3）草稿用例生成：根据每个测试点，生成相应的草稿用例。草稿用例是对测试点进行详细描述的初步版本，包括输入数据、预期结果等信息。这些草稿用例可以根据需要进一步完善和细化。

4）草稿用例汇总：将所有的草稿用例进行汇总，确保所有的测试点都有相应的用例涵盖。注意检查是否有重复的测试点或被遗漏的测试点，并及时进行修正。

5）整体测试方法：根据汇总的测试场景、测试点和草稿用例，综合考虑系统功能的覆盖范围和测试资源的限制，构建整体测试方法。该方法应包括测试执行的顺序、优先级、依赖关系等信息，确保所有测试点和相关用例都被包含在其中。

通过以上步骤，可以对之前得到的测试场景、测试点和草稿用例进行详细的汇总，并确保它们被完整地纳入整体测试方法中，以便进行实际的 CodeArts TestPlan 的执行。

5.4.2 归档为测试用例

将所有草稿用例汇总后，需要进行归档处理以使其成为真正的测试用例，此时在测试用例页面可找到对应用例记录。

1）承接 5.3.4，在思维导图中，选中已生成用例的节点，鼠标右键单击该节点，在下拉列表中选择"归档用例"，如图 5-18 所示。

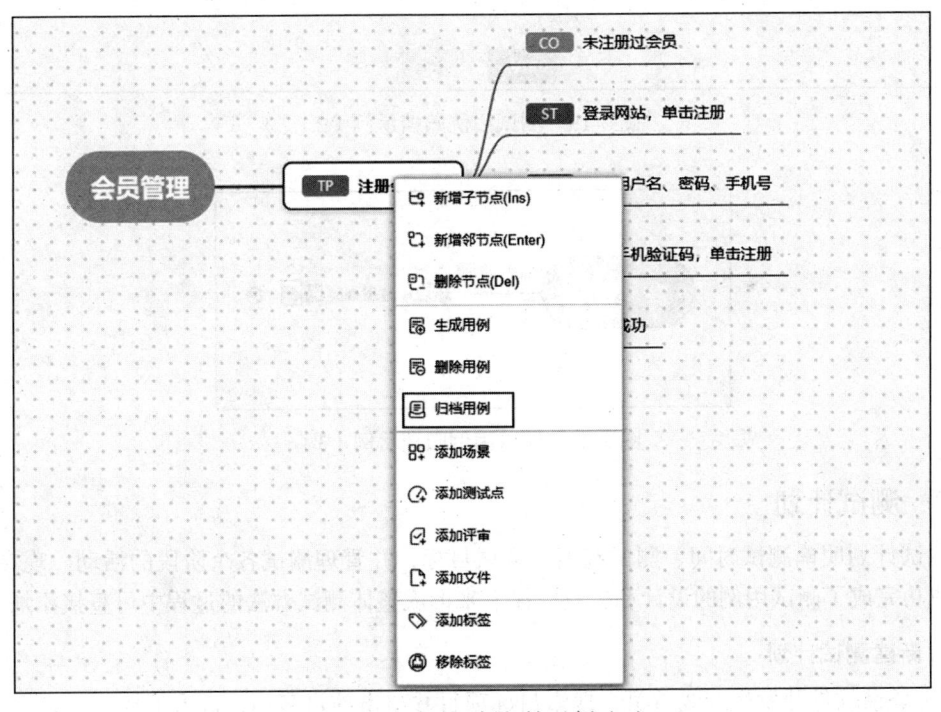

图 5-18 测试用例归档示例（1）

2）在弹出的对话框中，在左侧勾选需要关联的需求项，单击页面右侧的下拉列表，选择版本、需要存放的用例库 / 测试计划、执行方式，选择特性目录，单击"确认"，如图 5-19 所示。

3）如图 5-20 所示，当节点中出现 🔗 时，说明操作成功，在"测试用例"页面可搜到该用例。单击 🔗，页面将跳转至测试用例详情页。

为确保测试点得到充分的覆盖和验证，每个测试用例都应包括详细的步骤、输入数据、操作流程以及预期结果，可以对其做进一步优化和完善，以便测试人员能够准确地执行和评估测试结果。

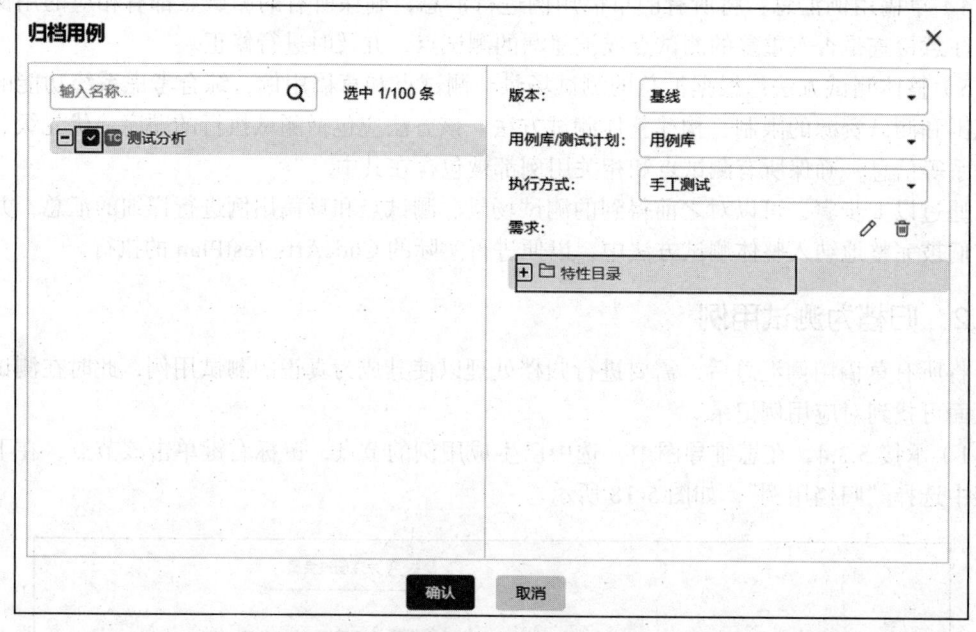

图 5-19　测试用例归档示例（2）

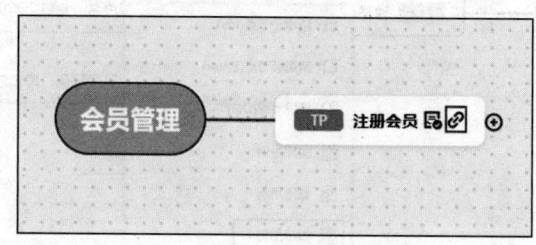

图 5-20　测试用例归档示例（3）

5.4.3　测试计划

测试计划明确测试时间、测试范围、测试目标，并管理测试各个阶段的活动。现在我们已经成功完成了测试用例的设计和生成，接下来形成整体测试方法的过程中可直接添加用例。

1. 新建测试计划

1）登录软件开发生产线首页，搜索目标项目并单击项目名称，进入项目。

2）单击导航栏"测试"→"测试计划"。

3）单击页面上方"新建"，进入"新建测试计划"页面，如图 5-21 所示。

4）输入名称、待测版本号（可选），选择处理者、计划周期、关联迭代（可选），输入描述（可选），单击"下一步"。

5）按需要勾选执行方式、添加需求，单击"保存"完成测试计划的创建。

注意：①此处选择的执行方式，后续可在测试计划中修改。②选择执行方式后，系统将自动在测试用例和测试执行页面中生成与该方式对应名称的菜单项。通过这些菜单项，用户可以管理手工测试、接口自动化测试、性能自动化测试等不同类型的用例和套件。同时，系统还会在质量报告中展示针对所选执行方式的预置统计报表，以便用户能够直观地了解测试执行的情况和结果。

图 5-21　新建测试计划

2. 编辑测试计划

在测试计划列表中，单击需要编辑的测试计划名称，页面右侧将滑出编辑窗口，可对测试计划名称进行编辑，如图 5-22 所示。

1）标签"详情"中，可以修改测试计划（可以编辑测试计划的描述、执行方式和基本信息），编辑完毕单击页面右下方"保存"按钮。

2）标签"需求"中，可以添加、删除当前测试计划范围的需求，操作方式与新建测试计划里添加、删除需求相关步骤相同。

3）标签"测试用例"中，可以查看该计划内的测试用例，也可以添加测试计划所属版本的测试用例。

4）标签"操作历史"中，可以查看对测试计划的编辑历史。

3. 设计测试计划

设计测试计划是指根据测试计划确定的测试需求设计测试用例、开发自动化测试脚本、准备测试数据。

1）登录软件开发生产线首页，搜索目标项目并单击项目名称，进入项目。

2）单击导航栏"测试"→"测试计划"。

3）在列表中选择需要设计的测试计划。

①鼠标放在"设计"上，查看测试计划的设计进展，包括用例数、需求总数、已覆盖需求，如图 5-23 所示。当用例数＞0 时，"设计"之上的圆点由灰色变为蓝色，该测试计划处于设计中。

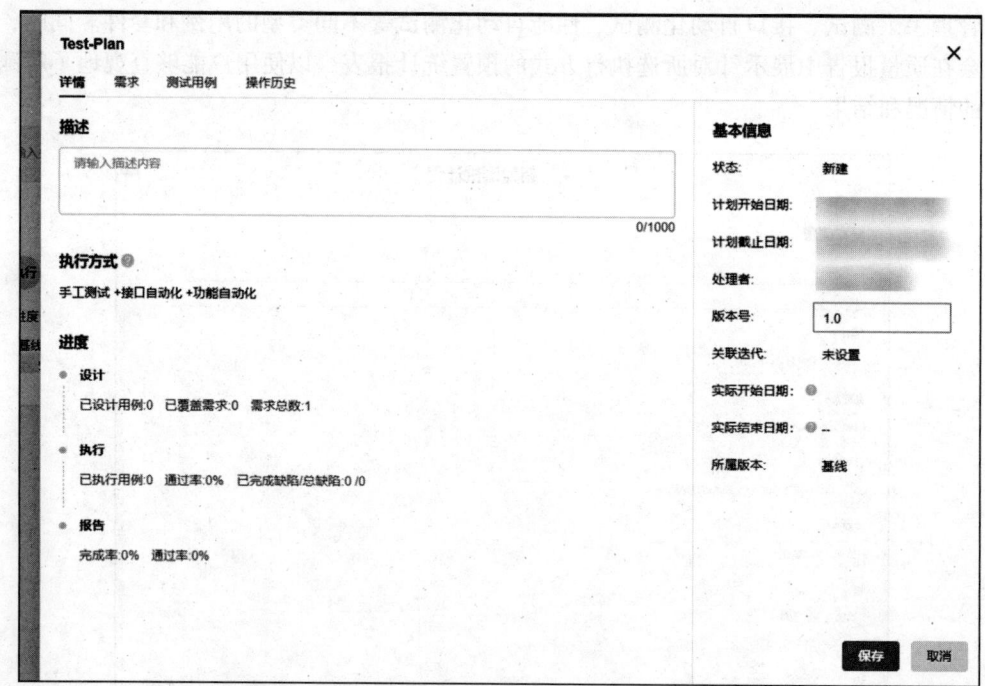

图 5-22 编辑测试计划

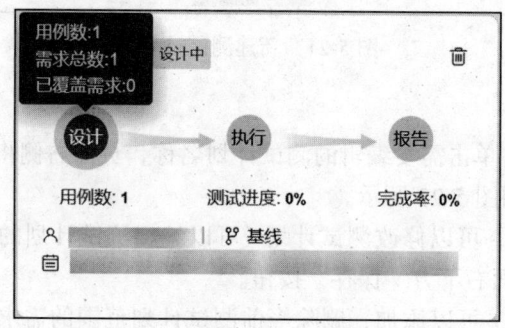

图 5-23 测试计划设计

②单击"设计",进入"测试用例"页面。

4)在"手工测试"标签中,单击页面右侧"导入",在下拉菜单中单击"添加已有用例"。(也可新建:在"测试用例"→"手工测试"页面单击需要编辑的用例名称,默认进入测试用例"详情"页面。根据需要编辑测试详情。在"测试步骤"下的表格中,分别单击**"步骤描述""预期结果"**列的空白处,根据需要输入对应内容。单击表格中**"操作"**一栏的 +,添加一个步骤,并按照需要填写步骤描述与预期结果,如下图 5-24 所示。

单击页面右侧"关联需求",在弹出的对话框中勾选所要关联的需求,单击"确定"完成关联。

5)在弹出的对话框中勾选测试用例,单击"确定"完成测试用例的添加,如图 5-25 所示。

6)单击"接口自动化"标签,可向测试计划中添加或新建接口自动化测试用例。添加用例的方法与 4)相同。

图 5-24　添加测试用例示例（1）

图 5-25　添加测试用例示例（2）

7）单击"性能自动化"标签，可向测试计划中添加或新建性能自动化测试用例。添加用例的方法与4）相同。

8）单击页面左上方测试计划名称，可以切换测试计划，也可以查看全局用例库。全局用例库展示了当前版本下的所有测试用例（包括属于或者不属于测试计划的），可根据需要维护全局用例库，如图5-26所示。

4. 执行测试计划

1）返回"测试计划"页面，在列表中选择需要执行的测试计划。

①鼠标放在"执行"上，查看测试计划的执行进展，如测试进度、已执行用例数、通过率、已完成缺陷/总缺陷。当执行用例数＞0时，"执行"之上的圆点由灰色变为蓝色，该测试计划处于执行中。

②单击"执行"，进入"测试执行"页面，如图5-27所示。

图5-26 用例库示例

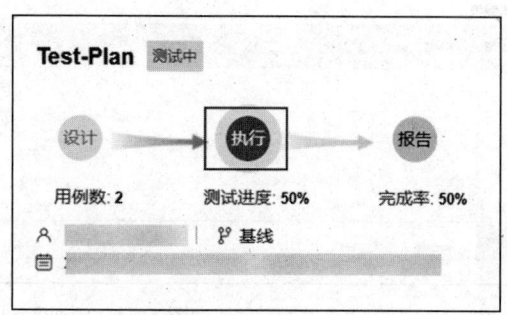

图5-27 测试计划执行示例（1）

2）在"手工测试"标签中，可以通过测试套件执行多个已创建的测试用例，单击操作栏▷的图标，执行手工测试套件，如图5-28所示。

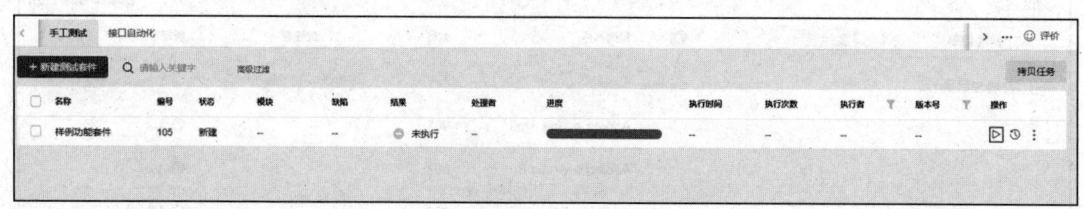

图5-28 测试计划执行示例（2）

5. 管理与度量测试计划

1）登录软件开发生产线首页，搜索目标项目并单击项目名称，进入项目。

2）单击导航栏"测试"→"测试计划"。

3）在列表中选择需要查看报告的测试计划，单击"报告"。测试报告示例如图5-29所示。

4）查看测试计划的质量报告。

①页面展示测试计划当前的需求覆盖率、缺陷、用例通过率、用例完成率，并分析记录测试风险。

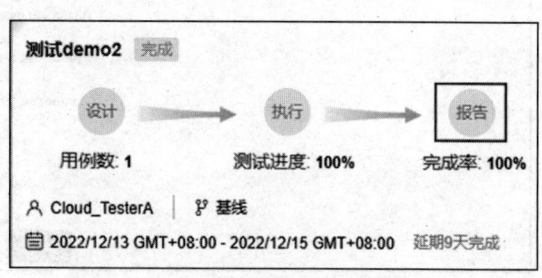

图5-29 测试报告示例

②在"手工测试""接口自动化""性能自动化"等部分,按执行方式统计测试用例执行情况和缺陷数量。

③单击左下方"点击添加报表",可以在页面中添加更多报表,也可以通过单击右上角"新建报告"来添加测试报告。

④单击页面左上方测试计划名称,可以切换测试计划,也可以查看全局用例库的质量报告。质量报告示例如图5-30所示。

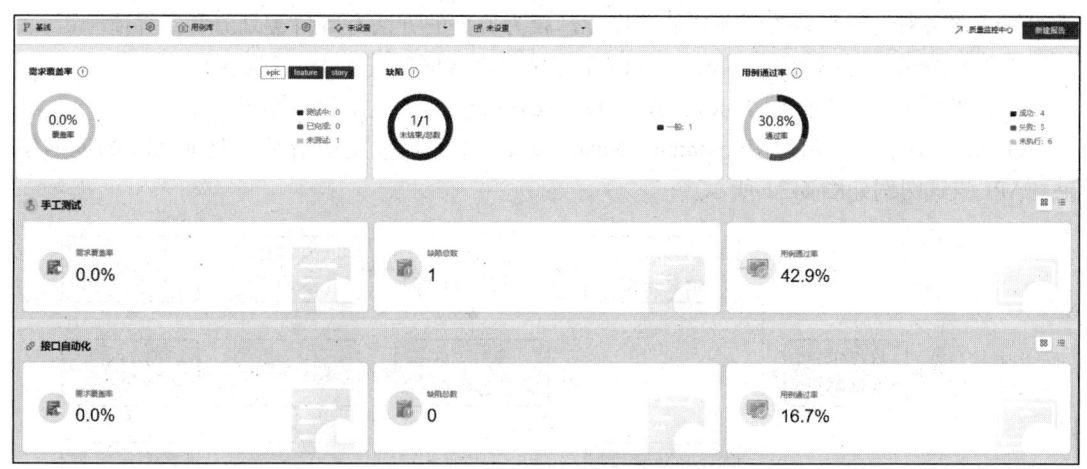

图 5-30　质量报告示例

通过以上步骤,可以形成一个完整的整体测试方法,包含了详细的测试步骤、预期结果和执行环境等信息。这样可以提供统一的标准和指导,帮助测试团队高效地进行整体测试活动,并确保对系统的全面验证。

5.4.4　测试策略

1. CodeArts TestPlan 整体策略和方法论

CodeArts TestPlan 整体策略和方法论主要包括以下方面:

1)高质量验证:测试计划致力于保证测试活动的高质量验证。通过严格执行测试策略、测试设计、测试管理、测试执行和测试评估等环节,以确保产品在各个阶段和版本发布时都经历了全面和有效的测试。

2)全流程融入 IPD 实践:测试计划将全流程融入 IPD 的实践中。IPD 是一种从需求分析到版本发布的全面产品开发流程,通过将测试活动与 IPD 流程相结合,确保测试在整个产品开发周期中得到充分考虑和应用,以提升产品的质量和可靠性。

3)标准化规范:测试计划依托于标准化规范,对测试活动进行规范化管理。这包括用例设计、执行流程、评估指标等方面的规范制定,以确保测试活动的一致性和可追溯性,并降低测试用例理解偏差和管理成本。

4)持续优化演进:测试计划持续优化和演进,随着华为产品的发展而不断完善和调整。通过总结经验教训、改进测试方法和流程,以及适应不断变化的测试需求,提高测试效率和质量,并应对日益增长的产品规模和复杂度的挑战。

总体而言,CodeArts TestPlan 采用科学的策略和方法论,其结合 IPD 流程,并严格依据标准化规范，以保障测试活动的高质量验证。同时，它也是一个持续优化和演进的过程，通过不断改进和适应变化，提升测试效率和质量，促进华为产品的发展。

2. 测试准备

常用的测试工具和平台，以及相应的测试方法、覆盖范围、测试环境和测试数据如下：

1）测试方法：确定使用的测试方法，包括但不限于单元测试、集成测试、API 测试、系统测试、功能测试、性能测试、安全性测试、兼容性测试等。根据产品特点和需求，选择合适的测试方法来验证产品的各项功能和性能。较为典型的方法有等价类划分和边界值分析。

①单元测试：可以使用 JUnit、TestNG 等单元测试框架进行编写和执行。

②集成测试：可以使用 JUnit、TestNG、Selenium 等工具来执行集成测试。

③API 测试：可以使用 Postman、RestAssured 等工具来发送请求和验证 API 的返回结果。API 测试图例如图 5-31 所示。

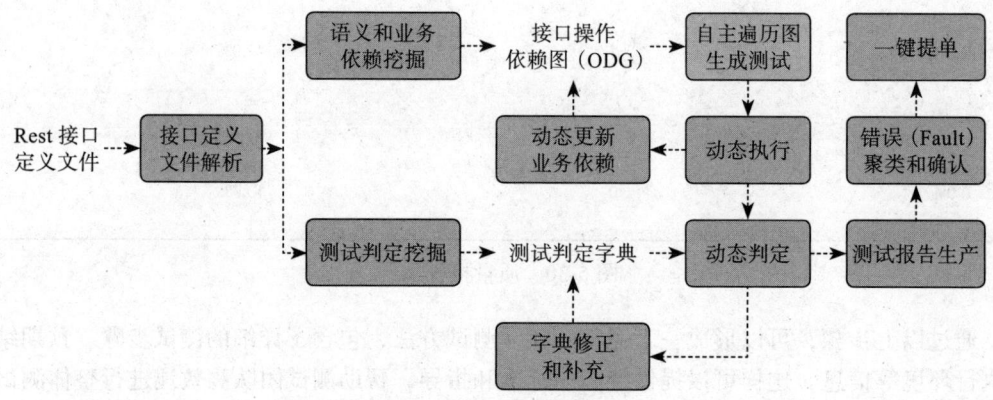

图 5-31 API 测试图例

④性能测试：可以使用 JMeter、LoadRunner 等工具来模拟并测试系统的性能和承载能力。

⑤安全性测试：可以使用 OWASP ZAP、Nessus 等工具来检测系统的安全漏洞和弱点。

其中，格外值得一提的是 TestHub，它是一个测试计划服务提供的测试开放平台（见图 5-32），支持插件化集成其他测试工具，自助扩展测试计划的测试类型。测试计划服务具备端到端测试计划、测试设计、测试执行、测试报告能力。TestHub 可以帮助企业实现一站式敏捷测试管理，有效复用和管理已有自动化测试工具和用例等资产。同时，TestHub 可以帮助 ISV（独立软件开发商）伙伴、开源社区、个人开发者等参与华为云生态，服务客户和社区。

2）覆盖范围：明确测试的覆盖范围，包括功能模块、业务场景、用户角色等。定义要测试的具体功能点和测试对象，以确保测试全面覆盖关键功能和核心业务。

3）测试环境和测试数据。

测试环境：决定测试所需的环境配置，包括硬件设备、操作系统、数据库、网络设置等。确保测试环境与实际运行环境相似并且稳定可靠，以便准确地模拟真实场景进行测试。

例如，使用自动化部署和配置管理工具，如 Ansible、Puppet 等，快速搭建和配置测试环境。使用虚拟化和容器化技术，如 Docker、Kubernetes 等，创建可重复的测试环境。

测试数据：规划测试所需的数据，包括测试数据的准备、生成和管理。确定测试数据的边界情况、异常情况和一般情况，以覆盖各种可能的测试场景，并确保测试数据的合法性和有效性。

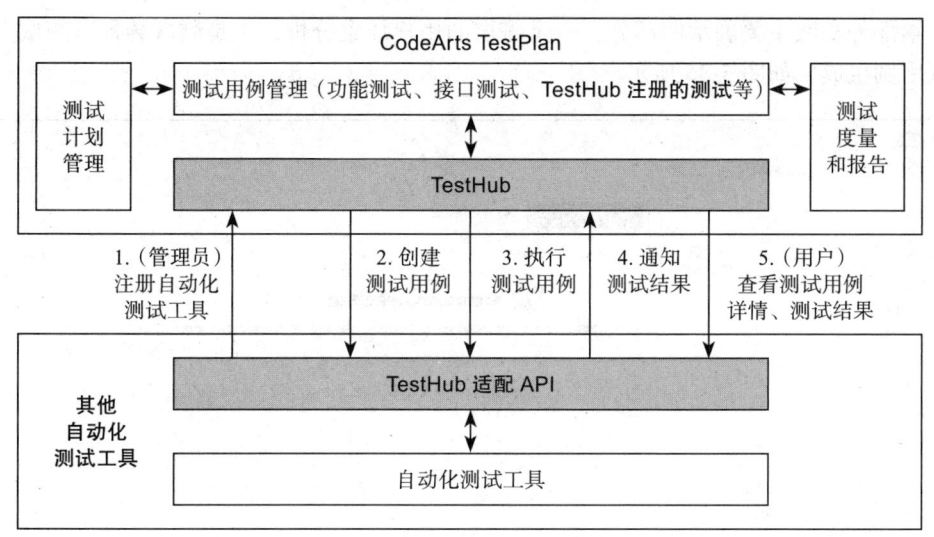

图 5-32　TestHub 测试开放平台

4）资源和条件：确定测试所需的人员、设备、工具和时间等资源，以及完成测试所需的条件。确保测试团队具备必要的技术能力和受训，以及必要的测试工具和支持。

通过制定适用于整体测试的测试策略，可以明确测试方法、覆盖范围、测试环境和测试数据等方面的决策，以及所需的资源和条件。这有助于规划和执行具有一致性和高效性的整体测试活动，确保对产品进行全面且有效的验证。

5.5　启发式测试策略与测试设计实践案例

为了使大家能够更好地理解启发式测试策略和测试设计，本小节将会以华为云凤凰项目中的会员管理特性下面的管理员可以设置会员级别需求进行实践演练。

1）被测需求规格说明。其规格说明如下：

①有权限的操作员，可以修改会员的会员级别，目标级别不可为当前级别，已注销会员不可再修改级别。

②会员级别分为普通会员、银卡会员、金卡会员、超级 VIP 会员。

③可以根据消费者的充值金额进行调整：普通会员（0～1000），银卡会员（1001～10000），金卡会员（10001～50000），超级 VIP 会员（50000 以上）。

④接口规格：新增两个接口，分别为查询会员（GetCustom）与查询会员等级（GetCustomLevel）。

2）测试策略与设计分析。

基于测试设计界面，选择需要进行测试设计的被测需求，如图 5-33 所示。

可以选择直接新建一个思维导图或者通过模板新建一个对被测对象进行分析的框架，然后基于此框架进行调整后对被测对象进行分析，在本实践中采用模板新建的方式。由于本次演示的需求较小，因此采用了集成测试设计模板，如图 5-34 所示。

单击进入设计模板后，设计模板里面自动具有几个分析维度，例如对被测对象的背景、测试计划、测试分析、测试覆盖、风险障碍等维度，这里可以按需删减或者增补。为了更好地展示启发式测试策略与测试设计的"需求—场景—测试点—测试用例"四层测试分解设计能力，本部分实践主要展示两部分，一是需求的用户场景分析，二是测试场景、测试点提取和测试用例生成，如图 5-35 所示。

图 5-33　选择需要进行测试设计的被测需求

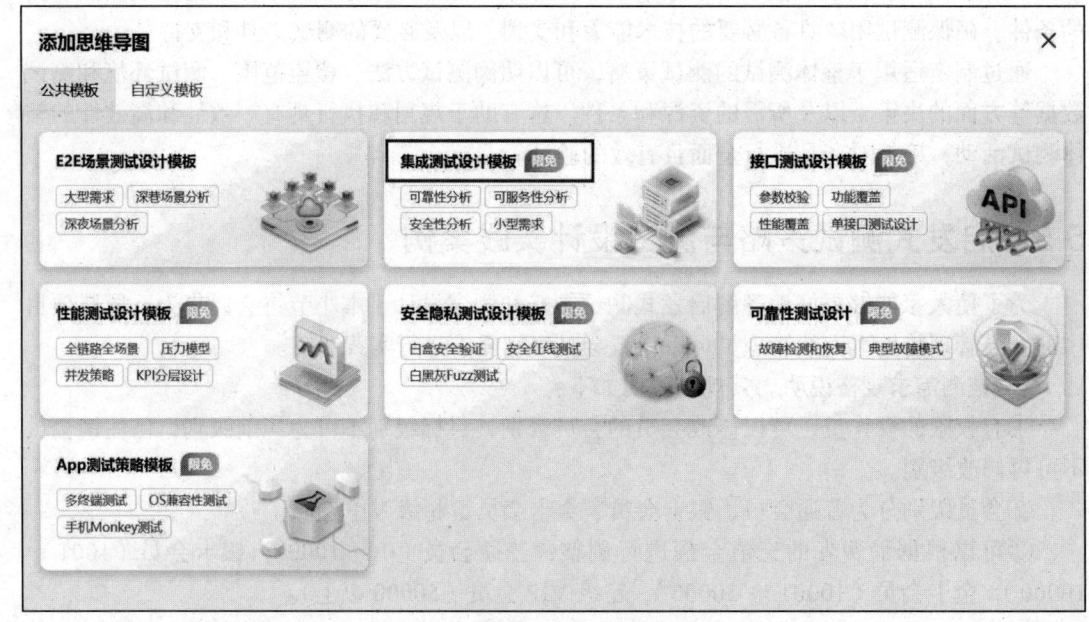

图 5-34　添加思维导图

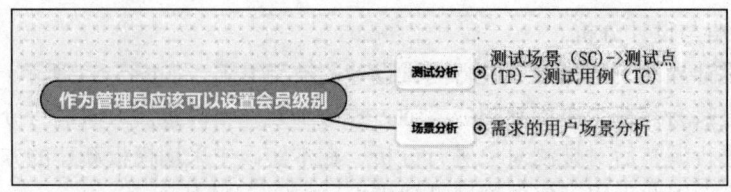

图 5-35　本部分实践主要展示的分析维度

3）修改会员级别的用户场景分析。

5W1H1E 是一种结构化的场景分析方法，**场景分析的目的**是要明确业务或功能的运行上下文是什么、完成什么样的功能、用户如何使用等。

5W1H1E 也是一个经验方法，在其指导下的场景分析是一个维度较为完善的分析，这些维度的分析会将场景分析做得深入、完善。

5W1H1E 具体如图 5-36 所示。

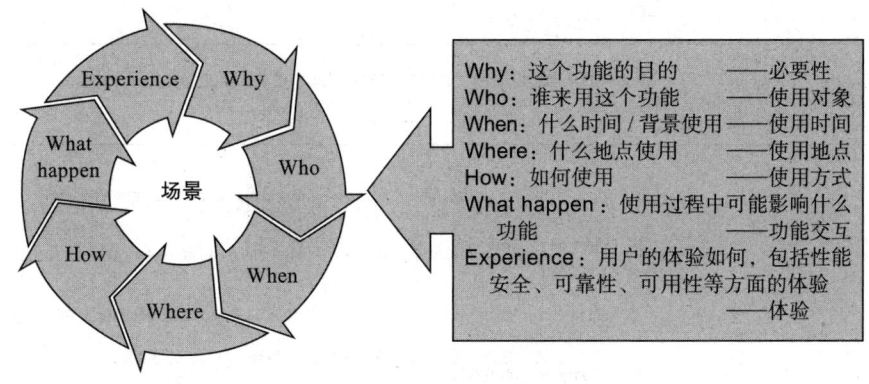

图 5-36　5W1H1E 方法

按照 5W1H1E 方法对用户场景进行分析，如图 5-37 所示。

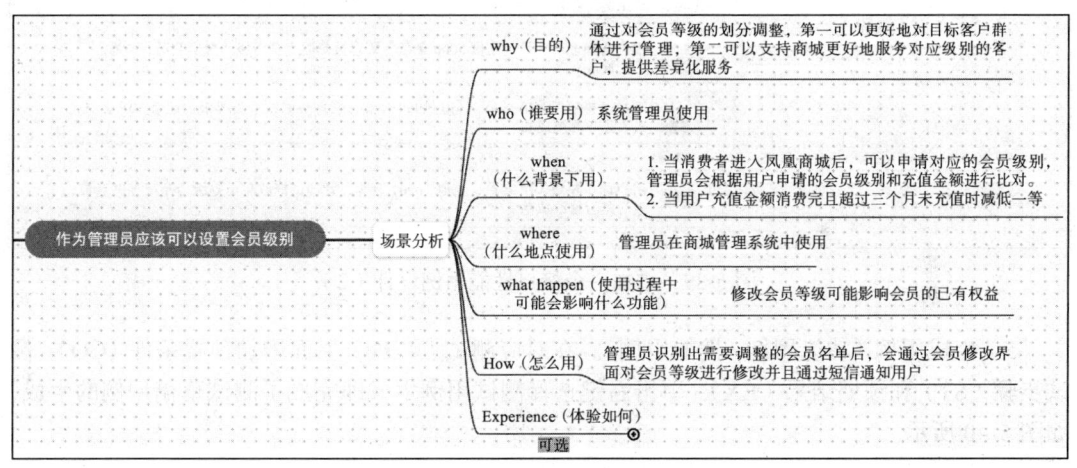

图 5-37　用户场景分析

4）基于因子的测试设计分析，增加一个接口性能用例设计。这里以设置会员等级的测试场景为例，其涉及的测试因子有两种类型：一种是这个测试场景的测试逻辑因子，也叫动作因子；另外一种是这个测试逻辑需要的测试数据因子。测试数据因子的取值可以通过等价类、边界值等方法确认，例如银卡用户的充值金额为 1001 ～ 10000，那么此处的取值可以选择边界点 1001 和 10000，离点 1000（范围下限的前一个点）和 10001（范围上限的后一个点），内点 1002（范围内接近下限的点）和 9999（范围内接近上限的点），以及典型值（例如中间值 5000）等。这里我们提取的数据因子类型有两个，一个为会员等级，另一个为充值金额，如图 5-38 所示。

会员等级和充值金额之间是存在组合关系的，通过一定的工程方法（例如 EC、AC、PairWise 等工程方法）组合测试数据并将其填充到测试逻辑中，即可完成测试点的实例化，如图 5-39 所示。

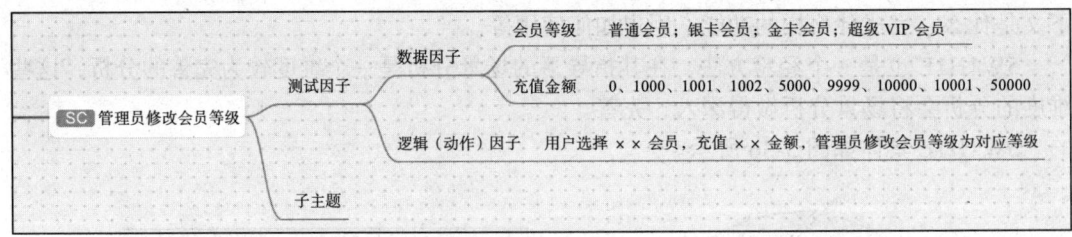

图 5-38　增加一个接口性能用例设计（1）

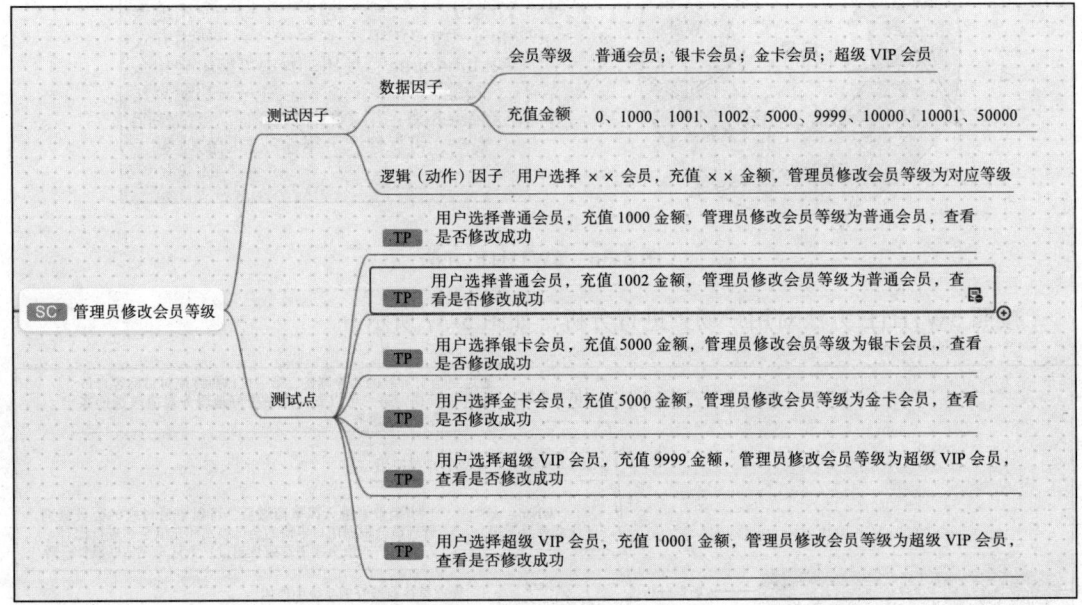

图 5-39　增加一个接口性能用例设计（2）

5）生成用例（功能用例/性能用例）。在对应测试点（TP）上面增加预置条件（CO）、测试步骤（ST）和预期结果（EX），单击右键选择测试用例生成即完成了测试草稿用例的生成，如图 5-40 所示。

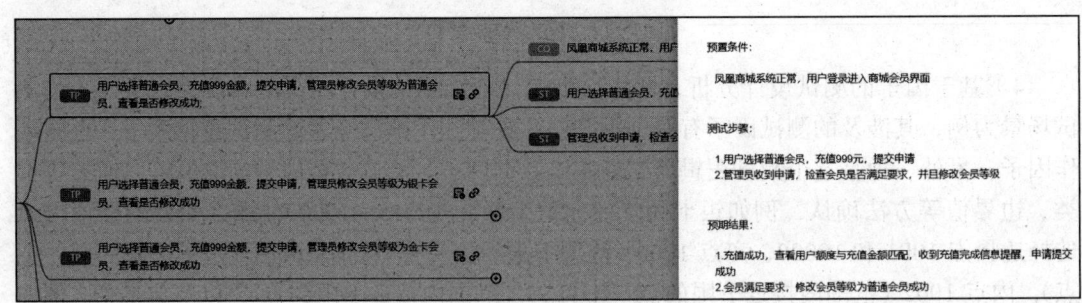

图 5-40　生成用例

6）归档用例。

生成的草稿用例在完成评审后，被归档到需要的特性目录下面即可，如图 5-41 所示。

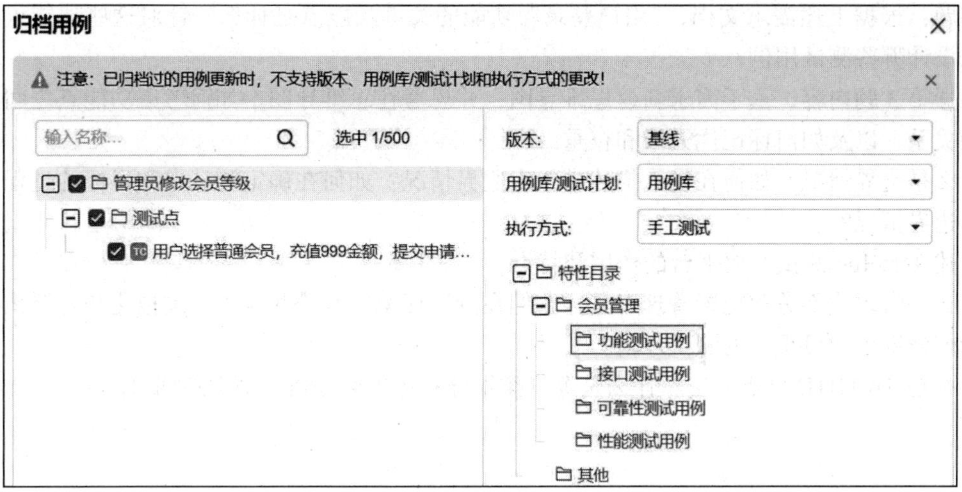

图 5-41　归档用例

5.6　小结

　　启发式测试策略与设计是一种有助于提高测试完备性和发现问题的重要方法，在软件开发过程中具有重要的应用价值。CodeArts TestPlan 就是一种利用启发式测试策略和设计模型的工具，它提供了"需求—场景—测试点—测试用例"四层测试分解设计能力。通过图形化地表达测试模型和使用思维导图进行启发式测试设计，测试人员可以更好地发散思维，从多个角度考虑系统的各个方面，确保测试的全面性和深度。最终，这些设计可以整理为测试用例，形成完整的测试方案。

　　通过本章的学习，我们了解到启发式测试策略与设计的优势，以及如何运用 CodeArts TestPlan 进行测试设计。这将帮助测试团队提升测试效果，提前发现和修复软件中的问题和缺陷，提高产品质量。同时，测试人员的经验和直觉在测试过程中的重要性也应得到重视，测试团队应鼓励创造性思维和多样化的测试方法。

5.7　习题

1. 什么是 CodeArts TestPlan？简述 CodeArts TestPlan 的整体策略和方法论。
2. 什么是需求分析？请列举至少三种需求分析的技术或方法。
3. 请仔细阅读以下题目，并回答问题。
   题目：
   某电商网站的"用户登录"功能需求文档中包含以下内容：
   1）用户可以通过网站或移动端登录。
   2）用户需要输入用户名/邮箱和密码进行登录。
   3）如果用户名/邮箱不存在，系统应提示用户"用户名/邮箱不存在"。
   4）如果密码错误，系统应提示用户"密码错误"。
   5）登录成功后，用户将进入个人主页。
   6）登录过程应安全，保护用户的账户信息不被泄露。

问题：根据上述需求文档，"用户登录"功能的关键功能点是什么？针对这些功能点，可以设计哪些测试用例？
4. 根据第 3 题内容，基于需求新建思维导图，并思考在思维导图中如何考虑功能点之间的依赖关系，以及如何标记优先级和权重。
5. 什么是边界情况？如何在场景描述中指定边界情况？如何在确定测试点和目标的过程中考虑边界情况？
6. 简述 TestHub 测试开放平台的作用和特点。
7. 什么是自动化部署和配置管理工具？它们在测试环境中有哪些应用？虚拟化和容器化技术如何帮助创建可重复的测试环境？
8. 什么是 5W1H1E 分析方法？什么是等价类划分和边界值分析？请简单回答。

第 6 章

测 试 执 行

随着技术的不断进步和应用场景的日益复杂,如何高效、准确地执行测试成为每一个开发团队必须面对的挑战。本章深入探讨了从功能测试到性能测试,再到可靠性、可用性以及韧性测试等多方面的内容。通过详尽的功能测试实践介绍,我们希望能够帮助读者理解如何有效地规划和执行功能测试,以确保每个功能模块都能达到预期目标。

6.1 功能测试实践

功能测试实践是软件开发过程中至关重要的环节,旨在全面测试和验证软件的各项功能模块。在功能总览中,我们对待测试的功能模块进行了细致的梳理和分析,以确保全面了解功能的需求和目标。在功能操作流程中,我们按照预定的步骤和操作规程,对功能模块进行了系统性测试和验证,以确保其正确性和稳定性。通过功能测试实践,我们能够及早发现和排除潜在的功能缺陷,提高软件的质量和可靠性。本节将深入研究功能测试实践的关键点,包括功能总览和功能操作流程,以确保软件功能得到充分的测试和验证,满足用户的预期和需求。

6.1.1 功能总览

测试计划(CodeArts TestPlan)是面向软件开发者提供的一站式云端测试平台,覆盖测试管理、接口测试,融入 DevOps 敏捷测试理念,帮助用户高效管理测试活动,保障产品高质量交付。它主要有以下功能。

(1)测试计划

测试计划整合功能测试和接口测试,高效协同,支持不同规模团队的敏捷测试流程。标准的测试过程包括测试计划、测试设计、测试管理、测试执行、测试报告等主要阶段。在测试计划和测试设计阶段,要明确测试范围和测试目标、制定测试策略、准备测试工具和测试环境、建立测试模型、设计测试用例、开发自动化测试脚本。测试计划要明确测试时间、测试范围、测试目标,并管理测试各个阶段的活动。测试计划可以针对某个版本、迭代或专项等。

（2）手工测试用例

手工测试用例用于管理测试场景。根据前端需求，创建相应的手工测试用例，并将该手工测试用例与前端需求相关联，设置测试步骤、测试结果。工具支持从本地导入测试用例至用例库，也支持从用例库导出测试用例。

（3）接口自动化用例

接口测试用例模拟 HTTP 客户端，和服务器建立会话，向被测接口或网页发起请求，包含一系列测试请求、测试点和测试逻辑，完成对接口的功能测试。接口自动化用例包含用例基本信息和脚本，基本信息用于管理和描述测试用例，脚本定义自动化测试步骤，可在脚本中填写需要请求的 URL，支持通过导入 Postman 文件生成测试步骤。工具提供关键字库，对接口关键字、组合关键字、系统关键字三种类型的测试关键字进行统一管理，支持插入逻辑控制以编排测试场景，支持通过导入文件的方式生成测试用例。

（4）测试用例相关配置

支持从用例库向测试计划批量添加用例，包括手工测试用例和接口自动化用例，在特性目录中管理测试用例。测试用例执行失败时，可以将该用例与缺陷相关联。可以新建缺陷，或者关联已存在的缺陷。工具支持：测试用例与需求相关联，对测试用例进行评论，自定义过滤测试用例，自定义列展示测试用例表格。

（5）测试执行

测试执行阶段中执行测试套件，检查被测系统是否符合测试套件预期结果，记录测试结果，发现产品问题及缺陷。

（6）测试报告

项目级仪表盘展示了用例库和测试计划对应的需求覆盖率、缺陷数、用例通过率、用例完成率图表，以及用例通过率、用例关联的缺陷等详细信息。个人级仪表盘按项目中的用例库和测试计划展示用例完成率、用例通过率、缺陷状态、缺陷的重要程度等统计信息。工具也支持自定义测试报表。

（7）测试设置

测试设置支持：对系统事件配置是否发送服务动态和发送邮件，管理用户列表，功能用例自定义和测功能套件自定义。

6.1.2　功能操作流程

本节主要针对测试计划中的各个子功能进行操作流程的说明，主要对以下子功能进行流程概述：

1）测试计划流程：这一部分简要概述了测试计划的新建和编辑、设计和执行、管理和度量三个方面的流程。

2）手工测试用例执行流程：这一部分主要针对手工测试用例执行过程中需要进行的新建、编写、规范检测以及迁移和导出进行流程说明。

3）接口自动化用例执行流程：这一部分针对接口自动化用例执行相关的新建、编写、接口请求设置、Postman 导入、插入逻辑控制等功能的流程进行简要说明。

4）测试用例相关配置：这一部分针对测试计划服务支持的批量添加、特性目录管理、需求关联、需求变更通知等测试用例配置相关内容进行流程说明。

5）测试执行流程：这一部分针对手工测试套件、接口自动化测试套件、性能自动化测试套件分别进行关于新建和执行的说明，使读者可以快速了解测试执行流程。

1. 测试计划流程

测试计划流程部分简要概述了测试计划的新建和编辑、设计和执行、管理和度量三个方面的流程。

（1）新建和编辑测试计划

新建测试计划流程包含登录、目标项目搜索、测试计划填写、执行方式选择以及保存等关键步骤，具体流程如图 6-1 所示。

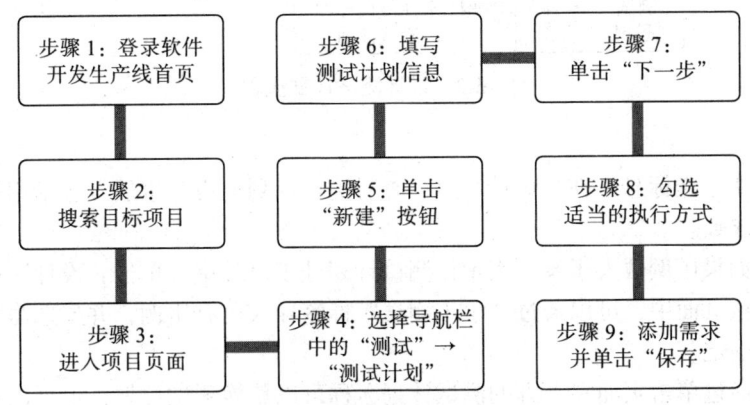

图 6-1　新建测试计划流程

编辑测试计划流程主要包含了找到并选择计划、修改测试计划、计划相关需求增删、计划相关测试用例增删以及查看编辑操作历史等主要步骤，具体流程如图 6-2 所示。

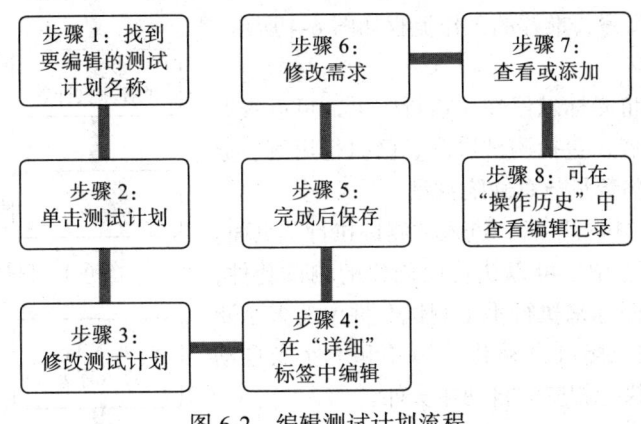

图 6-2　编辑测试计划流程

其中：

步骤 6：在"需求"标签中添加或删除相关需求。

步骤 7：在"测试用例"标签中查看当前的测试用例，或者添加新的测试用例。

（2）设计和执行测试计划

1）设计测试计划。设计测试计划流程包含登录、项目选择、设计进展查看、测试用例导入等主要步骤，具体流程如图 6-3 所示。

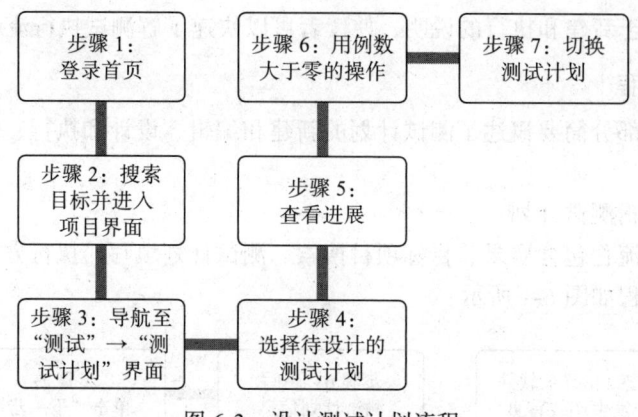

图 6-3 设计测试计划流程

其中：

步骤 5：通过光标悬停在"设计"上，查看测试计划的设计进展，包括用例数、需求总数和已覆盖需求数。

步骤 6：如果用例数大于零，表示该测试计划处于设计中，单击"设计"进入"测试用例"页面。在该页面中，可以通过"手工测试"标签导入已有用例，并勾选需要添加的测试用例后单击"确定"。

步骤 7：通过单击页面左上方的测试计划名称可以切换测试计划，也可以查看全局用例库，全局用例库展示了当前版本下的所有测试用例，可以根据需要维护。

2）执行测试计划。执行测试计划的流程包含测试计划选择、测试套件选择（手工测试、接口自动化、性能自动化）、测试套件执行（手工测试、接口自动化、性能自动化）等主要步骤，推荐的工作流程如图 6-4 所示。

其中：

步骤 3：通过将光标悬停在"执行"上，可以查看测试计划的执行进展，包括测试进度、已执行用例、通过率以及已完成缺陷数量与总缺陷数量。

步骤 4：单击"执行"后，进入"测试执行"页面。在"手工测试"标签中，可以执行已创建的测试套件，通过单击操作栏的图标来执行手工测试套件中的多个测试用例。另外，在"接口自动化"标签和"性能自动化"标签中，可以执行相应的自动化套件。

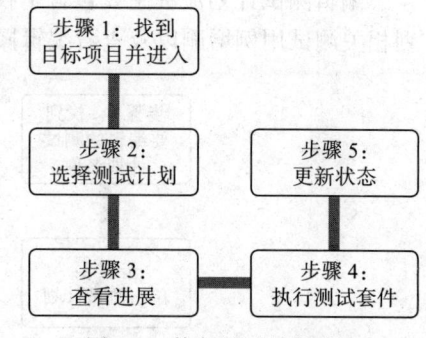

图 6-4 执行测试计划流程

步骤 5：当用户将测试计划中的所有测试用例状态手动设置为"完成"后，测试计划的状态将自动更新为"完成"。

（3）管理和度量测试计划

管理与度量测试计划的流程包含目标目录查找、测试功能选择、测试计划和测试报告的添加与创建、特定测试计划的选择以及全局用例库的质量报告等主要步骤。推荐的工作流程如图 6-5 所示。

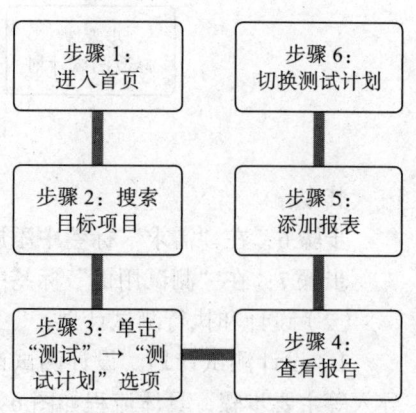

图 6-5 管理和度量测试计划流程

其中：

步骤4：在测试计划列表中选择需要查看报告的测试计划，并单击"报告"。在报告页面中，可以查看测试计划的质量报告。该报告展示了测试计划的需求覆盖率、缺陷数量、用例通过率和用例完成率，并记录对测试风险的分析。此外，还有关于"手工测试""接口自动化"和"性能自动化"的部分，按照执行方式统计了测试用例的执行情况和缺陷数量。

步骤5：如果需要添加更多报表，可以单击左下方的"点击添加报表"，或者通过右上角的"新建报告"来添加测试报告。

步骤6：通过单击页面左上方的测试计划名称，可以切换测试计划，并查看全局用例库的质量报告。

2．手工测试用例执行流程

这部分主要针对手工测试用例过程中需要进行的新建、编写、规范检查以及迁移和导出进行流程说明。

（1）新建手工测试用例

前提条件：具有创建用例的权限（即在项目内的角色为除了运维经理、浏览者与参与者外的其他系统角色）。

操作步骤如图6-6所示。

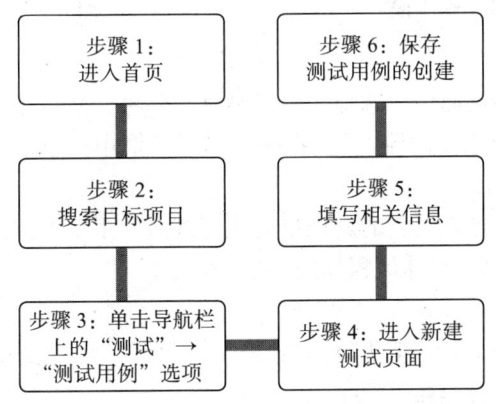

图6-6 新建手工测试用例流程

（2）编写测试步骤

背景信息：以Scrum项目为例，当前迭代已在需求管理中录入相关需求。测试工作开始前，测试人员先在用例库中创建相应手工测试用例。根据前端需求，创建相应的手工测试用例，并将该手工测试用例与前端需求进行关联。

编写测试步骤的流程如图6-7所示。

其中：

步骤1：完成新建手工测试用例操作后，在"测试用例"→"手工测试"页面，单击需要编辑的用例名称，即可进入测试用例的"详情"页面。

步骤2：根据需要，进行测试详情的编辑。在"测试步骤"下的表格中，单击"步骤描述"列和"预期结果"列的空白处，根据需要输入相应的内容。

步骤3：如果需要添加新的步骤，可以单击表格中"操作"一栏的按钮，并按照需要填写步骤描述与预期结果。

（3）用例规范检查

用户可以对创建的手工测试用例进行规范检查，根据检查结果对用例进行优化。

完成编写测试步骤后，用户可以根据提示信息对测试用例进行优化，单击对应的规范描述可以查看详细的规范信息。

（4）迁移手工测试用例

背景信息：测试计划服务支持从本地导入测试用例至用例库，也支持从用例库导出测试用例。导入用例的流程包含选择、模板下载、上传等主要步骤，具体流程如图6-8所示。

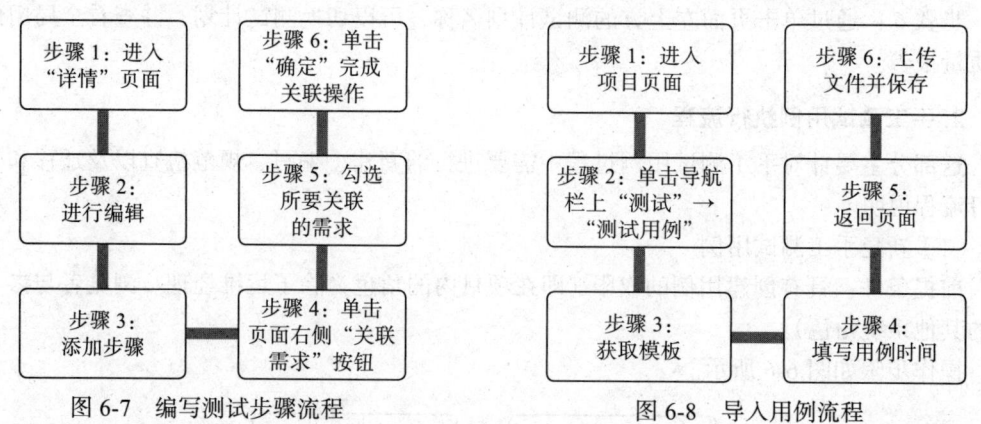

图6-7 编写测试步骤流程　　　　图6-8 导入用例流程

其中：

步骤3：在测试用例页面中，选择"手工测试"标签，然后单击页面右侧的"导入"按钮。从下拉菜单中选择"从文件导入"。在弹出的对话框中，单击"下载模板"按钮，以获取用例导入模板。

导出用例的过程相对导入用例的过程更简洁，进入"手工测试"标签后选择页面右侧的"更多"按钮即可进行导出，具体流程如图6-9所示。

其中：

步骤6：可以在本地打开导出的Excel表格，用于查看导出的用例内容。

3. 接口自动化用例执行流程

这一部分针对接口自动化用例，对相关的新建、编写、接口请求设置、Postman文件导入、插入逻辑控制、导入接口自动化用例等功能的流程进行简要说明。

（1）新建接口自动化用例

背景信息：接口自动化用例包含用例基本信息和脚本两部分。

基本信息用于管理和描述测试用例，包含名称（必填）、类型、模块、版本号、迭代、关联需求、编号、标签、用例等级、处理者、归属目录、描述、前置条件、测试步骤、预期结果。

脚本定义自动化测试步骤，包含测试步骤、逻辑控制、测试参数。

新建接口自动化用例流程如图6-10所示。

（2）编写接口自动化脚本

背景信息：接口自动化用例可包括三个阶段，即准备阶段、测试阶段、销毁阶段。

准备阶段对应页面中的"前置步骤"，实现测试前置条件的准备；测试阶段对应"测试步骤"，实现接口的功能测试；销毁阶段对应"后置步骤"，实现准备阶段和测试阶段测试数据的释放或恢复。

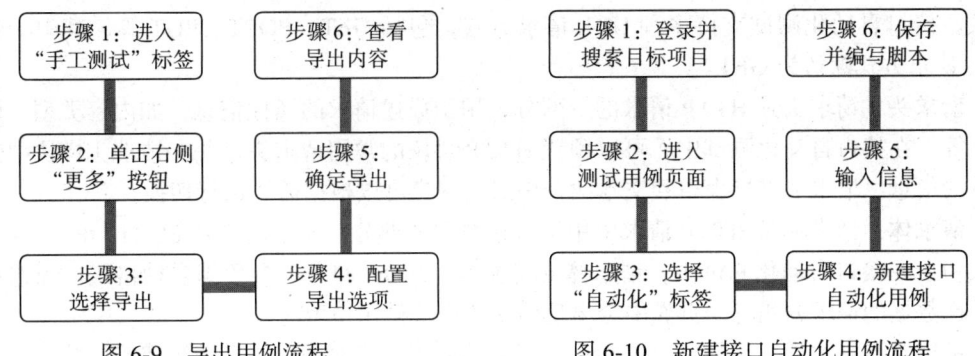

图 6-9 导出用例流程　　　　图 6-10 新建接口自动化用例流程

准备阶段：前置步骤。

在此阶段中，准备测试阶段需要的前置条件的数据，如果没有前置条件，可以忽略此阶段。

在准备阶段通过调用接口的方式初始化前置条件，如果前置条件的数据需要在测试阶段中引用，可以使用参数传递——将数据参数化后供测试阶段引用，详见设置响应提取。

测试阶段：测试步骤。

定义接口核心测试步骤，测试阶段中的测试步骤可以引用准备阶段提取的参数。

销毁阶段：后置步骤。

为了不影响其他测试或者下一次测试，建议在每次测试结束后清理测试环境数据，恢复测试环境的初始状态，销毁准备阶段创建的数据。

如果没有数据需要销毁，可以忽略此阶段。通过调用接口的方式销毁数据，销毁阶段的测试步骤可以引用准备阶段提取的参数。

编写接口自动化脚本流程如图 6-11 所示。

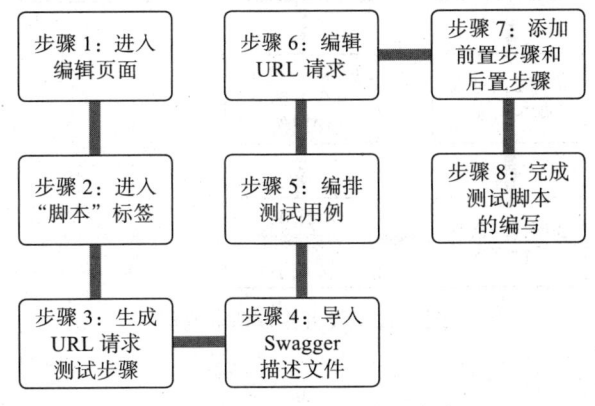

图 6-11 编写接口自动化脚本流程

（3）设置接口请求与关键字库

在接口自动化测试的过程中，正确设置请求是至关重要的。请求的设置包括 URL、URL 参数、请求头和请求体，它们共同构成了一个完整的 HTTP 请求。同时，关键字库作为自动化测试的重要组成部分，为测试人员提供了一种高效复用测试逻辑的方式。

请求 URL 与 URL 参数：在接口自动化用例的"脚本"标签中，首先需要填写请求的 URL，并指定是否使用 HTTP 或 HTTPS 协议。URL 参数用于进一步指定请求的资源或传递参数。接口自动化测试支持多种 URL 请求方式，包括 GET、POST、PUT 等，其中新建的 URL 请求方式默认为 GET。

请求头：请求头是 HTTP 请求的一部分，用于描述请求的属性信息，如内容类型、认证信息等。在接口自动化测试中，可以预置 HTTP 协议的常用请求头，并在请求头模块中输入具体的信息。请求头支持表单和文本两种格式，用户可以根据需要进行切换。

请求体：请求体是 HTTP 请求中用于传递数据的部分，通常出现在 POST、PUT 等请求方式中。在接口自动化测试中，请求体支持文本、JSON 和表单参数等多种格式。当选择需要传递数据的请求方式时，页面中会出现请求体模块供用户填写。

关键字库：关键字库是接口自动化测试中的关键组成部分，它通过管理接口关键字、系统关键字和组合关键字，实现了测试逻辑的复用和一致性。①**接口关键字**：直接对应于接口请求的设置，包括 URL、请求方式、请求头和请求体等。通过导入 Swagger 文件或保存自定义 URL 请求，可以生成接口关键字，并在测试用例中直接调用。②**系统关键字**：身份认证、协议处理、数据库操作等高级功能通常与多个接口请求相关。通过系统关键字可以在测试用例中方便地调用这些功能。③**组合关键字**：将多个接口关键字或系统关键字组合在一起，封装成常用的测试逻辑。组合关键字可以被多个测试用例复用，提高了测试效率。

在接口自动化测试中，测试人员可以利用关键字库中的关键字快速构建测试用例，减少重复工作，并提高测试用例的可维护性和可重用性。同时，关键字库还提供了统一的测试逻辑管理，确保不同测试人员在使用时具有相同的操作界面和测试逻辑。这有助于提高测试效率和质量，节约成本和加快进度。

设置接口请求流程如图 6-12 所示。

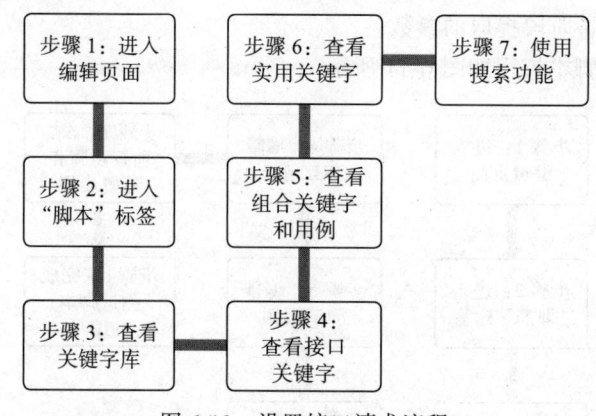

图 6-12　设置接口请求流程

（4）导入 Postman 文件

背景信息：接口自动化用例支持通过导入 Postman 文件生成测试步骤。

导入 Postman 文件需满足以下要求：

1）支持 Postman Collection v2.1 标准。

2）仅支持 Postman 请求方法、请求 URL、请求头、请求体生成测试步骤。

3）Postman 请求体导入方式仅支持 form-data、x-www-form-urlencode、raw。

4）Postman 请求体 form-data 上传附件时，需要在测试步骤中单独上传。

导入 Postman 文件的流程如图 6-13 所示。

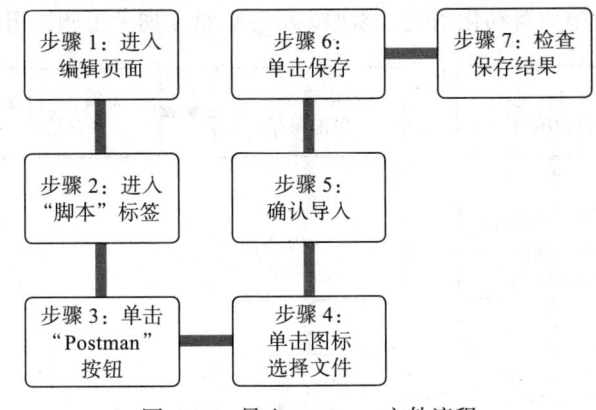

图 6-13　导入 Postman 文件流程

（5）插入逻辑控制

背景信息：逻辑控制用于编排测试场景，包括等待时间、分组、判断、循环。

等待时间：如果执行某个测试步骤后需要间隔一段时间再继续执行后续测试步骤，可以使用等待时间。

分组：分组中可以添加 URL 请求、判断、等待和循环等测试步骤。可以通过拖拽操作来编排分组在测试用例中的顺序，以及分组内部测试步骤的顺序。此外，还支持对整个分组进行禁用或删除操作。

判断：如果需要根据前序测试步骤的结果决定后续需要执行的测试步骤，可使用判断。在判断的分支中，可以添加后续的测试步骤。通过这样的方式，可以根据不同的条件执行不同的测试步骤，以符合测试用例的逻辑流程。

循环：在循环中，可以添加 URL 请求、判断、分组、等待、循环以及测试关键字等测试步骤。循环可以用于模拟重复性操作或验证功能的稳定性。

（6）导入接口自动化用例

背景信息：测试计划服务支持通过导入文件的方式生成测试用例，可导入以下类型的文件：① Postman 文件，支持 Postman Collection v2.1 标准，导入 Postman Collection JSON 文件；② Swagger 文件，支持 Swagger 2.0 和 3.0 标准，导入 YAML 格式文件；③ Excel 文件，参照页面提供的模板编辑 Excel 格式文件。

导入 Postman 文件或 Swagger 文件：每次只能导入一个测试用例。导入的测试用例只能生成测试步骤，不支持生成前置步骤与后置步骤，流程如图 6-14 所示。

此外，也可以通过 Excel 文件导入测试用例，单次导入用例条数不超过 500 条。导入 Excel 文件流程如图 6-15 所示。

4. 测试用例相关配置

这一部分针对测试计划服务支持的批量添加测试用例、特性目录管理测试用例、测试用例关联需求、需求变更通知等测试用例配置相关内容进行流程说明。

（1）批量添加测试用例

测试计划服务支持从用例库向测试计划批量添加测试用例，包括手工测试用例和接口自动化用例。批量添加手工测试用例的流程如图 6-16 所示。

此外，测试计划服务还支持批量添加接口自动化用例，在"测试用例"页面，单击"接口自动化",可以批量添加自动化用例,添加方法与批量添加手工测试用例相同。

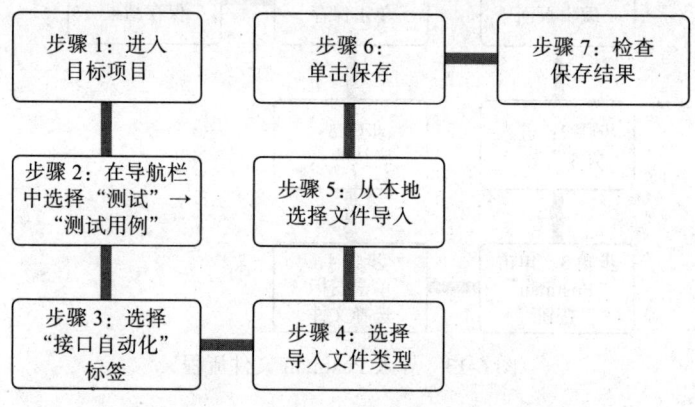

图 6-14 导入 Postman 文件或 Swagger 文件流程

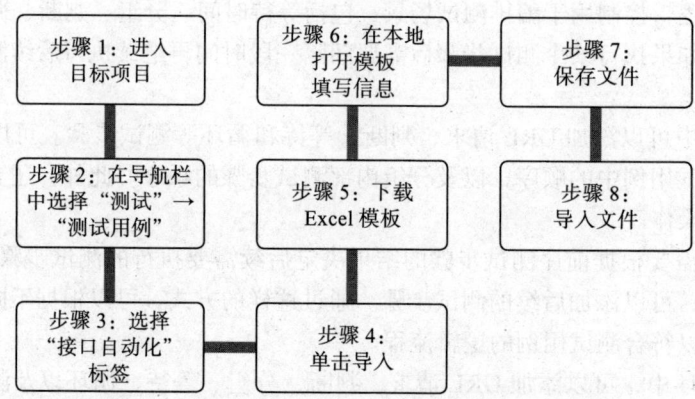

图 6-15 导入 Excel 文件流程

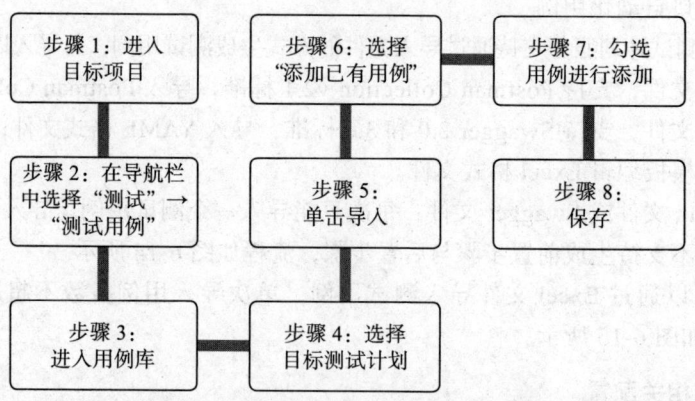

图 6-16 批量添加手工测试用例流程

(2)特性目录管理测试用例

测试计划提供了灵活且高效的特性目录管理功能,以便用户能够基于项目特性组织和管理测试用例。用户不仅可以轻松地根据特定特性关联或新增测试用例,而且支持多级子目录的创建,从而构建出结构清晰、层次分明的测试计划架构。特性目录管理测试用例流程如图 6-17 所示。

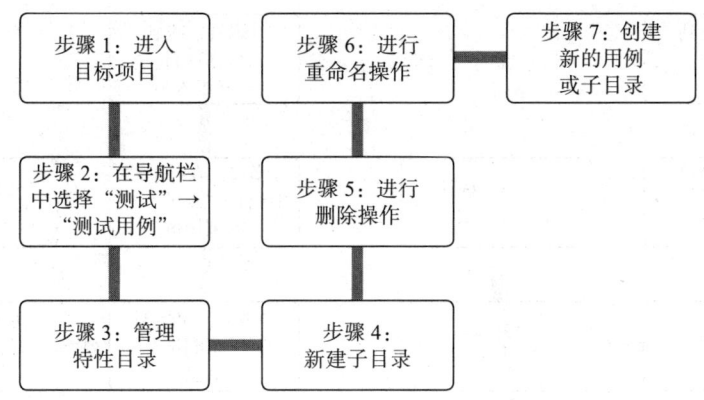

图 6-17 特性目录管理测试用例流程

（3）测试用例关联需求

测试计划允许基于特性目录来组织和管理测试用例。通过这种方式，可以方便地将测试用例与相应的需求进行关联，从而提高测试的针对性和效率。测试用例关联需求的流程如图 6-18 所示。

其中：

步骤 5：在"全量用例"页面中，也可以单击需要关联需求的用例所在操作列中的图标来进行关联需求操作。如果需要将多个用例与同一个需求相关联，可以勾选需要关联需求的测试用例，并在页面下方单击"批量关联需求"。在弹出的对话框中，勾选需要关联的需求，既可以选择当前计划下的需求，也可以在所有需求中选择。

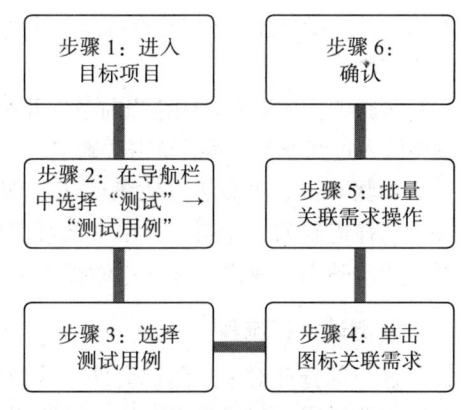

图 6-18 测试用例关联需求流程

用户也可以通过需求添加与其关联的测试用例，前置条件是测试计划下的需求在用例库下已关联了测试用例。

添加需求相关的测试用例的步骤与批量添加测试用例相同，在弹出框中选中"选择本测试计划中的需求相关的所有用例"即可。

用户还可以按需求管理测试用例。在需求目录中，单击某个需求可以查看与该需求关联的所有用例。此外，还可以单击需求名称右侧的图标来查看需求的详细信息，并且可以在该界面上新建与所选需求关联的测试用例。

（4）需求变更通知

当某个需求关联了测试用例且在需求管理服务中对该需求做出修改时，"测试用例"页面的对应需求名称会出现红点，提醒对此需求所关联用例做补充或修改。

（5）评论测试用例

针对已经创建的测试用例，可以进行测试用例的评价，在协同开发的时候用于对测试用例的交叉检查工作。评论测试用例流程如图 6-19 所示。

（6）过滤测试用例

针对大量测试用例，在进行批量处理和管理的时候，可以通过测试用例过滤功能进行选择。使用默认过滤条件过滤测试用例流程如图 6-20 所示。

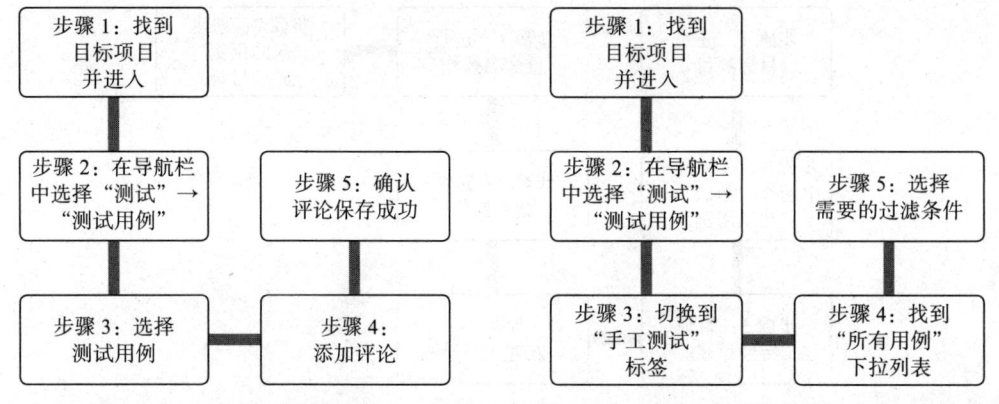

图 6-19　评论测试用例流程　　　　图 6-20　使用默认过滤条件过滤测试用例流程

此外，过滤测试用例还支持设置高级过滤条件，设置高级过滤条件过滤测试用例如图 6-21 所示。通过高级过滤可以更精准地缩小过滤范围，提升工作流程效率。

其中：

步骤 5：如果需要保存当前条件并过滤，可以单击"保存当前条件并过滤"，在弹出的对话框中输入过滤器名，然后单击"确定"。保存后的过滤器将会显示在"所有用例"下拉列表中。

步骤 6：如果高级过滤条件还不满足需求，可以选择单击"添加筛选条件"，在下拉列表中选择需要的过滤项，并单击该过滤项进行添加。添加的过滤项将显示在页面中。可以重复上述步骤来完成进一步的过滤操作。

5. 测试执行流程

这一部分针对手工测试套件、接口自动化测试套件、性能自动化测试套件分别进行新建和执行的说明，使读者可以快速了解测试执行流程。

（1）手工测试套件的新建和执行

要进行测试执行，首先要有手工测试套件，如果在测试计划中无相关的手工测试套件，可以参考图 6-22 中的流程新建。

其中：

步骤 6：在新建页面中，单击"添加用例"或"立即添加"。勾选待测试的测试用例后，单击"确定"按钮。最后，单击"保存"按钮完成手工测试套件的创建。

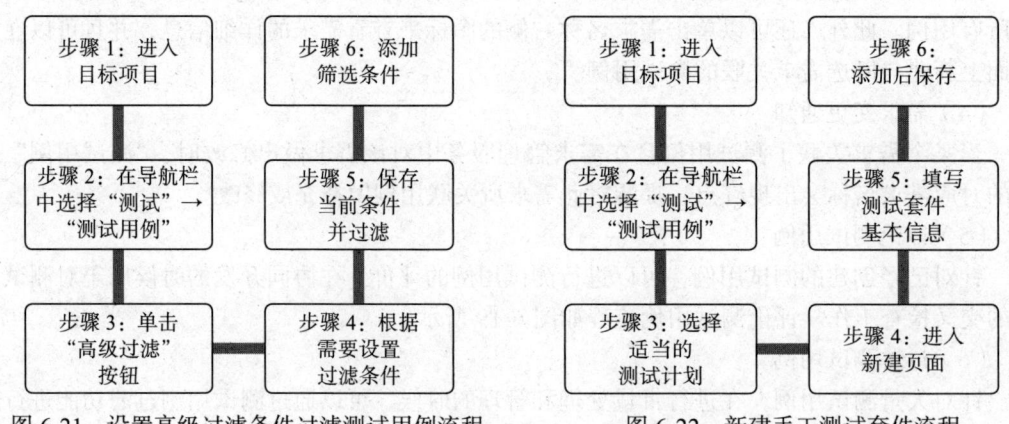

图 6-21　设置高级过滤条件过滤测试用例流程　　　　图 6-22　新建手工测试套件流程

已经具有手工测试套件后，可以进行手工测试套件的执行流程。首先要选择目标项目，然后针对每个用例，基于用例描述进行相关操作。执行手工测试套件流程如图 6-23 所示。

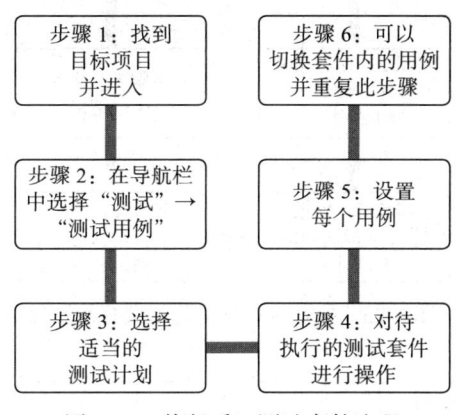

图 6-23　执行手工测试套件流程

（2）接口自动化测试套件的新建和执行

要进行接口自动化的测试执行，首先要有已经创建的接口自动化测试套件。如果在测试计划中无相关的接口自动化测试套件，可以参考图 6-24 中的流程新建。

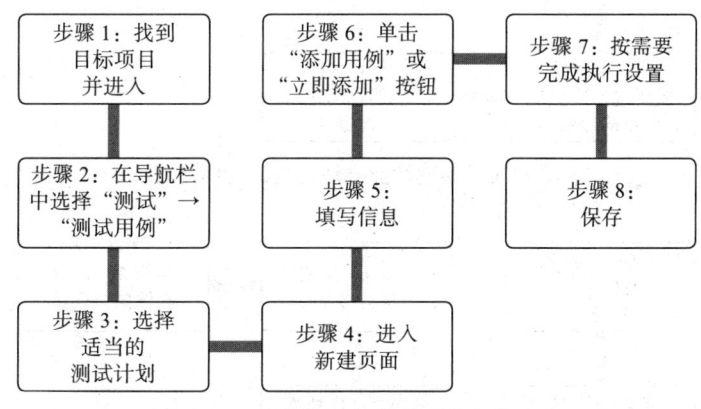

图 6-24　新建接口自动化测试套件流程

已经具有接口自动化测试套件后，可以进行接口自动化测试套件的执行流程。首先要选择目标项目，然后选择对应的用例开始执行测试套件。执行接口自动化测试套件流程如图 6-25 所示。

（3）性能自动化测试套件的新建与执行

要进行性能自动化的测试执行，首先要有已经创建的性能自动化测试套件。如果在测试计划中无相关的性能自动化测试套件，可以参考图 6-26 中的流程新建。

已经具有性能自动化测试套件后，可以进行性能自动化测试套件的执行流程。首先要选择目标项目，然后选择对应的用例开始执行测试套件并在执行后进行用例详情的查看。执行性能自动化测试套件流程如图 6-27 所示。

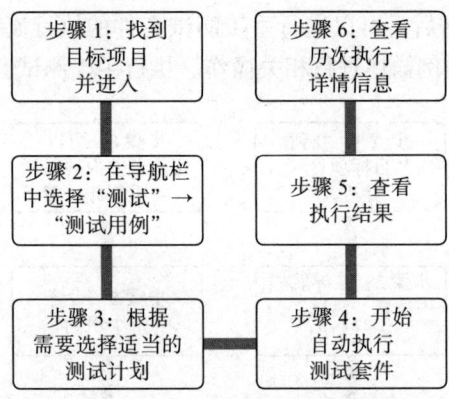

图 6-25　执行接口自动化测试套件流程

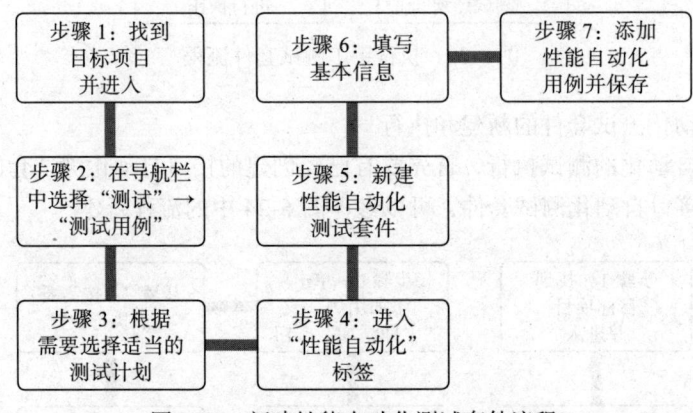

图 6-26　新建性能自动化测试套件流程

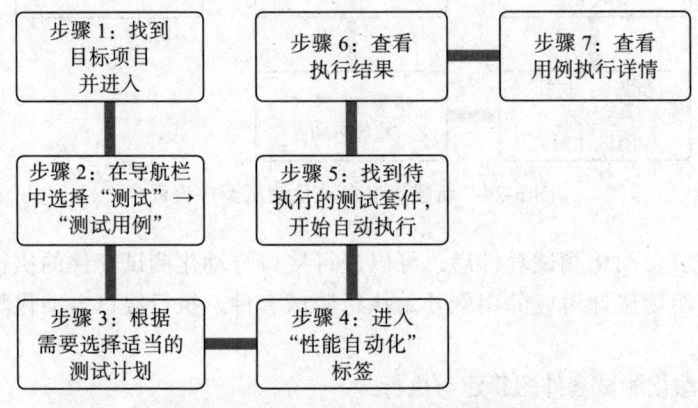

图 6-27　执行性能自动化测试套件流程

6.2　性能测试实践

　　性能测试是软件开发过程中至关重要的一环，旨在评估系统在不同负载条件下的性能表现和稳定性。通过性能测试简介、PerfTest 应用场景以及相关约束与限制，团队将能够更好地规划和执行性能测试，以提升系统的性能和可靠性，提供卓越的用户体验。

6.2.1 性能测试简介

随着分布式架构和微服务技术的普及，应用的复杂程度越来越高，在架构解耦和性能提升的同时，也带来了生产环境性能问题定位难度高、修复周期长等挑战，因此，提前进行性能测试逐渐成为应用上线前的必选环节。

性能测试（CodeArts PerfTest，简称 PerfTest，原 CPTS）是一项为基于 HTTP/HTTPS/TCP/UDP/HLS/RTMP/WebSocket/HTTP-FLV 等协议构建的云应用，提供性能测试的服务。服务支持快速模拟大规模并发用户的业务高峰场景，可以很好地支持报文内容和时序自定义、多事务组合的复杂场景测试，测试完成后会为用户提供专业的测试报告以展示服务质量。通过 PerfTest，可以将性能压力测试（简称压测）本身的工作持续简化，将更多的精力回归到业务和性能问题本身，同时降低成本、提升稳定性、优化用户体验，帮助企业提升商业价值。

PerfTest 提供了 HTTP/HTTPS/TCP/UDP/HLS/RTMP/WebSocket/HTTP-FLV 协议的高并发性能测试能力，可以支持多协议报文内容、事务、测试任务模型的灵活自定义，可实时、离线查看并发、RPS（每秒请求数）、响应时延等多个维度的性能统计，同时根据用户对性能测试规模需求的变化，提供按需的私有测试集群创建、扩缩容等性能测试集群管理能力。

1. 多协议高并发性能测试

支持标准 HTTP/HTTPS/TCP/UDP/HLS/RTMP/WebSocket/HTTP-FLV 协议报文内容快捷自定义，简单调整即可给不同的被测试应用发送压测流量。可以根据被测试应用的实际需求，自定义 HTTP/HTTPS/TCP/UDP/HLS/RTMP/WebSocket/HTTP-FLV 协议报文的任何字段内容，包括设置和编辑 HTTP GET/POST/PATCH/PUT/DELETE 方法、URL、Header、Body 等字段。定义虚拟用户的行为，适配不同测试场景。

工具通过思考时间对同一个用户的请求设置发送间隔或者在一个事务中定义多个请求报文来设置每个用户的 RPS；自定义针对响应结果的校验，使请求成功的检查点更准确；针对每个用户的请求，支持用户配置检查点，在获取到响应报文后针对响应码、头域（header）及响应体（body）的内容做结果检验，只有条件匹配后才认为是正常响应。

2. 自定义测试任务模型，支持复杂场景测试

PerfTest 通过多种事务元素与测试任务阶段的灵活组合，可以帮助用户测试在多操作场景并发下的应用性能表现。事务可以被多个测试任务复用，针对每个事务可以定义多个测试阶段，并对每个阶段分别定义持续时间和并发用户数或者压测次数，模拟流量波峰波谷的复杂场景。

3. 提供专业性能测试报告，应用性能表现一目了然

PerfTest 提供用例 RPS、并发用户、响应时延、访问累计、响应结果校验失败、响应超时等多种细分维度统计功能。提供实时、离线两种类型的测试报告，供用户随时查看和分析测试数据。

4. 私有压测集群管理，流量租户隔离，用户按需使用

用户按需创建测试集群，实现租户间流量隔离和内网（华为云 VPC）、外网压测能力，完成测试后可以随时删除集群。提供测试集群的实时扩容、缩容、升级能力。

5. 低成本的超高并发模拟

PerfTest 能够为用户提供以单执行机即可支持万级并发、整体百万级并发的私有性能测

试集群。秒级百万并发能力，模拟瞬间发起大量并发，不仅可让企业提前识别高并发场景下应用的性能瓶颈，防止上线后访问量过大导致系统崩溃，而且易于操作，能够极大地缩短测试时间。支持多任务并发执行，让用户可以同时完成多个应用服务的性能测试，大幅提升测试效率。

6. 性能测试灵活快捷，助力应用快速上线

协议灵活自定义：支持 HTTP/HTTPS 测试，适合基于 HTTP/HTTPS 协议开发的各类应用和微服务接口性能测试；支持 TCP/UDP/WebSocket 测试，支持字符串负载与 16 进制码流两种模式，满足各类非 HTTP 类协议的数据构造；支持 HLS/RTMP/HTTP-FLV 测试。

多事务元素与测试任务阶段的灵活组合：提供灵活的数据报文、事务定义能力，结合多事务元素，测试任务波峰波谷，可模拟多用户多个操作的组合场景，轻松应对复杂场景的测试；支持针对每个事务指定时间段定义并发用户数，模拟突发业务流量。

7. 性能测试压测资源管理，按需使用

私有资源组：用户按需创建测试集群，实现租户间流量隔离和内网（华为云 VPC）、外网压测能力，完成测试后可以随时删除集群。同时，提供测试集群的实时扩容、缩容、升级能力。

共享资源组：不需要用户创建，直接使用，调试和小并发压测更方便。

8. 快速定位性能瓶颈

PerfTest 提供专业性能测试报告，包括事务并发、RPS、吞吐量、响应时延等多维度统计，客观反映用户体验。支持实时报告和离线报告，方便用户无人值守测试后对测试数据进行分析。无缝对接应用性能管理（APM）、应用运维管理（AOM），通过智能分析功能关联多个监控对象，展示应用资源使用情况、应用调用全链和拓扑关系，实时监控应用的运行状态，快速定位性能瓶颈。

6.2.2 PerfTest 应用场景

PerfTest 具备强大的分布式压测能力，应用十分广泛，适合互联网、数字化营销平台、车联网、金融等各行业。

1. PerfTest 电商抢购测试

电商抢购已成为当前互联网应用的普遍需求，有并发用户高、突发请求大、失败用户反复重试等特征，如何保证在高负载运行情况下网站的可用性已经成为运维保障的重点。解决方案如图 6-28 所示。

优势如下：

1）真实场景模拟：秒级百万并发能力，瞬间发起大量并发压力，可在一个测试模型里面模拟全网站高负载。

2）专业测试报告：提供按时延响应区间的统计，客观反映用户体验。

3）失败用户重试：PerfTest 支持用户

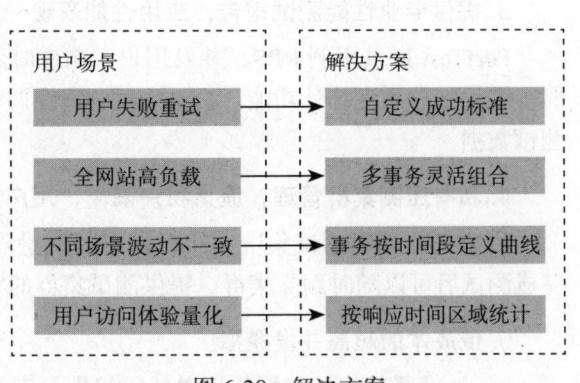

图 6-28　解决方案

自定义执行成功的标准,并允许未成功进入网站(与自定义成功标准不符)的用户重试。

2. PerfTest 游戏高峰测试

游戏行业业务波峰波谷明显,要求具备弹性伸缩的能力。因此,游戏行业一方面需要验证弹性伸缩是否可以正常工作,另一方面需要验证在流量突发高峰场景下,时延等关键指标是否达标。波峰波谷测试图如图 6-29 所示。

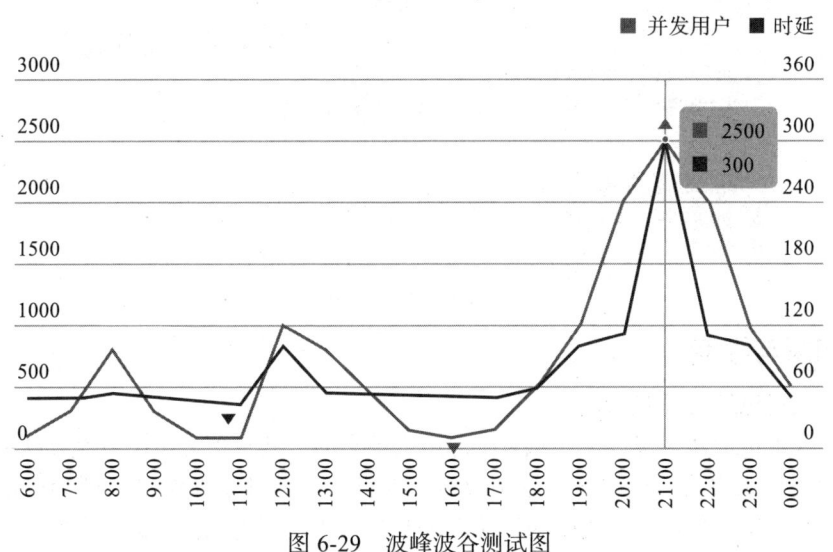

图 6-29 波峰波谷测试图

优势如下:

1)多场景组合模拟:通过多事务组合、事务元素多样性、报文自定义功能模拟真实场景。
2)波峰波谷模拟:针对每个单事务,根据时间段定义压测曲线,模拟波峰波谷。
3)关键指标度量:通过自定义响应超时时间,验证高峰场景游戏关键指标满足度。

3. PerfTest 复杂场景测试

生产环境往往是复杂多变的,例如:一个用户访问可能包含多个请求,不同的用户在进行不同的事务操作,用户访问呈现明显的波峰波谷,瞬时并发用户多等。因此,需要对服务开展性能测试,提前识别性能瓶颈。场景结构图如图 6-30 所示。

优势:

1)模型灵活定制:支持多事务组合测试,可模拟多用户多个操作的组合场景。
2)突发流量支持:支持针对每个事务指定时间段定义并发用户数,模拟突发业务流量。
3)结果校验:支持多种表达式的自定义结果比对,用户定制个性化事务成功标准。

4. 应用性能调优

定义性能测试模型,通过 PerfTest 的执行机给被测应用发送模拟流量,利用服务报告查看被测应用的资源监控、调用链情况,了解被测应用对事物的并发处理能力,方便进行性能优化。

优势:

1)灵活扩展:执行集群按需扩展,支持不同规模的性能测试。
2)一站式解决方案:通过专业的报告提供应用并发能力、响应时延、应用 CPU/ 内存占用、应用的内部各微服务处理时延等关键指标。

3）按需收费：根据性能测试持续时间、并发规模收费。

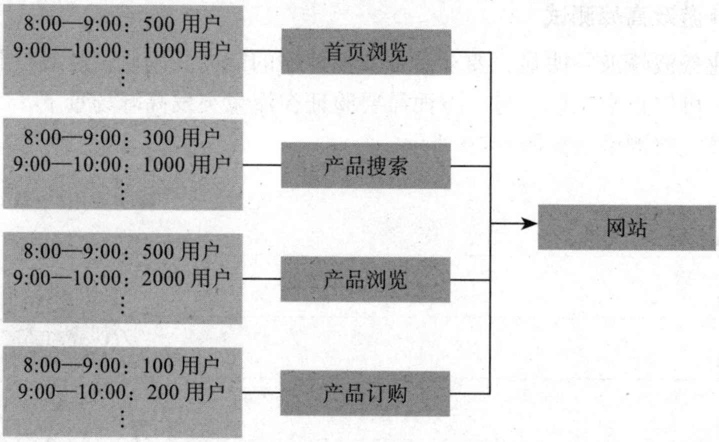

```
8:00—9:00: 500 用户       ┌─────────┐
9:00—10:00: 1000 用户     │ 首页浏览 │──┐
  ⋮                      └─────────┘  │
8:00—9:00: 300 用户       ┌─────────┐  │
9:00—10:00: 1000 用户     │ 产品搜索 │──┤
  ⋮                      └─────────┘  │    ┌──────┐
                                       ├───→│ 网站 │
8:00—9:00: 500 用户       ┌─────────┐  │    └──────┘
9:00—10:00: 2000 用户     │ 产品浏览 │──┤
  ⋮                      └─────────┘  │
8:00—9:00: 100 用户       ┌─────────┐  │
9:00—10:00: 200 用户      │ 产品订购 │──┘
  ⋮                      └─────────┘
```

图 6-30　场景结构图

6.2.3　约束与限制

（1）测试资源组的说明与使用约束

测试资源组包括共享资源组和私有资源组两种类型。共享资源组是系统默认提供的，而私有资源组需要用户自行创建。共享资源组的执行节点已绑定弹性 IP，适用于没有网络访问限制的被测应用。当被测应用受网络访问限制时，建议创建私有资源组。在一些特殊情况下，当并发量大于 10000 或者每秒查询数（QPS）大于 40000 或者总带宽超过 100Mbit/s 时，也建议创建私有资源组，以满足高负载测试的需求。需要注意的是，JMeter 测试任务只能使用私有资源组。

（2）节点使用建议

为了确保测试资源组的正常运行，节点不应该运行任何应用或用于其他用途，否则可能导致被测应用的异常运行。在创建测试资源组时，至少需要两个空节点。其中一个节点作为调试机，用于调试作为执行机的节点；另一台节点作为执行机，在压测过程中能够提供自身性能数据的施压目标机器。为了满足压测的并发用户数需要，应根据实际需求创建相应规格的节点。如果需要压测外部服务，应为执行节点绑定弹性 IP 以确保网络连接。同样，如果需要调试外部服务，调试节点和执行节点都需要绑定弹性 IP。这样，测试资源组能够在合理的配置下顺利运行，提供准确的性能和压力测试数据。

使用 PerfTest 时，需注意配额限制（见表 6-1）。

表 6-1　配额限制

参数	描述信息	默认值
单任务最大并发数	单任务最大支持并发数	1000000
实例化资源组数目配额	实例化资源组数目限制	5
事务数目配额	单工程事务数目限制	100
单事务元素数目配额	单事务元素数目限制	40
工程数目配额	租户工程数目限制	100
任务数目配额	单工程任务数目限制	200
共享资源组总并发数目配额	共享资源组总并发数限制	10000

(续)

参数	描述信息	默认值
共享资源组运行任务数目配额	共享资源组运行任务数目限制	2
共享资源组运行任务时长配额	共享资源组运行任务时长限制	3600
文件变量数目配额	文件变量数目限制	100

6.3 可靠性和可用性测试实践

可靠性是产品在市场上取得成功的关键要素，可以理解为三个层次：一是单元或系统尽可能不出故障；二是即便出了故障，影响尽可能小，即单元或系统故障，仅对性能有部分影响，设备的功能不受损；三是单元或系统故障，部分或全部功能受损时，能尽快恢复业务。可用性可以理解为模拟用户实际操作测试，确保软件能够满足用户的需求，保障用户使用体验。可靠性可用性测试，就是采用特定的方法激活系统中的各种故障，通过观察失效的发生情况来评估系统容错能力（故障定位、故障恢复、故障报告等）并利用该评估结果来推动产品持续减少失效的一种测试活动。这里介绍一些测试团队对工具展开可靠性可用性测试的实践。

6.3.1 可靠性安全设计

1. 身份认证与访问控制

在身份认证方面，用户访问 PerfTest 的方式有多种，包括 PerfTest 用户页面、API、SDK（软件开发工具包），无论访问方式被封装成何种形式，其本质都是通过 PerfTest 提供的 REST（表述性状态传递）风格的 API 接口进行请求。PerfTest 的接口需要经过认证请求后才可以访问成功，它支持两种认证方式：

1）Token 认证：通过 Token（令牌）认证调用请求；访问 PerfTest 用户页面默认使用 Token 认证机制。

2）AK/SK 认证：通过 AK（Access Key ID）/SK（Secret Access Key）加密调用请求。推荐使用 AK/SK 认证，其安全性比 Token 认证高。

PerfTest 通过两种方式对用户操作进行访问控制：

1）角色权限控制：对 PerfTest 的测试计划、测试用例、测试套件、测试报告、自定义设置等对象进行增删改查相关操作都需要获得对应的角色及权限。

2）细粒度权限控制（IAM）：查询租户项目、设置项目创建者、管理租户项目成员列表等操作需要获得细粒度授权。

2. 数据保护技术

PerfTest 通过多种手段保护数据安全，见表 6-2。

表 6-2 数据保护手段

数据保护手段	简要说明
传输加密（HTTPS）	为保证数据传输的安全性，PerfTest 使用 HTTPS 传输数据
个人数据保护	通过控制个人数据访问权限以及记录操作日志等方法，防止个人数据泄露，保证用户的个人数据安全
隐私数据保护	PerfTest 不消费、不存储用户数据
数据销毁	用户主动删除业务数据或销户的情况下：非关键数据会实时物理删除；关键数据会被标记，先"软"删除后，10 分钟后再物理删除

3. 审计与日志

（1）审计

云审计服务（Cloud Trace Service，CTS）是华为云安全解决方案中专业的日志审计服务，提供对各种云资源操作记录的收集、存储和查询功能，可用于支撑安全分析、合规审计、资源跟踪和问题定位等常见应用场景。

用户开通云审计服务并创建和配置追踪器后，CTS可记录PerfTest的管理事件和数据事件用于审计。

（2）日志

云日志服务（Log Tank Service，LTS）提供一站式日志采集、秒级搜索、海量存储、结构化处理、转储和可视化图表等功能，满足应用运维、网络日志可视化分析、等保（即等级保护）合规和运营分析等应用场景分析问题的需求，PerfTest将系统运行的日志实时记录到LTS，并保存3天。

6.3.2 双向追溯链测试

ISO 15288规范定义了通用系统生命周期过程，其中，验证过程与确认过程中提出了对需求、测试设计方案、用例、缺陷等双向可追溯的要求。在华为内部，测试过程端到端可追溯也成为明文要求达到的标准。

可追溯的测试过程能力，可以使组织和项目实现测试过程证据链可视化、及时监控和识别测试过程风险，加速跟踪问题闭环，有效减少漏测问题，及时发现质量风险，是产品高质量测试的必要条件。

CodeArts TestPlan支持建立需求、测试方案、测试用例、缺陷等双向关联，实现测试过程可追溯，通过可信的测试过程，保障结果可信。双向追溯链如图6-31所示。

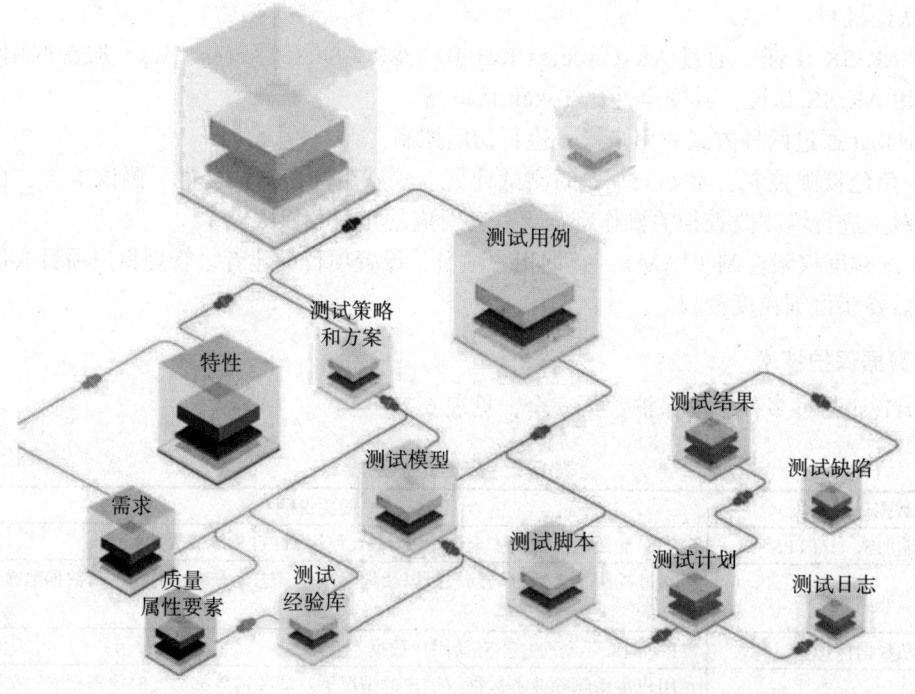

图6-31 双向追溯链

6.3.3 用户体验测试

华为云非常注重用户体验测试,下面是一些华为云用户体验测试的实践方法。

1)用户场景模拟:根据不同用户群体和应用场景,设计和模拟真实的用户使用情景。通过模拟用户操作、交互和任务流程,评估系统在真实环境下的表现,并收集用户的反馈和意见。

2)用户调研和反馈收集:定期进行用户调研,采集用户对华为云产品的使用体验和意见建议。可以通过用户满意度调查、焦点小组讨论、深入访谈等方式获取用户的反馈信息,从而发现系统的问题和改进点。

3)人机交互测试:关注用户与系统的交互界面和操作流程,通过人机交互测试评估系统的易用性和友好性。这包括界面设计、响应时间、操作流畅性等方面的测试,确保用户能够轻松理解和使用华为云的功能和服务。

4)多平台和多设备适配性测试:针对不同的操作系统、浏览器和终端设备,测试华为云在各个平台和设备上的兼容性和一致性。确保用户无论使用计算机、手机、平板计算机等设备,都能够获得一致的用户体验。

5)性能和响应时间测试:关注系统的性能指标和响应时间,评估系统在不同负载条件下的稳定性和响应能力。通过模拟大量用户请求和高并发访问,观察系统的性能表现,确保用户能够获得快速且流畅的服务体验。

6)可用性和容错能力测试:测试系统在异常情况下的可用性和容错能力。模拟网络中断、节点故障等场景,评估系统对异常情况的处理是否及时和正确,确保用户能够获得可靠和稳定的服务。

7)用户文档和帮助测试:评估用户文档、帮助中心、在线支持等用户指南和辅助工具的有效性和易用性。确保用户能够轻松理解和正确使用华为云的功能和服务,并及时获取到所需的帮助和支持。

通过以上用户体验测试方法,华为云可以不断优化产品和服务,提供更好的用户体验,满足用户的需求和期望。同时,华为云还可以通过持续的用户反馈,来收集和分析信息,改进产品设计和功能迭代,不断提升用户体验的质量和价值。

6.3.4 可访问性测试

华为云服务的可访问性测试是指验证华为云平台上的应用程序、服务或网站能否被用户方便地使用,无论是普通用户还是具有特殊需求的用户,例如视力障碍者或听力障碍者。下面是华为云服务的可访问性测试实践。

1)标准和指南:华为云服务的可访问性测试实践遵循国际标准和指南,如 Web Content Accessibility Guidelines(WCAG)以及其他相关可访问性标准。团队会详细了解这些标准和指南,并将其作为测试的基准。

2)测试工具:为了进行可访问性测试,团队会使用专门的可访问性测试工具,如屏幕阅读器、辅助技术和自动化测试工具。这些工具有助于模拟不同类型的用户使用华为云服务,并检测潜在的可访问性问题。

3)页面结构和内容:团队会验证华为云服务的页面结构和内容是否符合可访问性要求。这包括使用适当的标记语言和语义化元素、提供清晰的标题和链接、正确使用表格和表单等。同时,团队会检查页面上的文本、图像和媒体是否易于理解和互动。

4)导航和键盘操作:团队会测试华为云服务的导航和键盘操作是否易于使用。他们会确保用户能够通过键盘访问所有功能,并使用合适的焦点指示器和键盘快捷键。此外,团队还会检查导航菜单、链接和按钮的可用性和可见性。

5)色彩和对比度:团队会检查华为云服务的色彩和对比度是否满足可访问性要求。他们会确保网站或应用程序所选颜色有足够的对比度,以便用户能够轻松识别和阅读内容,无论是正常视力用户还是有色觉缺陷的用户。

6)多媒体内容:如果华为云服务包含音频或视频内容,团队会测试其可辨识性和可操作性。他们会确保提供字幕、描述文本和可调节的音量控制,以满足听力障碍者或视力障碍者的需求。

7)测试报告和反馈:可访问性测试团队会编写详细的测试报告,列出发现的可访问性问题和改进措施建议。他们会将报告提交给开发团队,并与他们合作解决问题。可访问性测试团队也欢迎用户提供反馈和建议,以改进华为云服务的可访问性。

通过以上实践,华为云服务的可访问性测试团队能够确保平台上的应用程序、服务和网站对所有用户都具有良好的可访问性,为广大用户提供更便捷、无障碍的使用体验。

6.4 韧性测试实践

韧性测试是对系统关键资产或架构元素进行恶意破坏,观察系统能否检测、承受并保持在有定义的运行状态、能否快速恢复以保障任务达成的一种测试活动。它与可靠性测试的区别是,韧性测试面向恶意攻击。下面介绍一些韧性测试实践。

6.4.1 服务韧性特性

CodeArts TestPlan 采用先进的技术方案,通过多活无状态的跨可用区(AZ)部署和实现 AZ 之间的数据容灾,从而有效保障业务的持久性和可靠性。这意味着即使在业务进程发生故障的情况下,系统也能够快速自动地拉起(即自动地重新启动或恢复到一个正常运行的状态)并进行修复操作,以确保服务的连续性和稳定性。利用多活无状态的部署方式,CodeArts TestPlan 能够在多个可用区之间进行负载平衡和故障转移,从而有效提高整个系统的可用性和弹性。同时,通过 AZ 之间的数据容灾机制,系统能够保证数据不会丢失或损坏,即使发生不可预测的故障,也能够迅速恢复数据完整性。这些技术方案的应用使得 CodeArts TestPlan 具备了高度可靠和持久的特性,确保业务在任何情况下都能够正常运行,并最大限度地避免中断和数据丢失等风险。

6.4.2 稳定性测试

华为云的稳定性测试实践是为了验证华为云平台上的应用程序、服务或网站在各种负载和环境条件下的稳定、可靠。

1)测试计划:稳定性测试之前,团队会制订详细的测试计划。测试计划将明确测试的范围、测试的目标、测试的策略和方法以及对测试资源的需求。团队会根据实际情况确定测试的类型,如负载测试、压力测试、性能测试等。

2)环境配置:为了进行稳定性测试,团队会建立一个测试环境,该测试环境与实际生产环境相似。他们会搭建或部署必要的服务器、网络设备和存储设备,并进行适当的配置和调优。测试环境应该能够模拟真实用户使用华为云的情况。

3）负载和压力测试：团队会通过负载和压力测试来评估华为云平台在不同负载下的性能和稳定性。他们会模拟并逐步增加用户访问量、数据处理量和网络流量，以评估系统的承载能力和稳定性。这些测试还可以揭示系统中的瓶颈和性能问题。

4）失败和恢复测试：为了验证华为云平台在系统故障或异常情况下的稳定性和容错能力，团队会进行失败和恢复测试。他们会模拟不同类型的故障，如服务器崩溃、网络中断或电源故障，并观察系统能否正确地检测和处理这些故障，并及时恢复正常运行。

5）容量规划：团队还会进行容量规划测试，以确定华为云平台的资源使用率和性能。他们会评估不同负载下的系统资源消耗情况，并根据预测的用户增长和需求变化，规划合适的硬件和软件配置，以保证系统的稳定可靠。

6）监控和分析：在稳定性测试期间，团队会使用监控工具和分析工具来收集系统的性能指标和日志数据。他们会分析这些数据，识别潜在的问题，并提供改进建议。监控和分析是持续进行的过程，以确保系统在长期运行中的稳定性。

7）故障演练：团队会进行故障演练，以评估华为云平台在面对故障时的应急响应和恢复能力。他们会模拟各种故障场景，并验证系统能否快速检测、处理和恢复正常运行。

8）测试报告和优化：稳定性测试完成后，团队会撰写详细的测试报告，列出发现的问题和改进措施建议。他们还会与开发团队合作，优化系统的性能和稳定性。这些测试报告和优化过程是持续改进的基础。

通过以上实践，华为云的稳定性测试团队能够确保平台上的应用程序、服务和网站在各种负载和环境条件下保持稳定和可靠。这有助于提供高质量的云服务，满足用户的需求，并确保用户能够安全、可靠地使用华为云平台。

6.4.3 故障恢复测试

华为云的故障恢复测试是为了验证华为云平台在面对各种故障情况时的应急响应和恢复能力。下面详细介绍华为云的故障恢复测试实践。

1）故障场景模拟：在故障恢复测试中，团队首先会模拟各种可能的故障场景，例如服务器停机、网络中断、存储设备故障等。这些故障场景可以覆盖不同层面的故障，并考虑到硬件、软件和网络等方面的故障。

2）系统监测与自动化：华为云平台配备了强大的系统监测和自动化工具，这些工具会对系统的各个方面进行实时监测，并能够自动检测到故障事件。在故障恢复测试中，团队会验证这些监测和自动化工具的准确性和可靠性，以确保系统能够及时发现故障并采取相应措施。

3）故障恢复时间验证：在故障恢复测试中，团队会测量和验证系统的故障恢复时间。他们会记录下从故障发生到系统完全恢复正常运行所经历的时间，并根据预先设定的服务水平协议（SLA）要求，评估系统能否在规定时间内恢复。

4）故障切换和冗余测试：华为云平台采用了冗余设计和故障切换机制来确保系统的高可用性和容错能力。在故障恢复测试中，团队会验证这些机制的有效性。他们会模拟故障发生时的切换过程，并确保系统能够平稳地从一个节点或组件切换到另一个节点或组件，以实现故障的快速恢复。

5）数据完整性和一致性验证：在故障恢复测试中，团队会验证系统在故障发生时对数据的保护和恢复能力。他们会模拟数据丢失或损坏的情况，并确保系统能够进行数据恢复，以确保数据的完整性和一致性。

6）容灾测试：容灾测试是故障恢复测试的重要组成部分。团队会验证华为云平台的容灾策略和机制，以确保系统在面对灾难性事件（如地震、火灾等）时能够提供持续的服务。他们会模拟灾难性事件，并评估系统的灾难恢复能力和数据备份与恢复机制。

7）故障恢复策略和演练：团队在故障恢复测试中还会评估系统的故障恢复策略和演练。他们会检查故障处理流程、紧急事务处理和通信等方面，以确保团队有能力迅速响应故障，并进行有效的协调和决策。

通过故障恢复测试，华为云的团队能够验证系统在面对各种故障情况时的应急响应和恢复能力。这有助于提高系统的可靠性和稳定性，确保用户能够享受到高品质的云服务，并保证他们的数据和业务不会受到严重影响。

6.5 混沌/拨测等测试实践

华为云的混沌/拨测测试实践主要是通过模拟系统中的各种异常情况和压力状况，来评估系统的鲁棒性、可用性和性能表现。

1）混沌工程：混沌工程是一种基于系统故障注入和异常场景模拟的测试方法。华为云通过引入混沌工程，定期在实际生产环境中模拟各种故障和异常，例如服务器停机、网络中断、资源不足等，来评估系统在这些情况下的稳定性和恢复能力。混沌工程的目标是找出系统的薄弱点，优化系统设计和架构，提高系统的可靠性和鲁棒性。

2）拨测测试：拨测测试是通过模拟大量用户并发访问系统，以评估系统的性能、负载承受能力和容量规划。华为云会在实际生产环境中进行定期的拨测测试，模拟大规模用户并发请求，并监控系统的响应时间、吞吐量和资源利用率。通过拨测测试，华为云能够及时发现系统的性能瓶颈，并进行相应的优化和调整，以提高系统的可扩展性和性能表现。

3）异常场景模拟：华为云在混沌/拨测测试中会模拟各种异常场景，包括硬件故障、网络故障、软件错误等。通过模拟这些异常场景，团队可以评估系统在面对不同类型的故障时的容错能力和故障恢复能力。他们会记录下系统在异常场景下的表现，并根据测试结果进行系统设计和优化。

4）监控和报警工具：为了支持混沌/拨测测试，华为云平台配备了强大的监控和报警工具。这些工具能够实时监测系统的各个指标，如CPU使用率、内存利用率、网络流量等，并能够在监测到异常值时自动发出警报，以便及时发现系统的异常情况。在混沌/拨测测试中，团队会验证监控和报警系统的准确性和可靠性，并对其进行不断的优化和改进。

通过混沌/拨测测试实践，华为云能够全面评估系统的鲁棒性、可用性和性能表现，并针对测试结果优化系统的设计和架构。这有助于提高系统的稳定性、可靠性和性能，确保用户能够获得高质量的云服务体验。

6.5.1 搭建异常环境

华为云混沌/拨测测试实践中，搭建异常环境是为了模拟真实场景下的各种故障和异常情况，以评估系统的鲁棒性和恢复能力。

1）故障注入：在混沌/拨测测试中，华为云会主动将各种故障和异常情况注入系统中，以模拟真实场景下的问题。这包括故意关闭服务器、断开网络连接、模拟存储设备故障等。通过故障注入，团队可以测试系统在面对不同类型故障时的容错能力和恢复能力。

2）可用性验证：为了评估系统的可用性，华为云会模拟关键组件或节点的故障。例如，它会模拟数据库服务器宕机或网络中断，以验证系统是否能够快速切换到备份节点或备份数据中心，并保持业务的连续性和可用性。

3）性能压力测试：除了故障注入外，华为云还会进行性能压力测试，以模拟系统面临高负载和并发访问的情况。它会模拟大量用户访问系统，并观察系统的响应时间、吞吐量和资源利用率。通过性能压力测试，团队可以找出系统的性能瓶颈并进行相应的优化。

4）异常场景模拟：在混沌/拨测测试中，华为云会模拟各种异常场景，如网络延迟、网络丢包、CPU过载等。通过模拟这些异常场景，团队可以评估系统在不同异常情况下的表现，发现潜在的问题并改进系统的设计和架构。

5）容灾测试：容灾测试是混沌/拨测测试中的重要环节。华为云会模拟不同数据中心或节点的故障，并观察系统的容灾策略和机制能否正常工作。它会验证数据备份和恢复机制，确保系统能够在灾难性事件发生时提供持续的服务。

通过搭建异常环境，华为云能够全面评估系统的鲁棒性、可用性和性能。这有助于发现和解决潜在的问题，提高系统的稳定性和可靠性，以满足用户对高质量云服务的需求。

6.5.2 执行故障情况测试

在华为云混沌/拨测测试实践中，执行故障情况测试是为了评估系统面对各种故障情况时的鲁棒性和恢复能力。

1）制订测试计划：在执行故障情况测试之前，首先需要制订详细的测试计划。测试计划应明确测试目标、测试范围和持续时间等。根据系统的特点和需求，选择合适的故障情况进行模拟，并确定测试的时间和环境。

2）故障注入：根据测试计划，华为云会主动将各种故障情况注入系统中。例如，它可能关闭某些服务器或断开网络连接，模拟硬件故障、网络故障等。故障注入的方式可以通过自动化工具或手动操作来实现。

3）监控和记录：在执行故障情况测试时，华为云会监控系统的各种指标，如响应时间、错误率、资源利用率等。团队会使用专门的监控工具来收集数据，并记录故障情况下系统的行为和性能表现。这些数据和记录对于后续的分析和改进非常重要。

4）故障恢复测试：在故障情况模拟完成后，华为云会执行故障恢复测试，验证系统的自动恢复能力和容错机制。团队会观察系统能否自动检测并处理故障，以及系统的恢复时间和恢复质量。

5）分析和改进：根据故障情况测试的结果和监控数据，团队会对系统的性能、稳定性和恢复能力进行综合分析。他们会发现潜在的问题和瓶颈，并提出改进方案和优化措施，以提高系统的鲁棒性和可靠性。

执行故障情况测试是混沌/拨测测试中的重要环节，它可以帮助华为云评估系统在真实环境下的表现，并发现系统的薄弱点。通过不断地执行故障情况测试和持续改进，华为云能够提高系统的可用性、稳定性和容错能力，为用户提供更可靠的云服务。

6.5.3 测试结果分析

在华为云混沌/拨测测试实践中，测试结果分析是评估系统性能和鲁棒性的重要环节。下面详细介绍华为云混沌/拨测测试中测试结果分析的步骤和方法。

1）收集测试数据：在执行混沌/拨测测试期间，华为云会收集各种测试数据，包括系统指标、性能数据、错误日志和监控信息等。这些数据提供了对系统行为和性能的全面了解，是后续分析的基础。

2）分析测试指标：团队会针对不同的测试指标进行分析，如响应时间、错误率、资源利用率等。他们会比较正常情况下和故障情况下的指标数据，以及与预期性能水平进行对比。通过分析这些指标，可以确定系统在不同故障情况下的性能表现和瓶颈。

3）发现问题和瓶颈：通过对测试结果的分析，团队会发现系统中存在的问题和瓶颈。可能出现的问题包括系统响应时间过长、错误率超过阈值、资源利用不均衡等。他们会进一步分析问题的原因，例如设计不合理、代码缺陷或系统配置错误等。

4）识别改进机会：在发现问题和瓶颈的基础上，团队会识别改进机会，提出相应的优化措施。这可能涉及系统架构的调整、代码的优化、容灾策略的改进等。通过识别改进机会，可以提高系统的鲁棒性和可靠性，并优化用户体验。

5）建立报告和反馈：华为云会将测试结果和分析总结成详细的报告，并提供给相关团队查阅和参考。报告中包括测试环境、测试方法、测试结果和问题分析等内容。他们也会将发现的问题和改进机会反馈给开发团队和运维团队，以便进行相应的修复和优化工作。

测试结果分析是混沌/拨测测试实践中至关重要的一环，它能够帮助团队了解系统的表现，并发现潜在的问题和改进机会。通过持续的测试结果分析和改进循环，华为云能够不断提升系统的质量和性能，以满足用户对高可靠、高性能云服务的需求。

6.6 测试执行实践案例

本节基于凤凰商城的案例对功能测试、性能测试、可靠性可用性测试、韧性测试、混沌测试、拨测测试提供相关测试执行实践案例。

6.6.1 手工测试执行

1）登录软件开发生产线首页，使用搜索功能找到目标项目，并单击项目名称以进入项目。在导航栏中选择"测试"→"测试执行"，如图6-32所示。

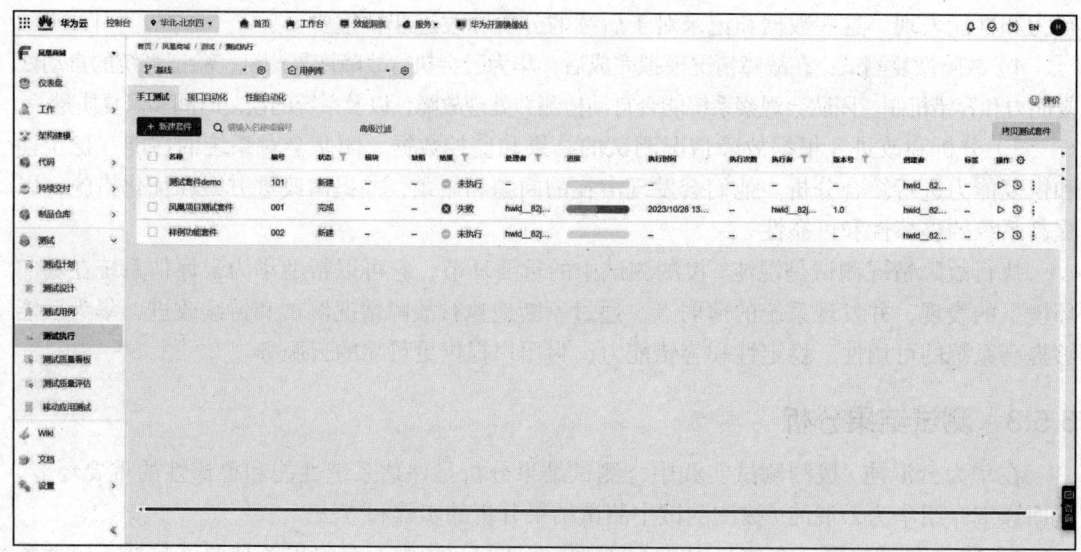

图 6-32　手工测试执行

2）在"手工测试"标签上，单击页面左上方的"新建测试套件"按钮，进入新建页面。在新建页面中，填写测试套件的基本信息（凤凰商场测试套件），然后单击"添加用例"或"立即添加"，如图 6-33 所示。

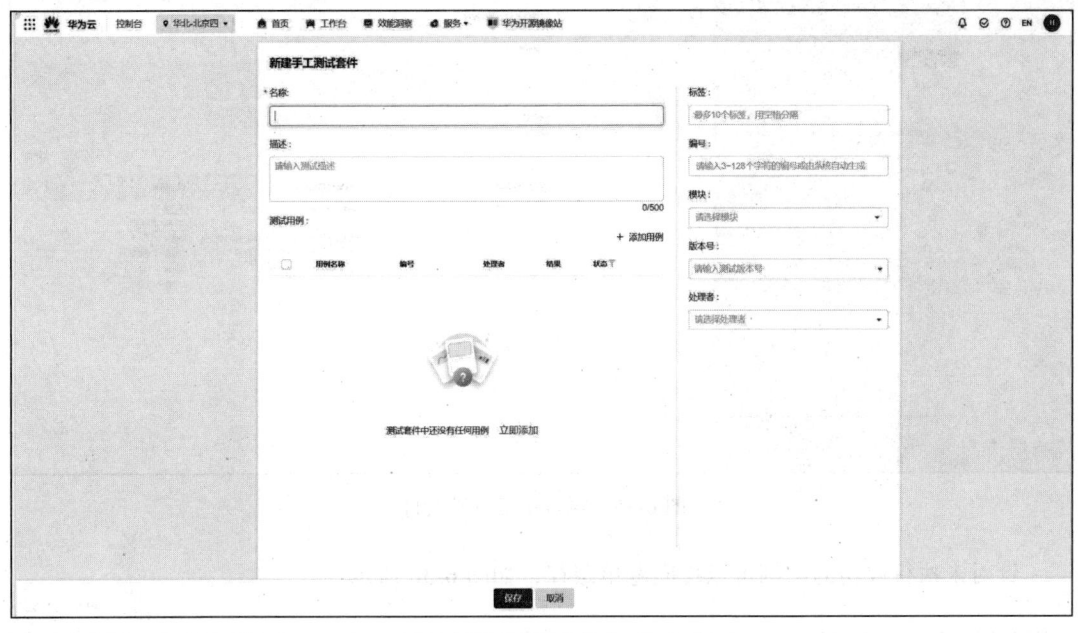

图 6-33　新建手工测试套件

3）勾选待测试的测试用例后，单击"确定"按钮。最后，单击"保存"按钮完成手工测试套件的创建，如图 6-34 所示。

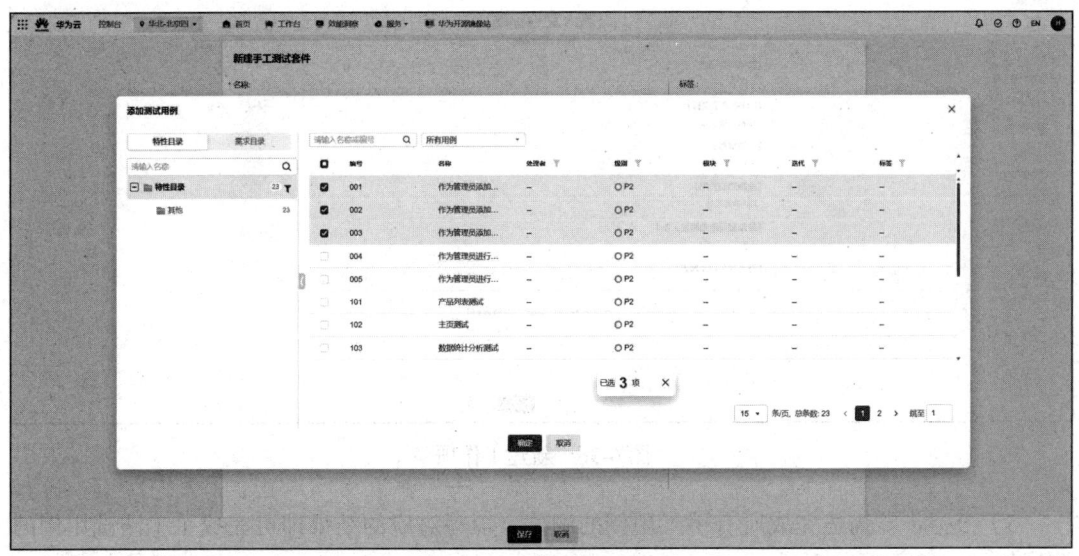

图 6-34　选择测试用例

4）重新进入测试执行页面，并找到未执行的测试套件，并单击其"操作"列中的按钮。

进入执行手工测试套件页面后,设置每个用例的步骤和结果等,如图 6-35 所示。

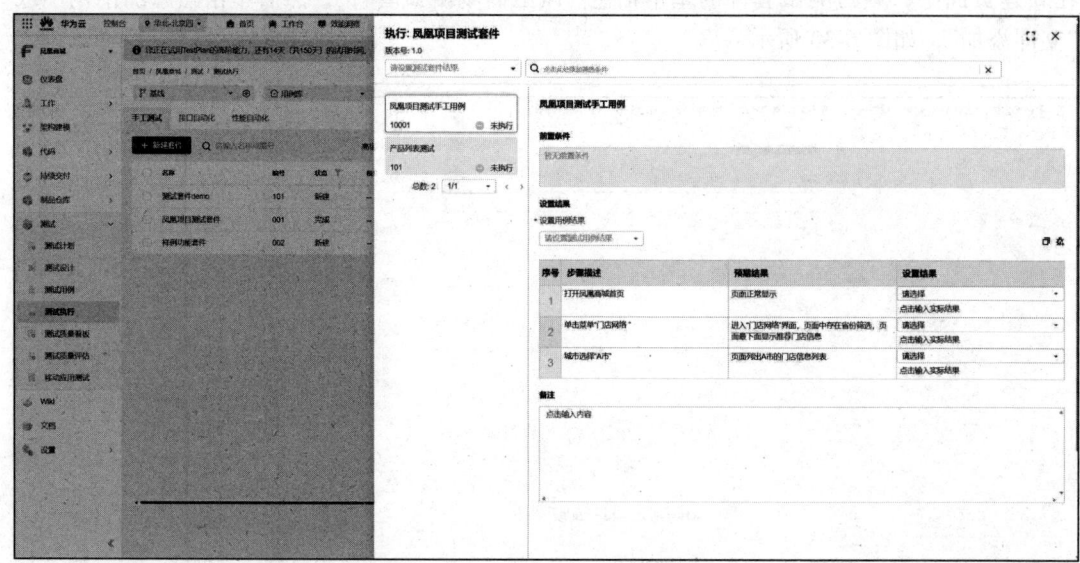

图 6-35 执行手工测试套件

针对未执行成功的用例可以提问题单跟踪,如图 6-36 所示。

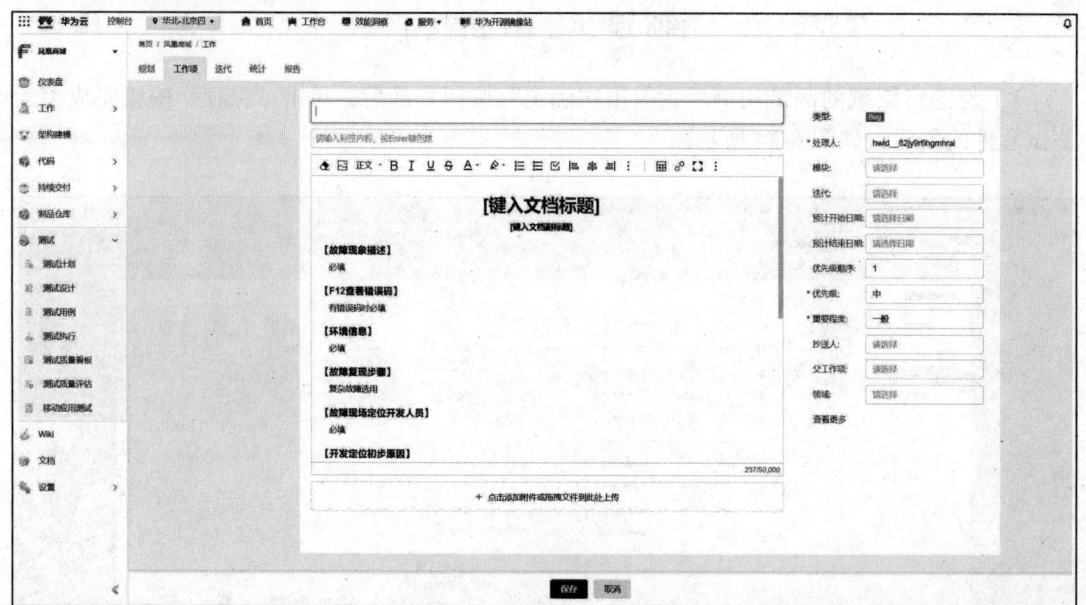

图 6-36 新建工作项

5)根据步骤描述完成所有手工用例的测试,填写对应的结果即可完成手工测试用例的测试执行,如图 6-37 所示。

6)如果一个测试套件下所有测试用例均执行成功,测试执行页面会显示该测试套件执行成功,如图 6-38 所示。

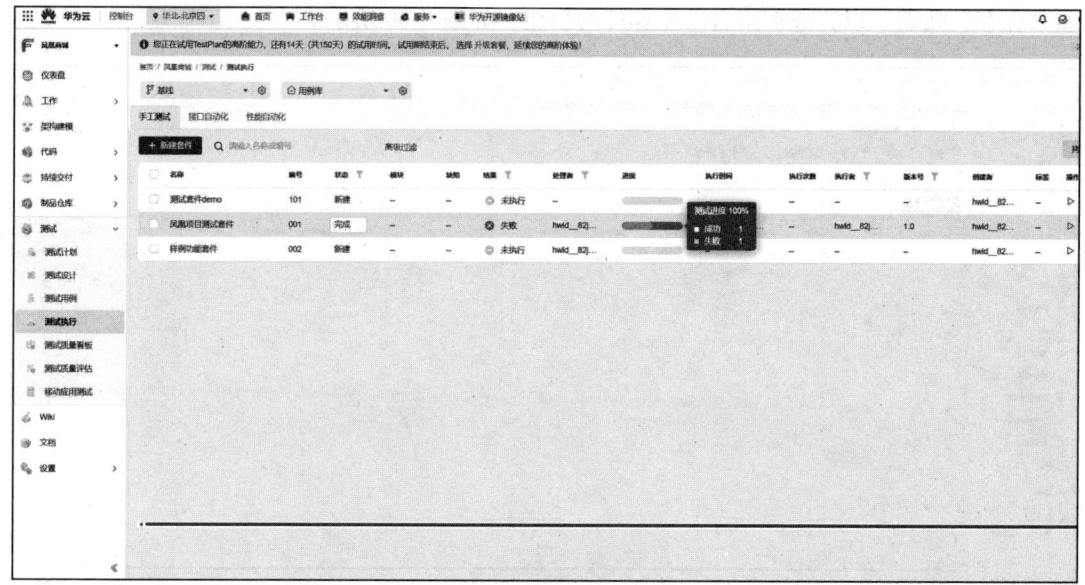

图 6-37 测试进度（1）

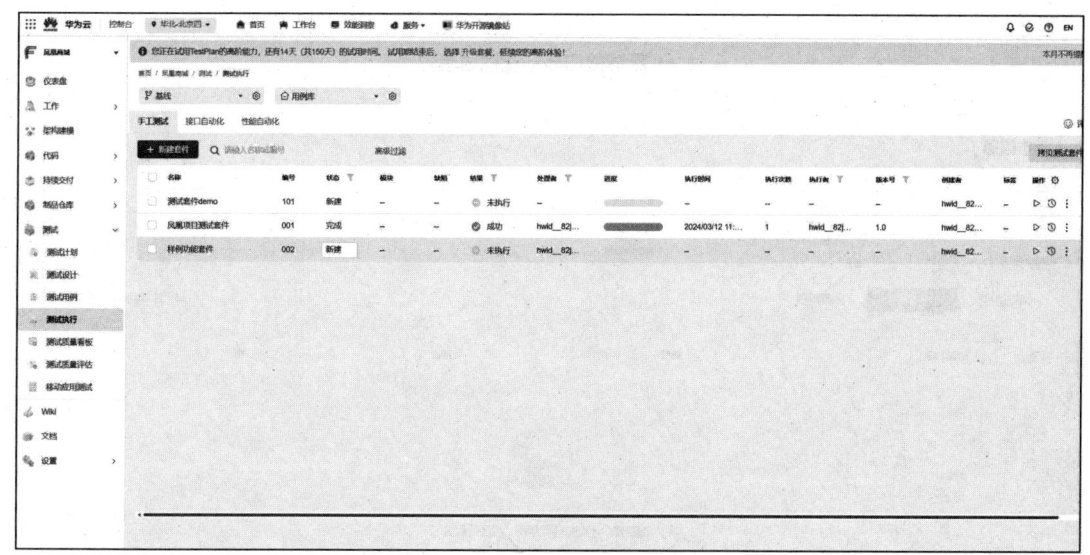

图 6-38 测试进度（2）

6.6.2 接口自动化测试执行

前提条件：具有若干个已经创建的接口自动化测试用例。

1）进入接口自动化测试执行：使用接口自动化测试执行工具时，需要先登录软件开发生产线首页，使用搜索功能找到目标项目，并单击项目名称以进入项目。在导航栏中选择"测试"→"测试执行"。单击"接口自动化"标签，并单击页面左上方的"新建测试套件"按钮，进入新建页面，如图 6-39 所示。

2）新建测试套件：在新建页面中，填写测试套件的名称和其他基本信息，然后单击"添加用例"或"立即添加"按钮，勾选待执行的测试用例。根据需要，完成执行设置，然后单击"保存"按钮,以完成接口自动化套件的创建,如图 6-40 所示。

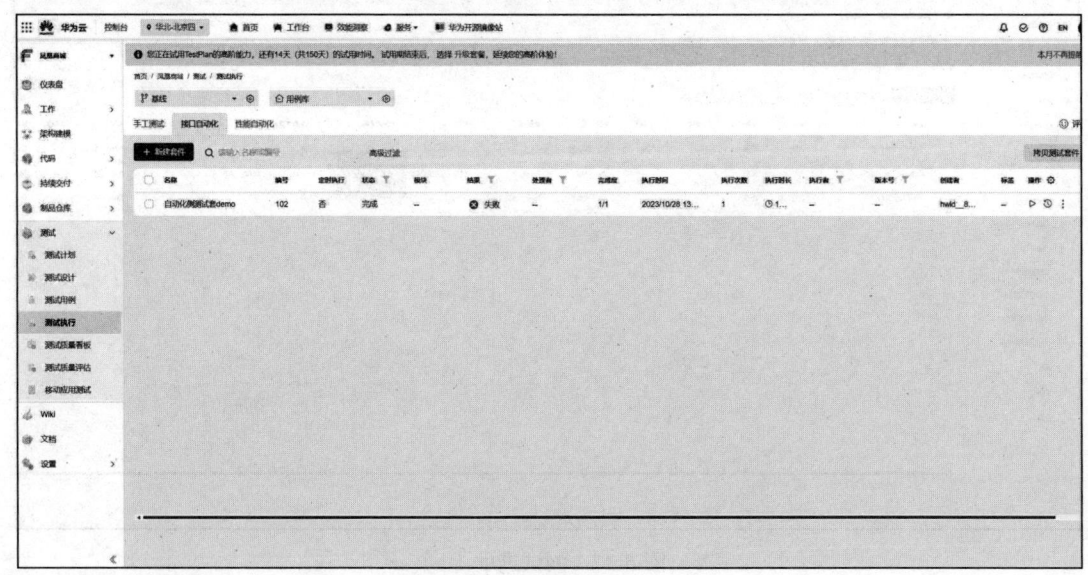

图 6-39 进入接口自动化测试执行

图 6-40 新建接口自动化测试套件

3)执行测试套件:保存上一步创建的测试套件后,会默认跳转回接口自动化测试套件的执行页面,如图 6-41 所示。

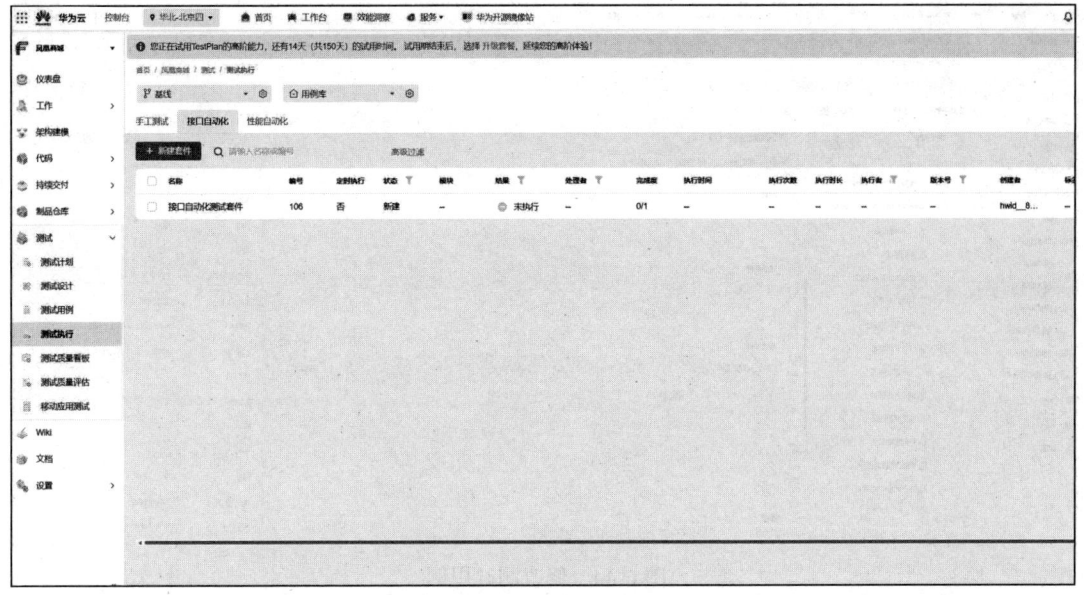

图 6-41 执行测试套件（1）

可以单击"操作"处的"执行"按钮开始执行测试套件，与手工测试套件的执行不同，接口自动化测试套件单击"执行"后会自动执行并给出对应的结果，如图 6-42 所示。

4）执行失败：测试套件执行失败时，单击右侧的"历史"按钮可以查看执行失败的详情，如图 6-43 所示。可以看到失败原因为该用例的内容为空，需要对用例进行调整。

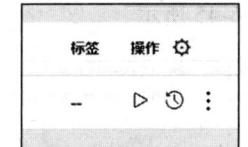

图 6-42 执行测试套件（2）

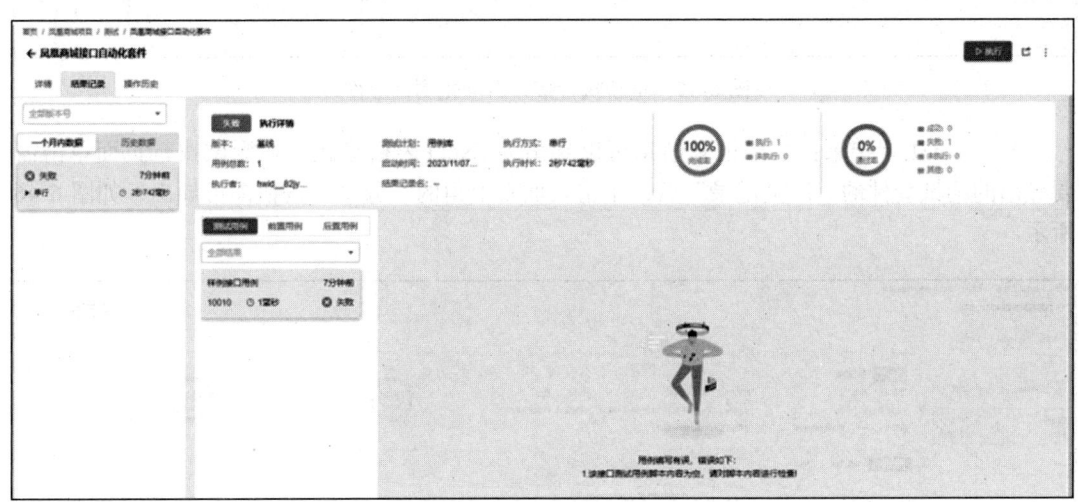

图 6-43 执行失败

5）修改测试用例：测试用例执行失败后，可以发现是用例问题，因此需要修改测试用例并再次执行。修改用例后可以直接在页面右上角单击"运行"对用例进行测试，如图 6-44 所示。

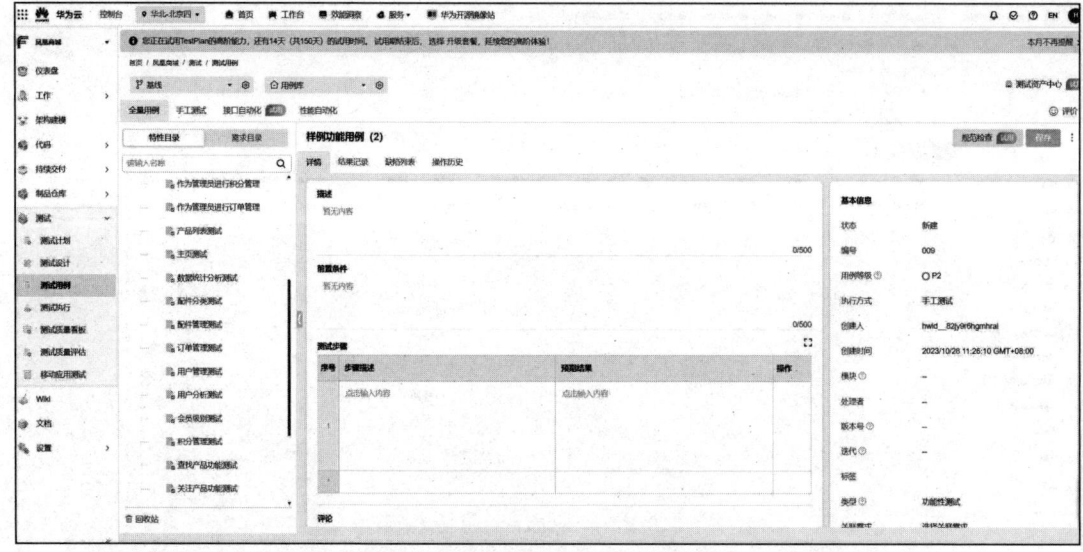

图 6-44 修改测试用例

6）重新执行接口自动化测试套件：重新执行测试套件，可以看到结果为执行成功，如图 6-45 所示。

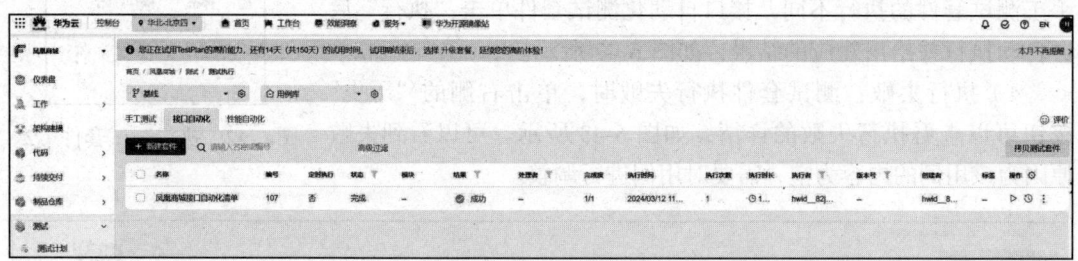

图 6-45 重新执行接口自动化测试套件

7）导出执行结果：结果记录信息可以导出为 Excel 表格形式，在测试执行页面单击需要导出的测试套件的"历史记录"后，单击页面右上角的"分享"按钮即可导出，如图 6-46 所示。

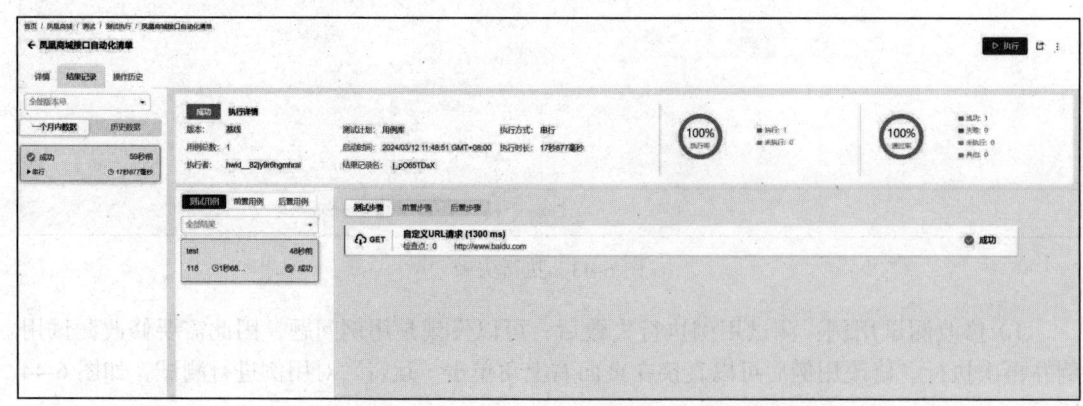

图 6-46 导出执行结果

6.6.3 性能自动化测试执行

1）进入接口自动化测试执行：使用接口自动化测试执行工具时，需要先登录软件开发生产线首页，使用搜索功能找到目标项目，并单击项目名称以进入项目。在导航栏中选择"测试"→"测试执行"，如图 6-47 所示。

图 6-47　进入接口自动化测试执行（性能）

2）新建测试套件：在新建页面中，填写测试套件的名称和其他基本信息，然后单击"添加用例"或"立即添加"按钮，勾选待执行的测试用例。根据需要，完成执行设置，然后单击"保存"按钮，以完成性能自动化测试套件的创建，如图 6-48 所示。

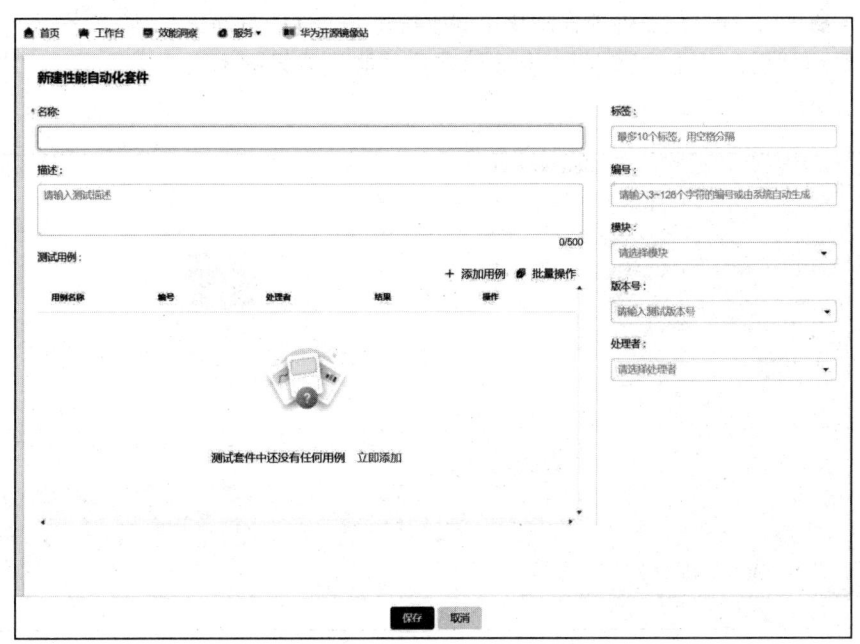

图 6-48　新建性能自动化测试套件

3）执行测试套件：保存上一步创建的测试套件后，会默认跳转回性能自动化测试套件的执行页面，如图6-49所示。

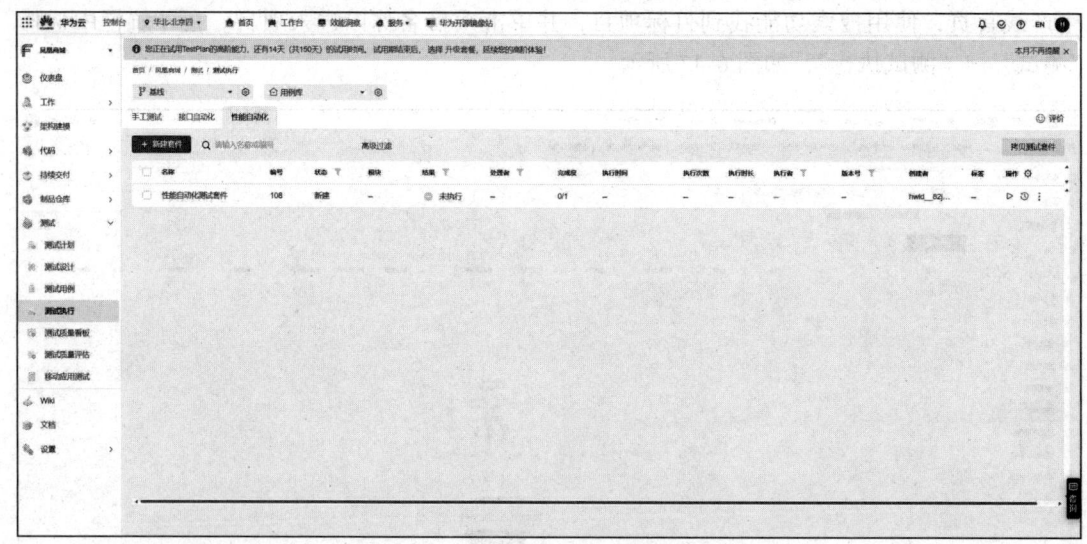

图6-49　执行性能自动化测试套件（1）

可以单击"操作"处的"执行"按钮开始执行测试套件，性能自动化测试套件在单击"执行"后会自动执行并给出相对应的结果，如图6-50所示。

当前，CodeArts TestPlan暂不支持直接编辑、调试、执行性能自动化用例，因此需要进入PerfTest工具完成性能自动化用例的设计、编写和执行。在CodeArts TestPlan的"测试用例"标签内，单击"性能自动化"，选择任意性能自动化用例或新建一个性能自动化用例，查看用例后，单击"脚本"，会显示前往"前往编辑脚本"，如图6-51所示。

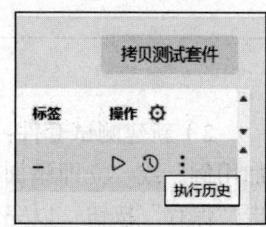

图6-50　执行性能自动化测试套件（2）

图6-51　执行性能自动化测试套件（3）

选择"测试任务",进行测试执行操作,如图 6-52 所示。

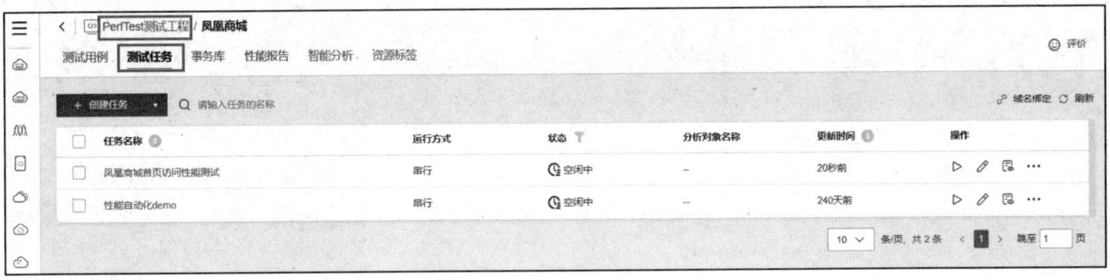

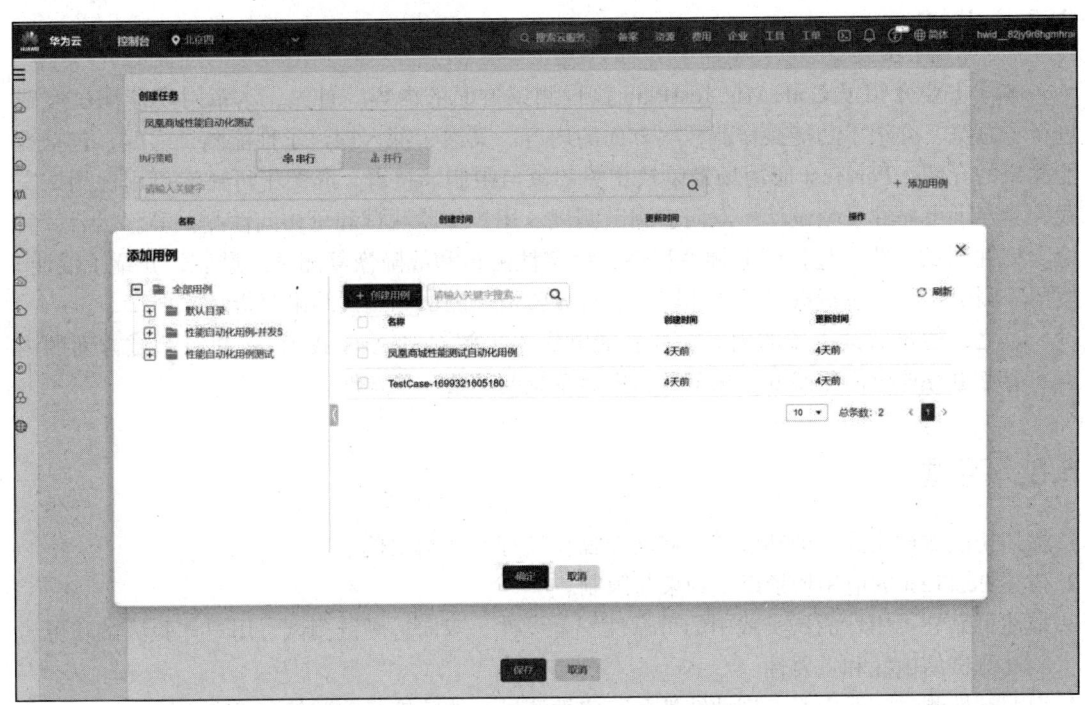

图 6-52　执行性能自动化测试套件(4)

进入测试任务页面,单击"创建任务"按钮,即可开始创建性能自动化任务,填写完任务的名称后,选择页面中的"添加用例"按钮,选择指定的测试用例并添加上去,然后选择保存测试任务,如图 6-53 所示。

图 6-53　执行性能自动化测试套件(5)

保存后会默认回到测试任务页面,在测试任务页面可以单击"操作"中的开始按钮执行测试任务,在开始执行前可以选择共享资源组或者私有资源组进行性能压测,选择好资源组后便可以开始执行测试任务,如图 6-54 所示。

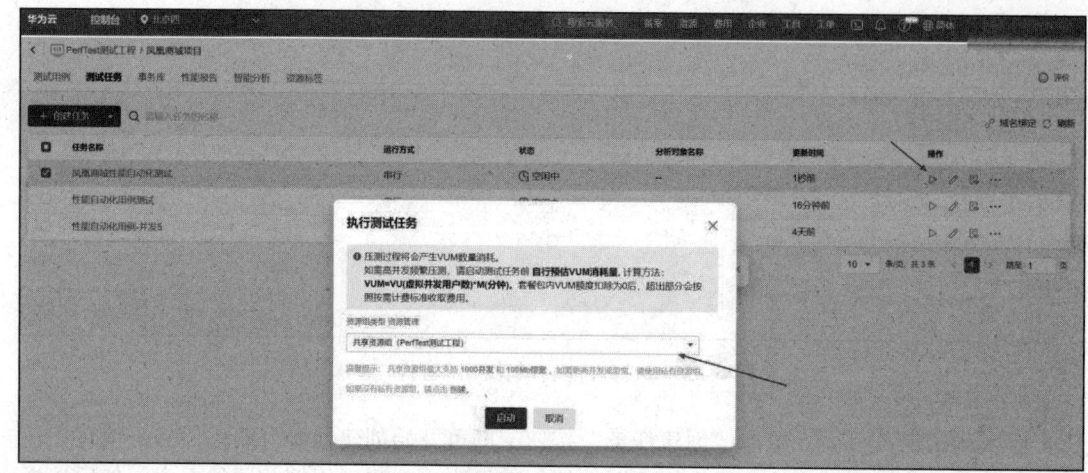

图 6-54　执行性能自动化测试套件（6）

6.7　小结

　　本章主要介绍了 CodeArts TestPlan 执行测试方面的内容。首先，本章对功能测试实践进行了总览，介绍了功能操作流程等方面的内容。其次，深入探讨了性能测试实践，包括性能测试的介绍、PerfTest 应用场景以及相关约束与限制。接着，介绍了可靠性可用性测试实践，涵盖了可靠性安全设计、双向追溯链测试、用户体验测试和可访问性测试等。然后，讨论了韧性测试实践，包括服务韧性特性、稳定性测试和故障恢复测试。最后，介绍了混沌/拨测等测试实践，包括搭建异常环境、执行故障情况测试和测试结果分析。

　　总之，通过阅读本章的内容，读者能够深入了解 CodeArts TestPlan 执行测试方面的内容，能够更好地应用测试方法和工具，提高系统的质量和稳定性。

6.8　习题

1. 描述功能测试实践中的功能总览和功能操作流程，并给出例子。
2. 描述 PerfTest 的应用场景以及约束与限制。
3. 描述可靠性可用性测试实践中的可靠性安全设计、双向追溯链测试、用户体验测试和可访问性测试的内涵和重要性。
4. 说明韧性测试实践中服务韧性特性和稳定性测试、故障恢复测试的意义和方法。
5. 描述混沌/拨测等测试实践中如何搭建异常环境、执行故障情况测试，以及如何进行测试结果分析。
6. 给出一个手工测试执行的案例，说明其执行过程和可能遇到的问题。
7. 描述接口自动化测试执行的过程，以及如何保证其准确性和效率。
8. 说明性能自动化测试执行的过程和目标，以及如何评估测试结果的有效性。
9. 假设你被分配了一项任务，需要在一个新平台上进行功能测试，你会如何进行？请详细描述你的计划。
10. 如果你的团队需要进行一项性能测试，但预算有限，你如何选择合适的工具或方法进行有效的测试？请列出你的考虑因素和决策过程。

第 7 章

测试自动化

本章将深入探讨华为云在自动化测试领域的实践经验，首先从自动化测试概述讲起，为读者构建基础的测试框架，然后介绍自动化测试流程，最后着重介绍自动化测试中的单元测试、接口测试与 UI（用户界面）测试，着重关注测试中需求收集与分析、测试设计和实现过程中的关键方面。在测试设计实践中，本章介绍了华为内部的自动化测试工具，使读者对工具性能和功能有全面了解。在自动化测试实现实践方面，本章介绍了相关操作流程，强调业务应用效果的关键性。

综合而言，本章会为读者提供在自动化测试需求收集与分析、测试设计和实现实践中的深度洞察，从而为产品的质量管理提供有力支持，促使测试效率和质量得以提升。

7.1 自动化测试概述

自动化测试是利用软件工具和脚本来执行测试活动的过程，以替代手动测试。

1. 测试类型

单元测试：针对代码的最小单元进行测试，通常是函数或方法。
集成测试：测试不同单元组合在一起的情况，确保它们能协同工作。
系统测试：针对整个系统进行测试，验证系统是否满足规格和需求。
接口测试：测试不同组件之间的接口，确保它们按照规范通信。

2. 自动化测试的挑战点

初期投入：创建和维护自动化测试脚本需要一定的时间和资源。
不适用所有场景：某些测试场景可能更适合手动测试，特别是对于图形用户界面（GUI）的测试。
持续维护：随着软件的不断更新和变化，自动化测试脚本需要定期维护，确保与软件的变化保持同步。

3. 常见的自动化测试工具

Selenium：用于 Web 应用程序的自动化测试工具。

JUnit 和 TestNG：用于 Java 的单元测试框架。

PyTest：用于 Python 的简单而强大的测试框架。

Appium：用于移动应用程序的自动化测试工具。

Jenkins：用于实现持续集成和自动化部署的工具。

自动化测试是软件开发生命周期中的重要组成部分，它可以在提高效率、降低成本、减少错误等方面为软件开发团队提供巨大的好处。

7.1.1 什么是自动化测试

自动化测试是使用软件工具、脚本和程序来执行测试活动的过程，以替代手动测试。这种测试方式利用自动化工具来执行测试用例、验证预期结果，并比较实际结果，以评估软件系统的性能、功能和稳定性。自动化测试的目的是提高测试效率、减少人为错误、加速发布周期，并确保软件产品的质量和稳定性。

在自动化测试的实施中，我们需要首先利用各种软件工具和框架来编写、执行和管理测试用例，这就是自动化工具的使用。其次，我们需要编写脚本，这些脚本将指导自动化工具执行测试操作，通常以编程语言的形式呈现。再次，通过自动化工具执行一系列预定义的测试用例，这些用例旨在全面覆盖软件系统的各个方面，确保软件系统在各个层面都能正常运行。从次，自动化测试会验证实际输出与预期输出是否一致，通过比较结果来检测潜在问题，并生成报告以便进行结果分析。最后，为了确保软件开发的持续集成和持续交付过程的顺利进行，自动化测试被紧密结合在持续集成和持续交付流程中，以确保代码更频繁、更可靠地集成和部署。这样的一套流程有助于提高测试效率、确保质量，并使软件开发过程更加可控。

总体来说，自动化测试可以应用于多个测试阶段，包括单元测试、集成测试、接口测试、系统测试和性能测试等。它有助于提高测试覆盖率、缩短测试时间，并增强软件产品的稳定性和质量。

7.1.2 自动化测试的优势和局限性

自动化测试具有许多优势，同时也存在一些局限性。

1. 优势

1）效率提升：自动化测试可以在较短的时间内执行大量测试用例，比手动测试更快捷，其对效率的提升在大型项目中更为明显。

2）可重复性：自动化测试用例可以随时重复执行，确保每次测试的一致性，从而更容易检测和修复问题。

3）更早地发现缺陷：自动化测试可以在开发过程的早期阶段发现潜在的问题，有助于尽早解决缺陷，从而降低修复成本。

4）持续集成支持：自动化测试与持续集成工具结合，有利于实现更频繁、更可靠的集成和部署流程。

5）全天候运行：自动化测试可以在非工作时间运行，提高测试覆盖率，手动测试则受限于人力资源的可用性。

6）大规模并发测试：自动化测试可以轻松实现大规模并发测试，模拟多用户同时访问系统的情况。

2. 局限性

1）不适用于所有场景：在一些测试场景中，尤其是涉及用户体验和图形用户界面的测试场景中，手动测试更适合。

2）初期投入较大：创建和维护自动化测试脚本需要投入一定的时间和资源，特别是在项目初期。

3）持续维护成本：随着应用程序的不断演进，自动化测试脚本需要定期维护以适应代码的变化，否则可能会变得过时。

4）学习曲线：使用自动化测试工具需要一定的技能和培训，可能需要团队成员学习新的编程语言或工具。

5）无法完全取代人工：自动化测试虽然能检测到一些明显的问题，但它不能完全替代人的判断能力，有时候可能会错过一些复杂的问题。

6）初始设置困难：在一些情况下，为了使自动化测试能够有效工作，需要设置和配置一些复杂的环境和工具。

7.1.3 自动化测试的分类方式

自动化测试可以按照多个维度分类，例如按照层级、执行方式、涉及技术、覆盖范围、工具和框架分类。

1. 按层级分类

1）单元测试：针对代码中最小的可测试单元进行测试。

2）集成测试：验证组件之间的交互和集成。

3）系统测试：对整个系统进行测试，确保符合规范和需求。

4）验收测试：确认系统是否满足最终用户的需求。

2. 按执行方式分类

1）脚本驱动测试：使用脚本或代码驱动测试执行。

2）关键字驱动测试：使用关键字和数据驱动测试执行。

3. 按涉及技术分类

1）UI 测试：测试 UI 的功能和用户体验。

2）API 测试：测试 API，验证其功能和性能。

3）性能测试：评估系统性能和稳定性。

4）安全测试：检查系统安全漏洞和风险。

4. 按覆盖范围分类

1）回归测试：确保新更改没有破坏现有功能。

2）功能测试：验证系统功能符合规范。

3）兼容性测试：测试系统在不同环境中的兼容性。

4）随机测试：使用随机数据测试系统。

5. 按工具和框架分类

1）开源工具：例如 Selenium、Appium、JUnit 等。

2）商业工具：包括 HPE Unified Functional Testing（UFT）、Micro Focus LoadRunner 等。

3）自定义框架：公司内部根据特定需求开发的测试框架。

我们主要关注单元测试、接口测试和 UI 测试。若是根据测试的层级来划分，单元测试专注于验证代码中最小的可测试单元，通常是函数或方法，以确保每个单元都能正常工作。接口测试位于更高的层级，它关注组件之间的交互和数据传递，以确保不同组件之间能够协同工作。UI 测试则位于系统测试层级，它验证整个系统的 UI 和用户体验，以确保用户可以按照预期使用系统。

如果按照测试的执行方式分类，单元测试通常是脚本驱动的，测试人员编写测试脚本，然后执行这些脚本来验证代码的正确性。接口测试可以是脚本驱动的，也可以是关键字驱动的，具体取决于测试团队的偏好和项目需求。UI 测试通常也是脚本驱动的，使用自动化工具来模拟用户与界面的交互，以验证系统的行为。

我们也可以根据涉及技术来分类。单元测试主要集中在代码级别，通过直接调用函数或方法来验证代码的行为。接口测试则集中在验证应用程序接口的功能和性能方面，通常通过发送请求和检查响应来实现。UI 测试关注用户界面和用户体验，通过模拟用户的实际操作来验证系统的行为。

7.2 自动化测试流程和注意事项

自动化测试流程是一个包含多个步骤和阶段的复杂过程。本节将详细讲述自动化测试的流程以及各阶段的注意事项。

7.2.1 自动化测试的具体流程

自动化测试的具体流程如下。

1. 需求分析和计划

1）确定哪些测试可以自动化，考虑项目的规模、复杂性和长期维护成本。

2）制订自动化测试计划，包括测试的范围、目标、资源需求、时间表等。

2. 选择合适的自动化工具

1）根据项目需求和技术栈选择合适的自动化工具，例如 Selenium、Appium、JUnit、TestNG 等。

2）考虑工具的兼容性、支持的应用类型（Web、移动应用、桌面应用等）以及易用性。

3. 编写测试用例

1）根据需求规格和功能规格书编写自动化测试用例。

2）确保测试用例是可重复执行的，具有明确的预期结果。

4. 设计和实现测试脚本

1）使用选定的自动化工具编写测试脚本，将测试用例转化为可执行的自动化测试。

2）确保测试脚本具有良好的结构、可维护性和可扩展性。

5. 配置测试环境

1）设置自动化测试所需的测试环境，包括测试服务器、数据库、应用程序版本等。

2）确保环境配置的一致性，以避免测试中的不确定性因素。

6. 执行自动化测试

1）运行自动化测试脚本，收集测试执行结果。

2）监控测试执行过程，处理可能出现的错误和异常。

7. 生成测试报告

1）生成详细的测试报告，包括测试覆盖率、通过的测试用例、失败的测试用例等信息。

2）报告应具有足够的信息，以便开发人员能够快速定位和修复问题。

8. 分析测试结果

1）分析测试结果，识别和定位缺陷。

2）可以与开发团队协作，提供详细的错误报告和日志，以便更快地解决问题。

9. 维护和更新测试脚本

1）定期审查和更新测试脚本，以适应应用程序的变化。

2）添加新的测试用例，确保测试覆盖面不断扩大。

10. 集成到持续集成/持续交付流程

1）将自动化测试集成到持续集成/持续交付流程中，确保每次代码变更都能自动执行相关测试。

2）自动触发测试并将测试结果反馈给开发团队。

自动化测试在某特定场景下的参考流程如图 7-1 所示。

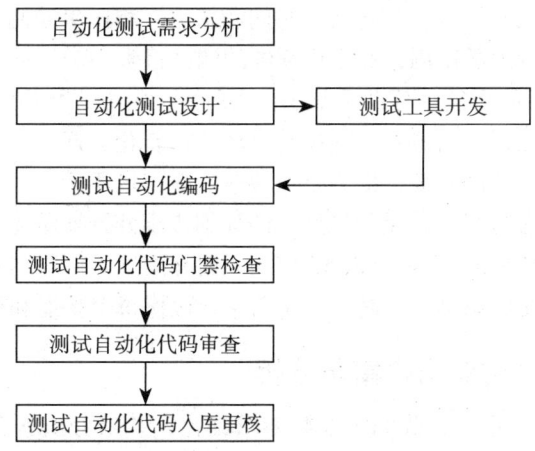

图 7-1 自动化测试在某特定场景下的参考流程

7.2.2 自动化测试流程中的注意事项

自动化测试在软件开发生命周期中扮演关键角色，但实施时需要谨慎对待。首要任务是确切地定义测试目标，应避免试图一次性覆盖所有测试用例，而是按优先级逐步构建自动化测试套件。选择适宜的工具至关重要，因项目而异，可能需要 UI、API 或性能测试工具。良好设计的测试用例是自动化的基础，详尽的步骤和场景覆盖至关重要。易于维护的脚本同样至关重要，通过清晰的代码结构和注释确保团队能轻松理解和维护脚本。测试数据的有效管理也是必要的，包括创建、维护和清理数据，以确保一致性和可用性。稳定的测试环境是前提，在操作系统、浏览器、数据库等发生变更时要相应更新测试脚本。错误处理和日志记录是保证脚本稳健性的关键，多线程和性能测试也应考虑在内，以确保自动化测试在并发环境下的有效性。集成到持续集成和持续交付流程可实现快速反馈和自动化运行。定期审查和改进测试套件，持续保证自动化测试的有效性。紧密沟通与合作、管理风险和明晰自动化不适用的场景，同样至关重要。

综上所述，这些关注点构成了自动化测试流程中的关键元素，确保其顺利进行，并提供准确可靠的测试结果。

7.3　自动化单元测试

自动化单元测试是软件开发中的一项重要实践，旨在验证代码的正确性和稳定性。它通过编写测试代码来模拟和执行对软件中最小的可测试单元（通常是函数或方法）的测试。

自动化单元测试的首要目标是确保代码的正确性，通过编写测试用例，开发人员或测试人员可以验证代码是否按照预期工作。测试用例包括输入数据、预期输出和执行路径。通过执行这些测试用例，可以检测代码中的错误和异常行为。这有助于提前发现和修复问题，减少后期的调试和维护工作。自动化单元测试还可以提高代码的稳定性。在开发过程中，当修改代码时，自动化单元测试可以帮助开发人员快速检测到潜在的问题。如果修改代码导致测试用例失败，开发人员可以立即定位和修复问题，在修改代码后重新运行测试用例，以确保修改不会破坏原有的功能。此外，自动化单元测试还可以提高开发效率。通过自动化执行测试用例，开发人员与测试人员可以节省大量时间和精力。相比手动测试，自动化单元测试可以快速、准确地执行大量测试用例，并生成详细的测试报告。

华为云 CodeArts Snap 智能编程助手基于盘古研发大模型，拥有"全场景代码智能生成"能力，致力于打造现代化开发新范式，通过将自然语言转化为规范可阅读、无开源漏洞的编程语言，提升开发人员的编码效率，助力企业快速响应市场不确定性。传统单元测试需要开发人员或测试人员手动编写每个单元测试用例的详细步骤和预期结果，在有限的迭代周期内保证代码测试覆盖率较为困难，而 CodeArts Snap 拥有测试用例脚本自动化生成能力，可以根据代码自动创建单元测试用例，提高测试覆盖率，确保每个功能和场景都被测试到。

7.3.1　自动化单元测试需求收集与分析

在需求收集与分析过程中，我们需要将需求细化，并划分出适合进行自动化测试的需求。通常，我们选择简单、重复性高、业务复杂度低的需求作为自动化测试的对象，这样可以更快地实现一个版本，并建立起推进自动化的信心。相反，如果我们选择了业务复杂度高的需求进行自动化测试，那么将会花费大量时间在脚本制作上，并且需要处理各种异常情况。这样做会严重打击我们推进自动化测试的积极性和信心，最终可能会违背做自动化测试的初衷。因此，在测试需求分析阶段，确定测试覆盖率以及自动化测试粒度、筛选测试用例等都是重点工作。

需要注意的是，自动化测试一般不能也不需要做到百分百覆盖，我们应该根据项目的实际情况和资源限制来确定自动化测试的范围和目标。在实施自动化测试时，我们应该注重测试的质量和效率，为了确保测试的全面性和有效性，我们需要根据需求的复杂度和重要性来确定测试覆盖率。我们还需要考虑自动化测试的粒度，即确定哪些功能需要进行自动化测试，哪些功能可以通过手动测试来覆盖。这样可以避免不必要的工作量和时间浪费。在确定自动化测试的需求时，我们还需要筛选测试用例。这意味着我们需要根据需求的复杂度和重要性来选择合适的测试用例进行自动化测试。通过合理的筛选，我们可以确保自动化测试的效果和效率。总之，在自动化单元测试需求分析阶段，我们需要对系统的功能需求进行再次梳理，并划分出适合进行自动化测试的需求。同时，我们还需要完成确定测试覆盖率和自动化测试粒度、筛选测试用例等关键工作，以确保测试工作的高效性和有效性。

7.3.2 自动化单元测试设计

自动化单元测试设计的主要目标是创建一个可重复的测试用例集，这些测试用例可以在不同的环境中执行，并且能够检测出代码中的错误和缺陷。为了实现这个目标，测试设计人员需要考虑以下关键因素：

1）测试用例的覆盖率：测试设计人员需要确定测试用例覆盖的代码范围，以确保测试用例能够涵盖所有代码路径。这可以通过分析代码的控制流和数据流来实现。

2）测试用例的可重复性：测试设计人员需要确保测试用例能够在不同的环境中重复执行，并且能够产生相同的结果。这可以通过使用参数化测试、测试数据集和测试环境的隔离来实现。

3）测试用例的可维护性：测试设计人员需要确保测试用例的设计是清晰的，易于理解和修改的。这可以通过使用自然语言、简洁的代码和易于阅读的测试数据来实现。

4）测试用例的可扩展性：测试设计人员需要确保测试用例能够随着软件的发展而扩展。这可以通过使用模块化测试、测试代码的重用和测试框架的灵活性来实现。

5）测试用例的自动化：测试设计人员需要确保测试用例能够自动化执行，并且能够快速地反馈测试结果。这可以通过使用自动化测试工具、测试框架和集成测试环境来实现。

通过 CodeArts Snap 测试用例脚本自动化生成能力，在相同的时间内可以获得更高的自动化生成用例脚本效率，测试人员可以将重心放在场景和功能的覆盖检验工作上，且由于自动化生成的脚本具有注释，因此测试用例易于被其他开发人员或测试人员理解和修改，易于维护。

7.3.3 自动化单元测试实现

1. CodeArts Snap UT 生成操作步骤

当前 CodeArts Snap 支持的 IDE 有 PyCharm、IntelliJ IDEA 以及 VSCode，支持的编程语言有 Python、Java、C、C++。首先需要前往 IDE 官网下载并安装用于编程的 IDE 工具，接着参考华为云官网提供的方式安装 Huawei Cloud CodeArts Snap 插件，安装后根据提示重启 IDE。

开启 CodeArts Snap 插件后，没有 UT 的函数会被高亮显示。鼠标移动到函数名上，单击生成即可，如图 7-2 所示。

插件会自动生成 UT 文件和 UT 代码，"All"表示全部勾选，"None"表示全部不勾选，"Invert"表示反选。在如图 7-3 所示的页面中，选择需要做单元测试的函数，单击"确定"，然后插件会开始运行。

图 7-2 开启 CodeArts Snap 插件

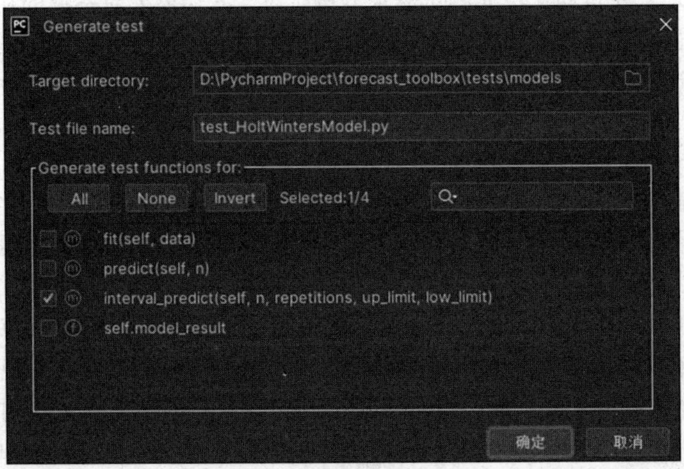

图 7-3 插件自动运行

2. 业务应用效果

对比业界其他工具，在使用更少的训练数据和计算资源的情况下，华为云 CodeArts Snap 所采用模型的代码生成一次通过率大幅超越同等规模的模型，甚至可以大幅超越参数量规模更大的模型。华为云 CodeArts Snap 所采用的模型在保障了较强泛化性能的同时，也大幅降低了研发团队开发成本，缩短了产品研发周期，为快速部署应用带来更多的可能。

CodeArts Snap 所采用的模型（PanGu-Coder）在 OpenAI Codex 发布的 Python 程序生成评测数据集 HumanEval 上的一次通过率以及十次通过率见表 7-1，其在谷歌发布的 MBPP 上的一次通过率以及十次通过率见表 7-2。

表 7-1 PanGu-Coder 在 HumanEval 上的一次通过率以及十次通过率

模型	规模	数据（GB）	训练标记	HumanEval 通过率（%）	
				一次	十次
Codex	300 M	729	400 B	13.17	20.37
AlphaCode	302 M	715	—	11.60	18.80
CodeGen Multi	350 M	1 595	250 B	6.67	10.61
CodeGen Mono	350 M	1 812	325 B	12.76	23.11
PanGu-Coder	317 M	147	211 B	17.07	24.05
Codex	679 M	729	400 B	16.22	25.70
AlphaCode	685 M	715	—	14.20	24.40
AlphaCode	1.1 B	715	—	17.10	28.20
GPT-Neo	1.3 B	825	380 B	4.79	7.47
Codex	2.5 B	729	400 B	21.36	35.42
PanGu-Coder	2.6 B	147	387 B	23.78	35.36

（续）

模型	规模	数据（GB）	训练标记	HumanEval 通过率（%）	
				一次	十次
CodeGen Multi	2.7 B	1 595	500 B	14.51	24.67
CodeGen Mono	2.7 B	1 812	650 B	23.70	36.64
GPT-Neo	2.7 B	825	420 B	6.41	11.27
GPT-J	6 B	825	402 B	11.62	15.74
CodeGen Multi	6.1 B	1 595	1 T	18.20	28.70
CodeGen Mono	6.1 B	1 812	1.3 T	26.13	42.29
InCoder	6.7 B	216	52 B	15.20	27.80

注：M 为百万，B 为 10 亿，T 为 1 万亿。

表 7-2　PanGu-Coder 在 MBPP 上的一次通过率以及十次通过率

模型	规模	数据（GB）	训练标记	MBPP 通过率（%）	
				一次	十次
InCoder	6.7 B	216	52 B	19.40	—
PanGu-Coder	317 M	147	211 B	16.20	34.39
	2.6 B	147	387 B	23.00	43.60

注：M 为百万，B 为 10 亿。

7.4　自动化接口测试

　　自动化接口测试是一种通过编写脚本和使用工具来自动执行接口测试的方法。它可以帮助测试人员更快速、更准确地发现接口的问题，提高测试效率和质量。自动化接口测试可以通过模拟用户操作，自动发送请求并接收响应，然后对响应数据进行分析，检查是否符合设计要求。它还可以通过比较预期结果和实际结果，检测接口的正确性和可靠性。接口测试的自动化可以减少测试人员的重复性工作，提高测试覆盖率和准确性，降低测试成本和缩短测试时间。

　　CodeArts TestPlan 为用户提供了自动化接口测试工具，有传统工具（详见第 6 章实践内容），也有随着技术发展演进出的新工具。华为云 ATGen（APITestGenerator）是一种基于上下文感知（Context-aware）的 API 场景级零代码自主测试生成服务，旨在帮助开发人员和测试人员自动设计、生成、执行和判定应用的 API 场景级测试，无须编写任何代码。这项创新的测试生成服务提供了一个全自动化的接口测试解决方案，大大提高了测试效率和质量。

　　通过 ATGen，用户可以根据自身对应用的理解和需求，定义 API 场景，而无须编写冗长复杂的测试代码，节约了大量时间和精力。在整个设计和生成过程中，用户无须进行烦琐的手动操作，ATGen 会自动分析应用的 API 使用情况，并生成相应的测试用例，覆盖不同的 API 场景。ATGen 的全自动化特性使得测试流程更加高效和可靠。它能够快速生成多样化测试用例，覆盖各种 API 场景，从而更全面地验证应用的功能和性能。同时，ATGen 还支持持续集成和持续交付流程，可以与其他开发和测试工具集成，进一步提高软件交付的质量和效率。因此，华为云 ATGen 具有广泛的业务价值和应用前景。

　　1）快速构建接口和功能质量防护网。新成立的产品服务团队，或无专职测试人员的全功能团队，可利用 ATGen 实现少人参与或无人参与的零代码全自动接口全场景级测试，快速构建起接口级和功能场景级测试基础质量防护网。

2）低成本、高覆盖。有专职测试人员、测试专家、成熟度较高的测试团队，利用 ATGen 可以极大提升测试设计效率，低成本实现更高的测试场景覆盖率和缺陷拦截率。

3）加固流水线质量门禁。测试团队可将 ATGen 与现有流水线集成，加固现有冒烟测试门禁，进一步拦截业务逻辑深度缺陷。

4）实现面向接口的全场景全属性测试无码化。可以在 API 正常场景测试基础上实现异常场景（可靠性测试）和并发场景（性能压力模型）的全自动化生成，完全替代现有接口模糊（Fuzz）测试，实现面向接口的全场景全属性测试无代码化。

7.4.1 自动化接口测试需求收集与分析

在传统的自动化接口测试需求收集过程中，用户需要手动编写和修改 API 文档，并且在解析和使用数据时需要花费大量时间和精力。华为云 ATGen 接口测试服务可以自动化完成测试需求收集，用户只需要上传符合 OpenAPI（Swagger）2.0/3.0 规范的 YAML 格式文件，并进行需求信息的修改，计算机会自主解析文档和数据。这一自动化需求收集的过程，为用户提供了简化和高效的方式，使他们能够快速并准确地收集、修改和解析 API 文档和数据。

首先，用户可以从本地选择需要上传的 YAML 文件。上传完成后，用户可以修改需求信息。这意味着用户可以根据实际需求，自定义和优化 API 文档，以确保文档的准确性和完整性。一旦用户完成了对需求信息的修改，接下来的步骤就是由计算机来自主解析文档和数据。ATGen 系统将对上传的 API 文档进行解析，并将其转化为可读的数据结构，以方便后续的操作和使用。这样，开发人员可以通过自动化工具从解析后的文档中提取出 API 相关信息，例如路径、方法、参数、响应等，并做进一步处理和分析。

通过自动化解析和数据提取，开发人员可以节省大量时间和精力，并且减少了手动操作所带来的错误和风险。他们可以更加专注于业务逻辑和功能实现，而不需要过多地关注文档解析和数据提取的细节。

在传统的接口测试需求分析过程中，测试人员需要手动执行测试用例、跟踪依赖关系并记录结果。这种过程通常耗时且容易出错。通过华为云自动化需求分析解决方案，计算机自主解析 API 文档和数据，生成 ODG（Operation Dependency Graph，操作依赖图），其中包含了 API 场景级操作的依赖关系和执行顺序，通过计算机自主探索和遍历该图来执行测试。

首先，计算机会自动解析 API 文档和数据，将其转化为可读的数据结构，然后根据 API 之间的依赖关系，生成 ODG。ODG 可以帮助测试人员更好地了解 API 操作之间的依赖关系和执行顺序。接下来，测试人员只需对 ODG 进行适量的修订。这可能包括添加、删除或修改依赖关系，以确保测试场景的完整性和准确性。修订完成后，计算机将根据修订后的 ODG，自主探索和遍历图中的操作，执行相应的 API 测试。在执行测试过程中，计算机会同步并行地执行多个 API 操作，并根据预定义的测试结果判定条件进行结果的判定。一旦测试完成，计算机将生成测试报告，其中包含了每个 API 操作的执行结果和输出信息。值得注意的是，计算机还能够对成功和失败的结果进行分层聚类。这意味着计算机会将相似的结果归并到一个类别中，使得测试人员可以按照类别批量确认结果，从而进一步提高工作效率。

以上接口测试需求分析方法大大减少了测试人员的工作量和错误率，简化了测试人员的工作，加速了测试的执行与验证，并提供了更高效、更准确和更可靠的测试结果。

7.4.2 自动化接口测试设计

传统的测试设计和执行交互模式，需要人工理解设计文档、编排测试方案、搭建测试自动化框架、开发测试自动化代码，这要求参与者熟知产品或服务业务、接口文档，熟练掌握测试技术、测试自动化框架、测试自动化代码编写。如今，在自主设计、自主生成、自主执行、自主判定的智能算法加持下，API 场景级测试的人机交互模式已发生了巨大的转变。

在智能算法的支持下，ATGen 人机交互模式在测试过程中带来了许多便利。计算机可以自主解析设计文档和数据，然后根据其理解生成 API 的场景级 ODG。测试人员只需进行适量的修订，计算机就能够自主地探索和遍历 ODG 来执行测试操作。同时，计算机还能够同步完成测试结果判定和报告生成工作。测试人员只需按类批量确认结果，工作负担大大减轻。这样，测试人员可以更专注于对测试方案的修订和优化，以及对异常情况的处理。同时，计算机的快速执行和自动化生成报告的功能，提高了测试过程的效率和准确性。总而言之，ATGen 人机交互模式在智能算法的加持下，在测试过程中实现了计算机的自主化和自动化，极大地降低了测试人员的工作量和复杂度，提供了更高效、更准确的测试方式，促进了测试流程的优化和加速。

在人机交互模式中，ATGen 系统基于正向 API 接口定义文档，通过自动挖掘 API 测试上下文 ODG，实现自主生成 API 测试序列的功能。ATGen 系统通过探索和遍历 ODG，自动构造并下发 API 测试请求，自动化地分析其中的依赖关系，以反映 API 之间的关联性，并对 API 测试的响应结果进行判定，并通过判定响应结果来验证 API 的正确性和可用性。同时，ATGen 系统还具备动态修正 ODG 的能力。在测试过程中，ATGen 系统会根据实际情况对 ODG 进行调整和优化，以提高下一轮生成测试序列的准确性和效率。这种动态修正的机制确保了 ATGen 系统在不断学习和改进中的稳定性和性能。华为云的 ATGen 系统利用智能算法和自动化技术，提供了高效、准确的 API 测试序列生成能力。它不仅简化了测试人员的工作，还能够提高测试的覆盖率和效率。通过不断优化和修正 ODG，ATGen 系统能够自主学习和适应不同的测试场景，从而更好地支持 API 测试的需求。

华为云 ATGen 具有以下六大关键特性：

1）支持基于 REST API 定义 YAML 文档无代码化全自动智能测试生成：ATGen 系统可以根据 REST API 定义的 YAML 文档自动进行测试用例的生成，无须手动编写代码，从而实现全自动化的测试生成过程。

2）感知 REST API 调用上下文：ATGen 系统解析接口定义的 YAML 文档，能够自动挖掘出 API 之间的上下文传参依赖关系，包括出参与入参的依赖关系以及 CRUD（增删改查）操作的依赖关系。这些依赖关系被用来生成接口 ODG，用于指导测试序列的生成和执行。

3）自主探索遍历和修正 ODG：ATGen 系统可以自主探索和遍历生成的 ODG，进而批量生成测试序列，并自动下发执行。ATGen 系统会根据测试结果的反馈动态修正 ODG，以进一步优化测试序列的生成过程，提高测试的准确性和效率。

4）13 种接口测试数据生成方法：ATGen 系统提供了多种接口测试数据生成方法，包括接口上下文自动传参、复用字典取值、enum 值、example 值、example 变异值、边界值、中间值、随机值等 13 种方法。这些方法可以用于生成测试数据，提升测试覆盖的多样性和全面性。

5）自动挖掘并生成测试判定点：ATGen 系统可以基于接口定义和状态码自动挖掘并生

成显性的测试判定点。这些判定点用于验证接口的正确性和可用性,帮助测试人员更快速地发现潜在的问题和缺陷。

6)测试结果聚类和批量高效确认:ATGen 系统支持将测试结果按照业务返回码、相似子序列和参数生成类型进行层级聚类,方便测试人员按照类别批量确认失败的测试结果,并实现一键提问题单的操作。这样可以提高测试结果的确认效率,加快缺陷修复和反馈过程。

这些关键特性使得华为云 ATGen 成为一个强大而智能的 API 测试生成工具,能够提供高效、准确的测试序列生成和执行,帮助开发团队和测试团队提升测试效率和质量。

7.4.3 自动化接口测试实现

1. ATGen 操作流程

(1)新建、编辑、执行测试任务

首先,进入测试计划服务,并单击导航栏中的"测试"→"测试用例"。接下来,在"接口自动化"标签中,单击页面右上方的"智能生成"按钮。然后,单击"新建测试任务",输入任务名称,单击"确定",进入新建任务页面。在该页面根据需要完成策略配置,并单击"保存"完成测试任务的创建,如图 7-4 所示。

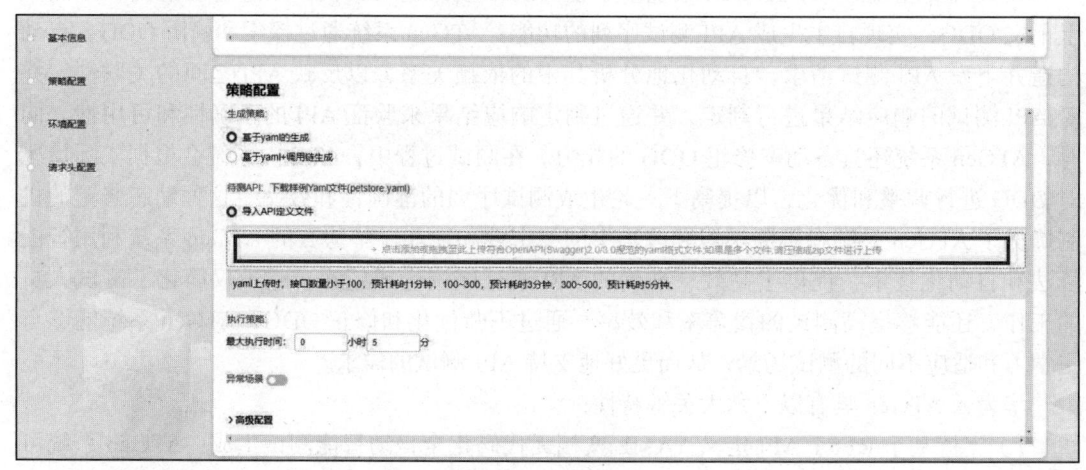

图 7-4 策略配置

在页面上,可以看到根据 YAML 文件全自动挖掘生成的接口 ODG。该图显示了接口之间操作上下文的依赖关系,其中边表示依赖关系,节点表示具体的接口操作。我们可以使用页面右上方的"高级搜索"功能,按 API 名称或接口类型查找对应的接口节点,如图 7-5 所示。

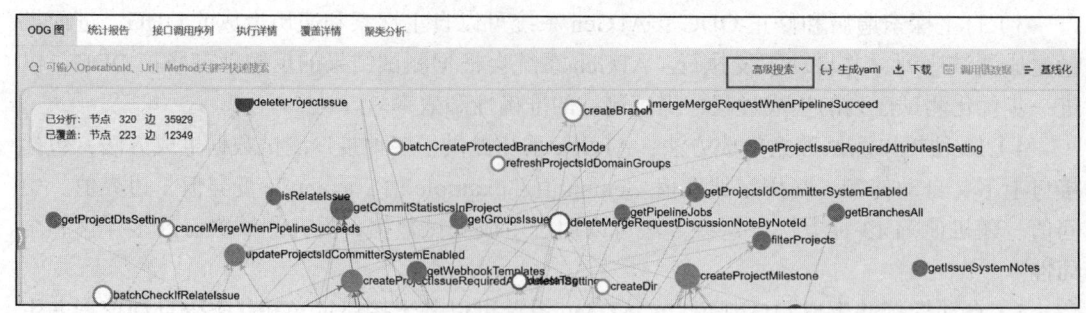

图 7-5 ODG 图(1)

通过单击接口节点之间的边，我们可以查看自动生成的两大类上下文依赖操作。这包括对同一对象的 CRUD 依赖和接口间参数传递依赖。我们还可以单击页面右上方的"所有边"，查看该接口文件的所有依赖关系。我们可以搜索、新增、置换、删除依赖关系。

单击任意接口节点，我们可以查看和修改接口的基本信息。通过单击 API 名称，我们既可以选择其他接口节点，也可以在搜索文本框中输入关键字查找对应的节点。我们可以修改概要信息、描述信息、入参信息，并添加或删除扩展信息。修改完基本信息后，单击页面右上方的"保存"按钮完成接口基本信息（见图 7-6）的配置。如果需要删除接口节点，可以单击页面右上方的"删除"按钮，如图 7-7 所示。

图 7-6　基本信息配置

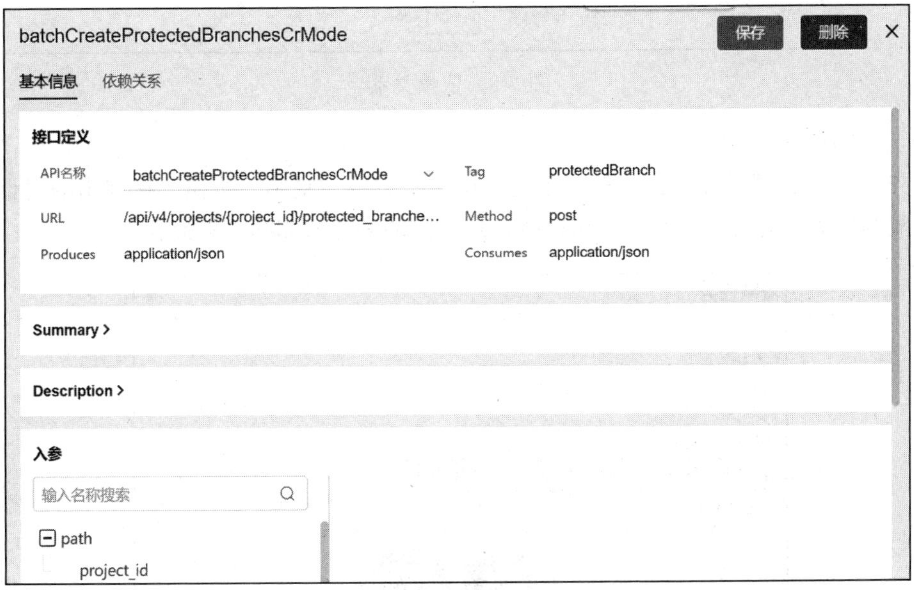

图 7-7　ODG 图（2）

选择"依赖关系"标签，我们可以查看该接口节点的相关依赖节点，并根据需要完成相应的操作，最后单击"保存"按钮完成配置。确认接口节点和依赖关系后，单击页面右上方的"执行"按钮，任务将在设置的执行时间内完成。ODG 的左侧将显示已覆盖的节点和边，如图 7-8 所示。

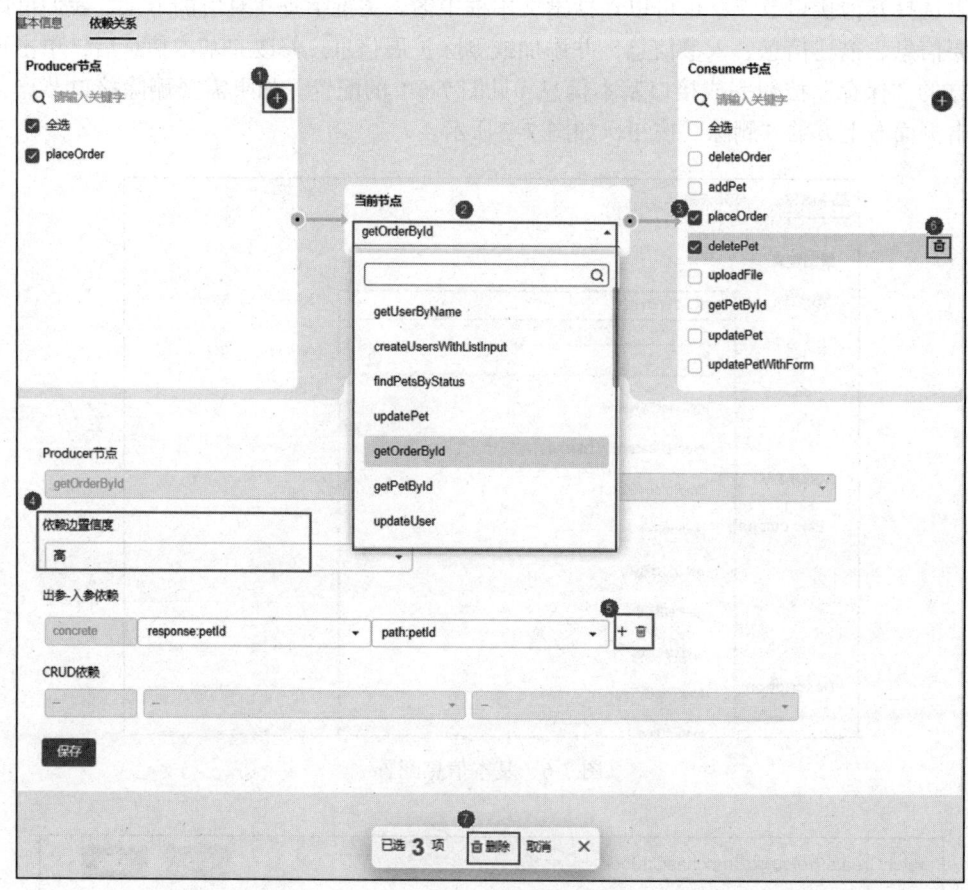

图 7-8　依赖关系

（2）复制任务

首先，进入测试任务页面，然后单击页面右上方的"复制"按钮。在弹出的对话框中，输入要复制任务的名称，并且可以选择接口依赖图的来源，如图 7-9 所示。

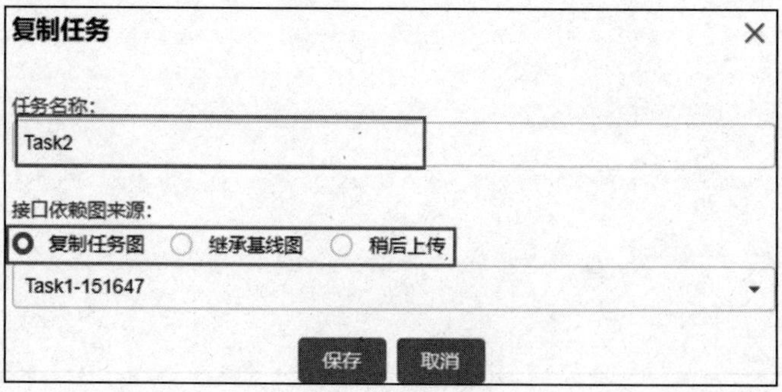

图 7-9　复制任务

"接口依赖图来源"有三个选项：复制任务图，继承基线图，稍后上传。

复制任务图：在下拉列表中选择其他测试任务，将其依赖图复制到当前任务中，覆盖当前任务的依赖图。

继承基线图：在下拉列表中选中需要覆盖当前任务的基线图。

稍后上传：系统会在任务列表中生成一个与当前任务配置信息一致的任务，但生成的任务的 YAML 文件是空的，需要稍后上传。

完成以上选择后，单击"保存"，即可完成任务的复制操作。

（3）基线化 ODG

在 ATGen 系统中，可以对 ODG 进行基线化沉淀，以便后续的回归测试任务和兼容性测试的复用。首先，在 ATGen 系统的"ODG 图"页面中，单击页面右上方的"基线化"按钮。接着，在弹出的对话框中，可以在下拉列表中输入基线图的名称，从而创建一个新的基线图；或者选择已有的基线图，并将当前 ODG 合入选定的基线图中。

完成以上操作后，返回到任务列表页面，在页面的右上方可以找到"基线图"的按钮。单击该按钮，ATGen 系统会展示已经创建的基线图，方便用户查看和管理。

通过以上流程，ATGen 系统支持对 ODG 的基线化沉淀，为后续的测试任务提供便利性和复用性。

（4）统计报告

在自动遍历 ODG 的同时，测试结果统计报告会动态刷新。报告内容全面，实时分析 API 的覆盖率、有效性、请求的成功率和序列的成功率，还能清晰地展示接口请求响应码分布和测试序列长度分布的情况，以及 13 种参数实例化取值生成方法的分布覆盖，如图 7-10 所示。

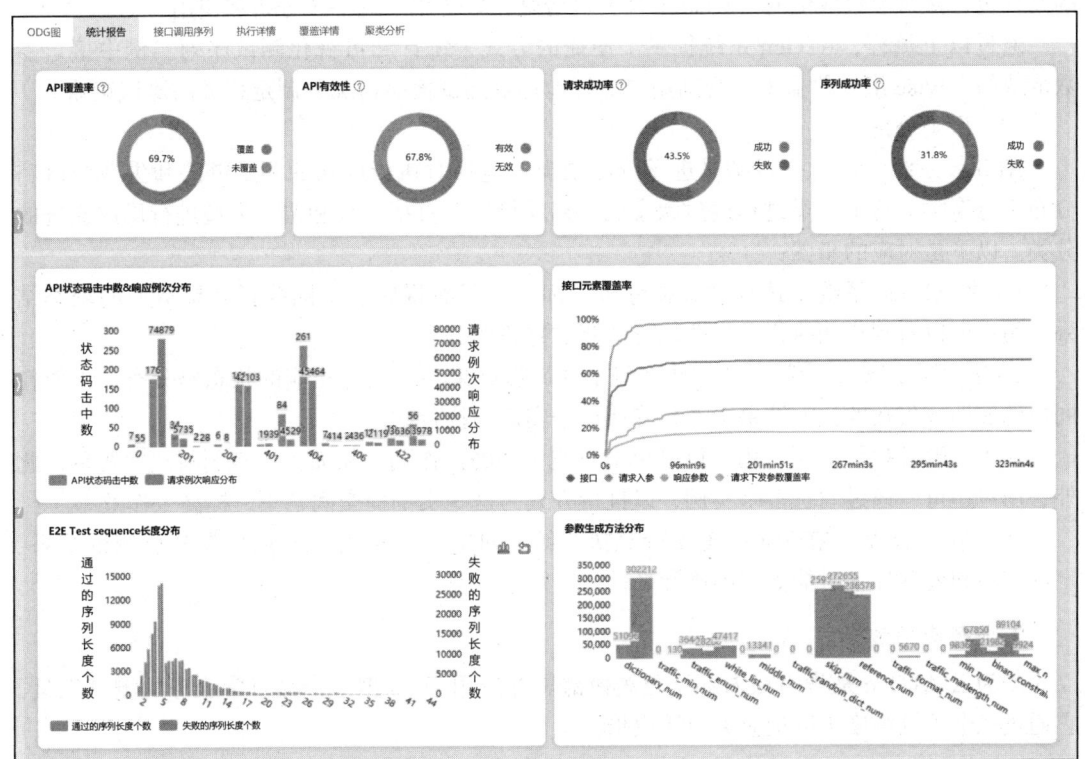

图 7-10 统计报告

（5）执行详情

用户可以通过 ATGen 系统根据接口间的调用链路（简称调用链）、链路的长度和链路的执行结果来查看用例的执行详情，并可以针对该调用链提交工作项。首先，在 ATGen 系统中选择"执行详情"标签，页面将展示调用链的执行列表。用户可以通过单击"requestID"来查看当前调用链的详细信息。在详情页面中，用户可以进一步单击调用的接口节点，以查看该接口的基本信息。

若用户需要在执行详情页面进行筛选，可使用上方的搜索栏，按照 operationID、requestID、序列长度、序列结果等条件找到对应的调用链。

若用户需要为特定的调用链创建问题单，则需在执行详情页面中单击相应调用链所在行的操作列，并选择"新建问题单"选项。

用户还可以切换到页面右上角的"切换接口视图"来查看所有执行的接口节点列表。在接口视图中，用户可以使用上方的搜索栏，根据 URL、响应码、序列长度、序列结果等条件来找到对应的接口节点。

通过以上流程，用户可以方便地根据调用链路、链路的长度和链路的执行结果查看用例的执行详情，并在需要时提交相关工作项，使测试过程更加高效和可管理。

（6）覆盖详情

ATGen 系统支持统计和可视化所有自主生成的测试序列实例中，接口参数取值的 2-wise 组合覆盖率[⊖]。首先，在 ATGen 系统中选择"覆盖详情"标签，页面将展示所有接口的覆盖详情列表。

用户可以单击接口左侧，以便将"默认值的组合覆盖详情"文件下载到本地。这个下载的文件包含接口参数取值的 2-wise 组合覆盖情况，方便用户进一步分析和使用。

通过以上流程，ATGen 系统提供了便捷的方式来统计和可视化测试序列实例中接口参数取值的 2-wise 组合覆盖率，帮助用户更好地理解测试覆盖情况并制定相关的测试策略。

（7）聚类分析

ATGen 系统支持对执行结果进行分层聚类，包括对执行成功的测试链路和失败的链路分布进行聚类。这个聚类过程通过状态码、错误接口、直接依赖和错误类型进行层层递进的分类。以下是对应的步骤：

1）在 ATGen 系统中选择"聚类分析"标签，页面将展示不同执行结果类型的聚类结果。用户可以看到成功执行和失败执行的测试链路的分类。

2）若用户需要查看某个具体状态码下的聚类结果，可展开相应的状态码分类，以便在同类的成功或失败的执行结果中抽检确认单个实例的执行详情。

对于失败的执行实例，用户可以单击对应实例的操作列，从而为该实例新建问题单。此外，用户还可以通过勾选多个实例，以批量方式为这些实例提交问题单，提高工作效率。

通过以上流程，ATGen 系统支持对执行结果进行分层聚类，使用户在分析测试结果、定位问题和处理异常时能更加准确和高效。

2. 业务应用效果

华为云 ATGen 是华为在内部已经规模部署并应用于 30 多个产品日常服务的测试工具，它通过三个关键维度来度量业务应用效果。

⊖ 2-wise 组合覆盖率是一种覆盖准则。

（1）生成有效性

此维度包括了接口请求成功通过率，即验证接口请求的成功率。此维度同时也衡量了请求成功的最长序列长度和长度分布，它们被用来评估 ATGen 系统在处理复杂场景时的表现。另外，此维度还关注业务采纳并基线化沉淀的用例数，即经过测试验证且被业务应用接纳并沉淀为基线用例的数量。这个指标可以反映出 ATGen 对于业务应用的有效测试生成能力。

（2）缺陷探测数

此维度衡量了 ATGen 在发现产品服务缺陷方面的能力。具体而言，它关注发现的问题数及误报率。ATGen 通过对应用进行全面的测试，能够及时发现产品服务中的问题，并对误报率进行控制，以确保高质量的缺陷探测能力。

（3）覆盖率

此维度包括白盒、灰盒和黑盒的覆盖范围评估。白盒覆盖衡量代码覆盖范围，即测试是否涵盖了系统源代码的各个部分。灰盒覆盖关注接口及参数组合的覆盖，即测试是否涵盖了各种接口和参数组合的情况。黑盒覆盖衡量业务场景的覆盖程度，即是否涵盖了系统的各种使用场景。这些评估指标有助于了解 ATGen 在不同测试层面的覆盖情况。

综上所述，华为云 ATGen 通过度量生成有效性、缺陷探测数和覆盖率这三个维度，可以对业务应用的测试效果进行全面评估，确保业务应用的高质量运行，并为产品服务的稳定性和可靠性提供有力的测试保障。

3. 典型业务应用场景实践

华为内部三个典型的业务应用场景实践如下：

（1）场景一

产品形态：存储管理和控制服务类云化产品，北向服务化，南向控制嵌入式存储设备。

测试团队规模：超过 50 人。

北向 RESTful 接口总数：超过 2300。

应用前现状：团队刚成立，缺乏接口和功能测试自动化防护网。

应用模式：从零快速构建起接口测试和功能测试防护网测试用例。

应用效果：共发现超过 350 个接口存在缺陷，覆盖三大类缺陷，接口级 API 请求有效性可达 80%，误报率 10%。

（2）场景二

产品形态：运营商、企业网络保障、智能运维类云服务，公有云或私有云部署。

测试团队规模：50 人。

北向 RESTful 接口总数：超过 10000。

应用前现状：超过 8000 接口和功能测试用例。

应用模式：对现有测试用例的覆盖增强补充。

应用效果：场景测试覆盖提升 30%，新发现 30 多个深层业务逻辑问题。

（3）场景三

产品形态：××工具类云原生服务。

测试团队规模：全功能团队，无专职测试。

RESTful 接口总数：超过 1300。

应用前现状：超过 10000 接口测试用例。

应用模式：将 ATGen 集成到工具服务 alpha、beta 环境流水线，构建（build）完成及回归测试任务之后自动触发生成任务检测是否有失败接口，作为 alpha、beta 门禁加固。

应用效果：补充发现 60 多个接口缺陷，API 测试生成有效性可达 82%。

7.5 自动化 UI 测试

UI 测试是指对用户界面进行测试的过程，它主要用于检查应用程序的用户界面（包括布局、颜色、字体、图标、按钮、输入文本框等元素）是否符合设计规范、是否易于使用、是否具有良好的用户体验等。测试人员通过 UI 测试，模拟用户实际使用界面，可以确保应用程序的用户界面在各种不同的操作系统、设备和浏览器上都能够正常运行，并且能够满足用户的需求和期望。

与接口测试相比，UI 测试更加贴近用户的实际使用场景，因为它模拟了用户对应用程序的实际使用情况，包括输入、操作、浏览、反馈等，以确保应用程序对用户的操作响应正确、流畅、快速。进一步地，测试人员还可以模拟不同的用户群体，例如老年人、青少年、残障人士等，来测试应用程序的可用性和易用性。但相应地，因为 UI 测试基于页面元素，在进行自动化测试时，页面元素的改动可能会导致测试用例无法识别元素，或者识别错误的元素，从而导致测试失败。例如，一个按钮的位置、名称、颜色等属性的改变，都可能导致自动化测试用例无法识别该按钮，从而无法进行后续的操作和验证。

因此，在快速迭代的情况下，团队需要充分考虑自动化 UI 测试的影响，尽可能减少对测试用例的影响，同时及时更新自动化测试用例，以保证测试的有效性和准确性。

7.5.1 自动化 UI 测试需求收集与分析

由测试金字塔理论可知，从单元测试、接口测试到 UI 测试，随着金字塔层级增高，业务覆盖度变高，需求变更时用例维护成本也变得越大。对于迭代快、需求变化频繁的项目，实现自动化 UI 测试意味着自动化脚本频繁地一遍遍推倒重来，用例继承率太低，投入的时间与成本往往是无意义的。

对于周期长、需求基本固化、界面稳定的项目，自动化 UI 测试可以充分发挥它的价值。用例的自动化率可以根据项目周期的长短调整，以年为周期迭代的项目自然可以比以月为周期迭代的项目投入更多的资源进行自动化建设，而以月为周期迭代的项目可以把自动化的重点放在核心场景的用例上。

自动化 UI 测试多用于在线巡检和回归测试活动中。在线巡检是指在现网（现网指实际的生产环境或正在运行中的网络环境）定期进行的测试活动，现网环境复杂，为了先于用户发现问题，测试人员需要定期在线模拟用户操作，类似巡逻员的工作。重复性工作是枯燥的，自动化 UI 测试则可以帮助测试人员完成这部分巡检工作。回归测试的主要目的是确保软件的稳定性和可靠性，用于确认新的程序或代码更改未对现有功能产生影响。对于页面元素多、功能改动较少的界面，UI 测试自动化用例的继承率较高，这时用自动化 UI 测试用例减少测试人员的工作量再合适不过了。

7.5.2 自动化 UI 测试设计

UI 测试模拟用户实际操作，在设计时，需要关注以下方面：

1）界面布局和样式：界面的布局是否合理，样式是否符合设计要求，包括颜色、字体、大小等。

2）用户交互：用户在界面上的操作是否符合预期，例如按钮点击、输入框输入、滚动等。

3）功能测试：界面功能是否正常，例如搜索、筛选、排序等。

4）兼容性测试：界面在不同浏览器、操作系统、设备上的兼容性。

5）响应式设计测试：界面在不同屏幕尺寸、分辨率下的适配情况。

6）可用性测试：关注界面是否易于使用，功能与对应元素的匹配是否直观、友好。

7）性能测试：界面的加载速度、响应时间等性能指标是否符合要求。

其中，性能测试、逻辑链简单的用户交互、功能测试适合开展自动化用例建设，而随着技术不断更新，许多工具开始探索响应式设计测试、兼容性测试以及逻辑更为复杂的功能与交互场景。

7.5.3 自动化 UI 测试实现

常用的自动化 UI 测试工具包括 Appium、Selenium、Cypress 等，这里对 Selenium 做简单介绍。

Selenium 是用于自动化 Web 应用程序测试的开源工具，它是一个跨平台的测试框架，可用于测试不同的 Web 浏览器和操作系统。Selenium 支持多种编程语言，包括 Java、Python、C#、Ruby 等，可以帮助开发人员和测试人员快速、准确地测试 Web 应用程序。

Selenium 由三个主要组件组成：Selenium IDE、Selenium WebDriver 和 Selenium Grid。Selenium IDE 是一个浏览器插件，可以记录和回放用户在 Web 应用程序上执行的操作。Selenium WebDriver 是用于编写自动化测试脚本的框架，也是最主要的组件，它提供了一组方法，可以操作 Web 页面的不同元素和属性。Selenium Grid 是一个分布式测试工具；通过它可以同时在多个计算机上运行测试用例，以提高测试效率和准确性。

Selenium 的优点包括：

1）支持多平台：Selenium 支持多种操作系统和浏览器，可以在不同平台上运行测试用例。

2）支持多种编程语言：Selenium 支持多种编程语言，用户可以根据自己的喜好和技能选择合适的语言编写测试脚本。

3）易于使用：Selenium 提供了简单易用的 API，可以快速编写测试脚本，同时也提供了丰富的文档和示例，方便开发人员学习和使用。

4）开源免费：Selenium 是一个开源工具，可以免费使用和修改，同时也有一个活跃的社区提供支持和维护。

7.6 小结

本章介绍了自动化测试如何提升测试效率，并按单元测试、接口测试、UI 测试的测试金字塔理论，结合各层测试特点介绍了华为云自动化测试在需求收集与分析、测试设计和实现过程中的实践经验。首先，在自动化测试需求的收集阶段，团队需要积极与测试利益相关者沟通，以确保准确获取需求并建立共识。接下来，在需求分析阶段，对收集到的测试需求进行仔细分析，理解测试目标和范围，以便为后续的测试设计提供指导。在测试设计部分，分别介绍了 CodeArts Snap 的 UT 测试能力、华为自动化测试工具 ATGen 以及自动化 UI 测试常用工具 Selenium。

综上所述，本章详细介绍了自动化测试需求收集与分析、测试设计和实现过程的实践经验。通过这些实践经验，团队能够更好地理解测试需求、设计有效的测试用例，并利用自动化测试工具来实现高效的测试流程，提高测试效率和质量。这些实践经验对于开展自动化测试工作的团队具有重要指导意义，并能够为产品的质量管理提供有力支持。

7.7 习题

1. 解释自动化测试的优势和局限性，并举例说明。
2. 自动化测试有哪些分类方式？请详细解释。
3. 描述自动化测试的具体流程，并说明每个步骤的作用。
4. 如何收集与分析自动化单元测试的需求？
5. 自动化单元测试的设计应该注意哪些要点？
6. 如何收集与分析自动化接口测试的需求？
7. 自动化接口测试的设计应该注意哪些要点？
8. 如何收集与分析自动化 UI 测试的需求？
9. 自动化 UI 测试的设计应该注意哪些要点？
10. 如果你的团队需要实现自动化测试，你会如何设计测试流程？请详细描述你的设计。

第 8 章

测试分析与评估

云服务测试分析与评估是指对云服务测试进行全面而系统的分析与评估，这个过程旨在确定云服务测试在性能、安全性、可用性和可扩展性等方面的表现。通过进行全面的分析与评估，我们能够发现潜在的问题并提供相应的改进措施，以确保云服务测试的质量和稳定性，使其在各个方面都能够提供优秀的表现和用户体验。

要更加综合地表现出云服务测试的功能特性，就要从商用特性评估、产品商用评估、缺陷分析与管理等方面进行评估。

8.1 商用特性评估实践

商业特性评估是云服务测试分析与评估中的关键环节，它涉及云服务测试在商业层面的各个方面，旨在评估云服务系统在商业环境中的价值和适用性。这些评估有助于企业选择最适合其需求的云服务提供商，并确保所选择的云服务能够满足商业特性要求。

8.1.1 定价模型评估

对华为云服务测试的定价模型进行评估，包括计费方式、费用结构、定价透明度、定价灵活性、价格竞争力及成本控制工具和技术支持等方面。

评估华为云不同服务种类的计费方式，包括了解：各种服务（如计算、存储、网络等）的价格差异和定价标准，以及是否提供按需、预付费或包年包月等不同的定价选项；各种方式的优缺点，以及是否适合企业的具体需求。

费用结构方面则包括资源使用费、网络流量费、存储费用等。了解是否收取额外的数据传输费用，以及流量费用是否合理，是否具备竞争力，从而确定各种费用的合理性。

定价透明度，即价格信息是否清晰明确、易于理解。了解华为云是否提供详细的定价文档、计费说明和费用估算工具，以便准确预估成本，并避免出现不必要的费用。

华为云的定价灵活性，即华为云是否提供多样化的计费选项和可调整的计量单位。了解华为云是否具有灵活的定价策略，通过不同资源的配额限制和扩展成本，来评估它们与实际需求的匹配度。还需关注华为云是否具有专业的客户支持团队，该团队能够解答定价相关的问题，并有能力灵活协商和调整定价。

与其他云服务提供商进行比较，需从相同或类似服务在不同云平台上的价格差异上加以考虑，以确定华为云的定价是否具有竞争优势。避免出现为降低成本而规模使用折扣、促销活动或特殊定价方案。

预算管理、资源优化建议、费用报告分析、预估工具、自动化扩缩容等成本控制工具有助于监控预算，同时有助于识别未使用或浪费的资源，并提供合理的优化建议，使企业清晰地了解各项费用的来源和分布情况，根据实际需求自动调整资源规模，避免资源过剩或不足导致的额外成本，进而做出有针对性的成本控制决策。同时，及时的技术支持有助于企业解决成本控制方面的问题，并提供定制化的建议。

通过对以上方面进行评估，可以更全面地了解华为云的定价模型，从而确定其对企业的适用性和商业价值。在进行定价模型评估时，需要根据企业的具体需求和使用情况来综合考虑，可以结合实际使用场景和预估的资源消耗量，进一步分析定价模型的合理性和可行性。此外，还可以与华为云的销售代表或客户经理进行深入讨论，以获取更具体的定价信息和个性化的定价方案。

8.1.2 可定制性评估

评估华为云服务测试的可定制性，即华为云服务测试是否提供可根据客户需求进行个性化定制的功能和选项，以满足客户特定需求。此评估用于分析华为云服务测试的定制化程度、实施成本和可行性，可以在服务类型选择、规模弹性、定制化配置、基础设施控制、数据管理和集成接口扩展等方面进行分析。

不同测试需求需要不同的服务类型，例如计算、存储、数据库、网络等，以及能否根据需要自由组合和定制服务。华为云服务测试能提供多种虚拟机和实例类型，包括不同的CPU、内存、存储和网络规格。

华为云服务测试支持根据测试需求选择适合的配置，满足不同规模的测试需求，并根据需要进行弹性扩展。此外，它支持容器技术，如Docker和Kubernetes，可以运行和管理容器化测试应用程序，并实现高效的资源利用和可移植性，根据测试工作负载的变化自动调整资源规模，既满足测试需求又避免资源浪费。

灵活地配置选项，以便进行定制化的测试设置。例如，按需选择虚拟机规格、存储容量、网络带宽等，并且根据测试需要对这些配置进行自由调整。利用华为云服务测试的自动化部署和配置工具，如华为云软件开发工具包（SDK）、Ansible等，可以进行快速且可重复的环境部署和配置，以满足测试需要。

通过了解华为云服务测试能否自定义网络拓扑、安全策略、访问控制等，来评估其对基础设施进行控制的能力。同时，还需评估华为云服务测试提供的网络设置选项，如子网、路由器和负载均衡器等，以便满足测试环境的要求，并确保数据安全性和隔离性。

在数据管理方面，需要评估华为云服务测试是否提供全面的数据管理功能，包括数据备份、快照、迁移等功能，能否对测试数据进行灵活管理和备份操作，以及是否支持跨区域复制和灾备恢复。多种数据的存储选项也是必不可少的，如对象存储、文件存储和数据库等。

了解华为云服务测试是否提供API和集成接口，以便与其他工具和平台集成，从而实现更全面和自动化的测试流程。例如，能否与CI/CD工具、自动化测试框架等无缝集成，并且支持自定义插件和扩展，以提升测试效率和质量。

通过评估上述方面,可以确定华为云服务测试的可定制性,从而选择适合自身需求的定制化配置和服务选项。同时,也可以与华为云服务测试技术人员沟通,获取更详细的可定制性信息和定制化解决方案。

8.1.3 可扩展性和弹性评估

华为云服务系统能否根据用户需求快速扩展或缩减资源以应对变化的工作负载,是决定其可扩展性和弹性能力的关键,因此,需对华为云服务测试的架构设计、自动化扩展机制和负载均衡策略,以及其对水平和垂直扩展的支持程度进行分析。

高可用性和容错性的架构设计能提供自动备份和恢复关键数据的功能,并能在发生故障时自动迁移服务,以实现持续的测试运行。此外,快速扩展存储容量的功能可以实现数据的持久性和高可用性。

评估华为云服务测试是否支持自动化扩展(如自动扩展组),是否可以根据测试负载的变化自动扩展或缩减计算资源,观察其能否满足不同规模的测试需求。同时,根据需要快速扩展数据库容量和性能也是实现自动化扩展的关键。华为云服务测试提供的运维自动化工具和功能,能自动监控和报警测试云服务系统的状态,还具备自动化部署、扩展和升级的能力。

评估华为云服务测试是否提供负载均衡和自动切换机制,以确保测试云服务系统的高可用性和稳定性。负载均衡器和自动扩展组等功能,可以平衡流量并自动切换故障节点。弹性网络功能(如虚拟私有云(VPC)和弹性负载均衡器)能根据需要调整网络拓扑和带宽。华为云服务测试提供的监控和警报功能,能实时监测测试环境的性能和健康状况,并设置相应的警报规则以及自动化故障处理。

华为云服务测试根据测试工作负载的变化进行资源弹性扩展,可以支持自动水平扩展和垂直扩展,以满足不同规模的测试需求。华为云服务测试提供的容器编排和管理服务(如Kubernetes),能自动调度和管理容器化应用程序,以实现弹性部署和水平扩展。

通过详细评估上述因素,可以更加具体地了解华为云服务测试的可扩展性和弹性。同时,建议结合自身的测试需求和预期负载进行定制化评估和方案设计,确保选择最适合的弹性资源和服务配置。

8.1.4 服务级别协议评估

服务级别协议(SLA)评估主要评估云服务系统的SLA,包括可用性、性能、监测报告、SLA承诺的验证和监控等关键指标。检查SLA的合理性和可信度,并确定SLA是否符合用户需求,是否与其需求相匹配,同时评估云服务系统的故障处理机制、备份和恢复策略,以及与用户的协商补偿措施,并评估在实际运营中能否履行承诺。

评估服务的可用性,可通过了解服务是否提供高可用架构和冗余设计,以及是否具有明确的可用性指标和补偿措施。查阅华为云的SLA,可以了解其针对不同服务的可用性的目标不同。例如,针对计算实例、存储服务、网络服务等,华为云承诺的可用性百分比和对应的故障时间容忍度皆不相同。

对计算、存储和网络等性能指标的承诺,以及能否满足测试负载的需求是评估的关键。评估云服务系统对测试数据的备份策略和恢复能力,并了解是否提供定期数据备份和容灾措施以及数据恢复的时间目标,是否有数据备份、灾备和加密等措施,以确保测试数据的保密性和完整性。

定期发布服务状态报告和通知是监控报告功能的第一步，接着是能否及时通知用户全部计划维护或服务中断的情况。华为云服务测试的通信和报告机制，是通过查阅其是否提供实时的服务状态报告、定期的服务更新、紧急事件通知等，及时了解服务状况以及对不同问题的解决时间目标。例如，对于技术支持请求、故障报告等，需要了解其响应时间和解决时间承诺。

云服务系统对其 SLA 承诺进行验证和监控的方式包括是否提供性能监控工具、用户报告功能等，具有灾难恢复和紧急事件管理计划，确保在突发情况下仍能提供持续的测试服务，以便用户能够验证和监测服务质量。

这些因素都会影响更具体地评估云服务系统的 SLA，有助于 SLA 与个人或组织的测试需求相匹配。

8.1.5　技术支持和客户服务能力评估

云服务系统的技术支持和客户服务能力，包括技术支持团队的专业水平、响应时间等方面。了解支持渠道和方式（例如在线、电话等）的可靠性和便捷性，有助于更好地分析客户服务体验，包括客户满意度和反馈。

专业的技术支持团队应具备一定的技术背景、经验以及相关认证。评估他们能否提供全面的技术支持，包括解决云服务配置、故障排除、性能优化等方面的问题。评估是否提供全天候、全年无休的技术支持服务非常重要，特别是对于需要随时解决问题的关键业务。评估是否提供专家咨询服务，是否在架构设计、性能优化、安全性等方面提供更深入的指导和建议。

华为云服务测试提供的支持方式，包括在线聊天、电子邮件、电话或在线门户等，华为云服务测试提供不同级别支持，例如基础支持、标准支持、增强支持等，以及每个级别所包含的具体服务和承诺的响应时间。

了解云服务系统的故障排除流程和方法，有助于确定清晰的故障排查流程，并有助于快速定位和解决问题。可以使用专业的支持云服务系统来记录、追踪和管理问题，以确保问题得到妥善处理。尽可能多获取一些实际案例，了解华为云服务测试在处理技术支持请求时的响应能力；此外，用户也可以与其他用户交流或查看公开的用户评价，进一步了解该技术支持服务的表现。此外，还要确定是否具备灾难恢复计划、紧急事件管理流程等，以及能否及时有效地处理突发事件。

搜索网络上的用户评价和反馈，了解其他用户对技术支持和客户服务的评价。了解是否提供用户培训课程和在线社区支持，这些资源将帮助用户学习和解决问题，并促进用户之间知识共享。了解是否提供反馈机制，例如满意度调查或建议反馈渠道，这些资源将有助于改善服务质量，以及与用户进行积极的沟通和互动。

综合考虑以上因素，并结合自身的需求和优先级，可以更全面、更具体地评估云服务系统的技术支持和客户服务能力。确保选择一个能够满足自身要求，并能够及时响应和解决可能出现的问题的服务提供商。

8.2　产品商用评估实践

产品商用评估实践是指对云服务系统进行全面测试和评估，以验证其在商用环境下的可靠性、性能、安全性、可扩展性等方面是否符合商业需求。进行云服务测试的产品商用评估实践，需要制订详细的测试计划，编写测试用例，结合具体的业务需求和云服务系统的特点进行测试。同时，及时记录测试结果、问题和改进建议，并与服务提供商沟通和提供反馈，以进一步优化和改善产品的商用性能和稳定性。

8.2.1 市场需求评估

首先，评估市场需求和目标，需明确云服务系统的市场趋势、目标群体、竞争优势、调研访谈以及合作合规要求等方面，以此为云服务测试的产品规划、定位和功能开发提供指导。深入分析自身定位也是至关重要的，例如定位于提供全面的云服务测试解决方案或者专注于某个特定领域，抑或定位于全面覆盖各种测试类型（功能、性能、安全性等）的综合性云服务测试平台。

了解当前云服务市场的整体趋势和需求情况。例如，是否需要支持自动化测试、持续集成/持续交付、性能负载测试、安全漏洞扫描等功能。分析市场规模、增长率以及主要竞争对手的状况，分析用户对云服务测试的需求和痛点。

明确云服务测试的目标用户群体，例如企业、开发人员、云服务系统管理员等。了解其需求和期望，以及在选择云服务时重视的因素，如性能、安全性、可靠性等，同时明确用户对技术支持和培训的需求，以便提供及时的技术支持渠道、培训材料和培训课程，帮助用户更好地使用和解决问题。

评估云服务测试在市场中的竞争优势，包括技术方面的创新、产品特色和差异化、合理的价格策略等。同时，了解竞争对手的产品特点和定位，以找到华为云服务测试的差异化优势。此外，关注用户在使用云服务测试平台时对用户界面、操作流程、易用性等方面的需求。评估是否提供友好的用户界面和详细的帮助文档，以降低用户学习和使用的难度。

通过市场调研和用户访谈，收集潜在用户对云服务测试的需求和意见。了解他们对现有产品的不满意之处、存在的痛点、期望改进的功能等，从而确定产品的关键特点和开发方向。评估不同行业和领域在云服务测试方面的特定需求。例如，金融、医疗、电子商务等行业可能对安全性要求更高，而科技公司可能更关注可扩展性和性能。考虑用户在不同规模和复杂度的项目中使用云服务测试平台的需求。例如，华为云服务测试支持在不同规模的测试环境中进行测试，同时能够提供灵活的部署选项，满足用户的定制化需求。

考虑与其他服务提供商或合作伙伴建立合作关系，以满足不同用户需求。例如，与软件开发工具提供商、数据分析服务商等合作，提供完整的云服务测试解决方案。关注当地与国际上的法律法规和隐私保护要求，确保服务测试在合规性方面达到标准，并满足用户的合规性要求。评估市场对于云服务测试平台的认知度和接受度，确定适合的市场推广策略和销售渠道。例如，通过在线媒体、行业展会等途径宣传产品，与合作伙伴建立合作关系，扩大市场份额。

通过深入的市场需求评估，可以更好地理解用户的期望和需求，有针对性地开发和定位云服务测试平台，以满足市场需求并获得竞争优势。

8.2.2 产品定位评估

通过确定明确的目标用户群体，提供特色功能和与云原生应用的整合，同时关注数据分析、安全合规和可扩展的定价模型，从而进一步细化和明确云服务测试的产品定位，从其全面性、高效性、可靠性和稳定性、安全性、灵活性和可定制化、用户体验和技术支持上增强竞争优势。

将云服务测试定位为提供全面、综合的云服务测试解决方案。该解决方案覆盖各种测试类型，除了传统的功能测试和性能测试外，云服务测试应支持多种测试类型。例如，安全性测试、负载测试、容错性测试等，以满足不同用户对不同测试类型的需求。

强调云服务测试的高效性。确保测试过程能够快速、准确完成，并提供对测试结果的实时反馈。重视对测试数据的分析和对结果的报告等功能，通过先进的数据分析工具，在高效优化测试流程和实现自动化的同时，也帮助用户显著节省时间和资源成本，深入了解测试结果和问题根源。同时，生成清晰、详细的测试报告，便于用户进行决策和沟通。

凸显云服务测试的可靠性和稳定性。确保测试平台运行稳定，能够处理大规模的测试任务，并保证测试数据的可靠性和一致性。提供高可靠性的架构设计和容错机制，以确保用户测试工作的连续性。

重视云服务测试的安全性。采取必要的安全措施，确保用户的测试数据和敏感信息得到保护，如数据加密、访问控制、安全审计等。遵循行业标准和法规要求，保护用户数据的机密性、完整性和可用性，同时符合法律法规的要求。

强调云服务测试的灵活性和可定制化。提供灵活的配置选项，支持用户根据自身需求进行定制化设置。例如，用户可以选择不同的测试环境、测试工具和测试策略，以满足特定的测试要求。考虑与其他云服务的整合，如与华为云容器引擎、DevOps 工具链等集成，提供无缝的测试流程。同时，云服务测试要保证具有良好的扩展性，能够适应不断变化的用户需求和新的技术趋势。

注重云服务测试的用户体验。通过友好的用户界面、直观的操作流程和详细的帮助文档，提供良好的用户体验，降低用户学习和使用的难度。云服务测试被定位为云原生应用测试的专业解决方案。云原生应用的特点包括容器化、微服务架构、弹性伸缩等。因此，云服务测试应提供针对云原生应用的测试工具和方法，以支持用户在云环境中进行全面的测试。

提供及时、专业的技术支持。建立完善的技术支持体系，包括在线支持渠道、知识库和社区等，以帮助用户解决问题并向他们提供支持。

综合以上评估，云服务测试的产品定位可以是：提供全面、高效、可靠的云服务测试解决方案，注重安全性和灵活性，并提供优质的用户体验和技术支持。这将使云服务测试在市场中具备竞争力，并满足用户对云服务测试的多样化需求。

8.2.3 商业模式评估

商业模式依靠提供高价值的测试解决方案、吸引目标用户、建立多元化销售渠道和合作伙伴关系，从用户付费订阅和增值服务中获取收入，并通过控制成本和持续创新来保持竞争优势。商业模式的评估需要综合考虑产品、市场、竞争环境等多个方面的因素，并随着市场需求和技术变化进行不断调整和优化。

云服务测试旨在提供一站式的云端测试解决方案，帮助用户快速、高效地进行软件测试。它提供丰富的测试工具和服务，包括自动化测试、性能测试、安全测试等功能，以帮助用户提升软件质量、加快上线速度，并降低测试成本。云服务测试凭借华为在云计算和软件开发领域的技术实力，以及良好的用户体验，为用户创造了巨大的价值。

收入主要来自用户的付费订阅和使用费用。根据不同的服务套餐和使用量，用户对测试资源和工具按需付费。此外，商业模式还可以通过提供增值服务、定制开发和技术培训等方式，进一步获取收入。

目标用户包括各类软件开发团队、企业测试部门、独立软件测试机构等。这些用户通常需要进行大规模、复杂的软件测试，并且对测试效率和质量有较高的要求。云服务测试可以满足这些用户的需求，提供可靠的测试环境和专业的支持。

云服务测试可以通过多种渠道进行销售和推广。首先，可以利用全球网络，与合作伙伴、经销商和云服务系统集成商合作，在全球范围内推广和销售服务。其次，可以通过在线渠道，如云市场、官方网站等，直接向用户提供服务。此外，可以通过参加行业会议和展览，与潜在用户建立联系，拓展市场份额。

关键合作伙伴包括测试工具供应商、云服务提供商以及软件开发公司等。华为云服务测试与这些合作伙伴合作，可以集成更多测试工具，提供全面的测试解决方案，同时提升平台的竞争力。与云服务提供商合作，可以将华为云服务测试与云计算平台相结合，实现更高效的测试和资源管理。

云服务测试的主要成本包括基础设施成本（如服务器、存储和网络设备）、研发人员薪酬、运营成本、市场推广费用以及用户支持和售后服务成本。通过精细的成本控制和规模效应，可以确保平台的经济可行性和盈利能力。关键资源则包括技术团队和研发能力、云基础设施、测试工具和技术、合作伙伴网络以及品牌声誉。

通过综合考虑以上方面，可以建立一个以用户为中心、具有竞争力且可持续发展的商业模式。

8.2.4 市场推广策略评估

对云服务测试的市场推广策略的评估，需要考虑目标市场、竞争对手分析、推广渠道选择、宣传和内容营销策略、用户体验和口碑管理等方面。云服务测试持续进行数据分析和迭代优化，以提高市场推广的效果和成效。

首先需要评估目标市场对云服务测试的需求情况。目标用户包括软件开发团队、企业测试部门和独立软件测试机构等。要了解是否存在一个潜在的、有足够规模的市场，可以通过市场调研、用户反馈和行业分析等方式。如果发现目标市场的需求量较大且存在解决方案方面的空白，那么将云服务测试作为市场推广的对象就是合适的。

在市场推广前，需要对竞争对手进行分析，了解它们的产品特点、定价策略、市场份额等信息。通过与竞争对手的比较，评估云服务测试在市场上的竞争优势和差距。这有助于制定有针对性的市场推广策略，突出云服务测试的特色。在市场推广中，建立良好的品牌形象也是非常重要的。通过专业的营销活动、线上线下广告宣传和参加行业展览等方式，提升品牌知名度和认可度。

根据目标市场的特点和用户习惯，评估选择何种推广渠道是最有效的，用多种渠道进行推广可以触达更广泛的受众。选择合适的推广渠道将有助于扩大品牌知名度和吸引目标用户。既可以考虑使用线上渠道，如网站、社交媒体平台、电子邮件等，直接向用户宣传和推广服务，也可以结合线下渠道，如行业展览、研讨会、合作伙伴推广等，与合作伙伴、经销商和云服务系统集成商合作，扩大市场覆盖范围。

制定适合的宣传和内容营销策略，评估如何有效地宣传华为云服务测试，吸引目标用户的关注。客户案例和口碑效应是市场推广中非常有力的工具，可以考虑通过专业的技术博客、白皮书、案例分析等方式发布有价值的内容，建立品牌在该领域的专业形象。此外，与行业内重要媒体合作，进行产品宣传和推广活动也是一种有效的策略。与合作伙伴共同推广云服务测试，并分享他们在使用过程中取得的成果和好评，这将有助于建立用户信任和吸引更多的潜在用户。

用户体验和口碑对于市场推广至关重要。评估如何提供良好的用户体验，包括产品易用性、响应速度、用户支持等方面。积极管理用户的反馈和评价，及时解决用户问题，改进产品质量，以提高用户满意度和口碑效应。

市场推广过程中需要持续进行数据分析和评估，以了解推广策略的效果和市场反馈。市场需求和技术环境是不断变化的，因此需要持续进行创新和改进，以保持竞争力。通过收集和分析市场数据和用户反馈，可以及时调整和优化推广策略，提高推广效果和市场份额。

总体而言，云服务测试的市场推广策略需要综合考虑产品特点和目标市场需求。通过建立品牌形象、多元化推广渠道、客户案例和口碑效应等手段，可以吸引目标用户，并与合作伙伴紧密合作，不断创新和改进，以增加市场份额和提升竞争力。

8.3 缺陷分析与管理实践

在云服务系统中，云服务测试的缺陷分析与管理是一种针对测试过程中发现的缺陷进行整理、分析和跟踪的操作和方法，包括缺陷识别与记录、缺陷分类与优先级评估、缺陷解决与验证、缺陷跟踪与管理以及缺陷分析与报告等方面。它们有助于高效管理和解决测试过程中发现的缺陷，提高产品质量和用户满意度。

8.3.1 缺陷识别与记录

在云服务测试中，缺陷识别与记录是一个重要的环节，它有助于及时发现缺陷，确保缺陷能够及时得到解决。

确保测试环境符合预期的配置和要求，包括硬件、操作系统、网络等。这样可以避免环境问题所导致的误报缺陷或无法复现缺陷的情况。

在测试过程中，测试人员应通过执行测试用例、模拟用户操作等方式，全面覆盖各个功能模块和场景。测试人员应尽量覆盖不同的功能模块、场景和边界条件，以发现潜在的缺陷。在执行测试用例的过程中，测试人员需要保持专注并仔细观察云服务系统的行为，将任何异常、错误或不符合预期的情况都记录下来。

一旦发现缺陷，测试人员需要准确地描述缺陷的现象和出现的条件。测试人员应提供详细的信息，例如缺陷的复现步骤、环境条件（如操作系统、浏览器版本等）、出现的错误提示等，这些信息可以帮助开发人员准确定位和修复缺陷。测试人员应尽量通过添加附件或提供截图来进一步说明缺陷。附件可以是相关日志文件、异常堆栈跟踪等。这些信息有助于分析和解决缺陷。

在云服务测试系统中，测试人员可以使用专门的缺陷管理工具来记录缺陷。这些工具提供了统一的界面和字段，方便测试人员填写缺陷信息，且通常提供缺陷描述、分类、状态、优先级等字段供测试人员填写。同时，这些工具也支持上传相关附件、截图或视频等，以提供更多的辅助信息。确保每个缺陷都有唯一的标识和完整的记录，方便后续跟踪和处理。

通过以上具体步骤，测试团队可以更加云服务系统化和有序地进行缺陷识别与记录。这将帮助团队更好地协作，保证缺陷得到准确记录和有效处理，最终提高云服务测试的质量和可靠性。

8.3.2 缺陷分类与优先级评估

在云服务测试中，缺陷分类与优先级评估有助于测试团队更好地组织和处理缺陷。可以按照缺陷的类型、严重程度或影响范围等分类。常见的分类包括功能性缺陷、性能性缺陷、安全性缺陷、用户界面缺陷、兼容性缺陷及可靠性缺陷等。

功能性缺陷涉及云服务系统功能的错误或无法正常工作的情况。如某个功能按钮无效、数据计算错误等。性能性缺陷涉及云服务系统响应时间延迟、吞吐量不足、资源利用率低等影响云服务系统性能的问题。如云服务系统响应时间过长、并发处理能力不足等。安全性缺陷涉及云服务系统安全的漏洞和风险、未授权访问等方面的问题。如未经身份验证的访问、数据泄露风险等。用户界面缺陷涉及用户界面的设计、布局、交互或操作上的缺陷。如界面样式错乱、操作流程不直观等。兼容性缺陷涉及特定操作系统、浏览器版本或硬件设备的兼容性问题。如在某个浏览器上显示异常、在特定操作系统下崩溃等。可靠性缺陷涉及云服务系统在连续运行或在异常情况下的稳定性问题。如云服务系统崩溃、数据损坏等。

优先级评估可以根据缺陷的影响范围、紧急程度和业务需求来实现。

高优先级（Critical）：严重影响云服务系统关键功能、性能或安全性，导致云服务系统无法正常工作或造成严重损失，需要立即修复。

中优先级（Major）：影响到云服务系统的主要功能、性能或安全性，但不会导致云服务系统完全停止工作，且修复较为迅速，可短期内完成。

低优先级（Minor）：对云服务系统的次要功能、性能或安全性的影响相对较小，可以容忍一段时间内不修复，但仍需逐步解决。

建议级（Suggestion）：提出对云服务系统改进的建议或优化措施，但并非必须立即处理的问题，可以作为后续版本的改进方向。

在进行优先级评估时，可以考虑以下因素：缺陷的严重程度和紧急程度；缺陷的影响范围，是否会影响核心功能或关键业务；缺陷的频率和重现难度，是否容易被用户触发或复现；用户的需求和期望，是否会对用户体验造成较大的影响；缺陷的潜在风险和漏洞，对云服务系统安全性的影响程度；开发资源的可用性和项目计划的优先级；项目进度和资源限制，是否具备及时修复缺陷的条件。

根据具体情况，测试团队可以参考上述指导原则，将每个缺陷都分配到适当的类别和优先级中。这有助于开发团队优先处理重要问题，确保关键缺陷得到及时修复，提升云服务系统质量和用户满意度。

8.3.3 缺陷解决与验证

在云服务测试中，缺陷解决与验证旨在修复和确认云服务系统或功能中存在的问题。

开发人员接收到缺陷报告后，首先需要仔细阅读和理解缺陷报告，确保对缺陷的描述清晰准确，并能够复现该缺陷，同时要追踪缺陷的修复进度，并确保按照预定的时间表进行修复工作。开发人员在修复缺陷时，仔细检查代码、配置或其他可能影响缺陷的部分，根据具体情况，修改代码、修正配置或进行其他必要的调整，并确保修复方案的准确性和有效性。在修复完成后，开发人员进行本地测试，验证修复是否有效，确保缺陷已经得到解决。

修复后的缺陷需要通过测试来验证。验证过程涉及重现缺陷，并验证修复后缺陷是否得到解决，相关功能或云服务系统没有引入新的问题，云服务系统性能满足要求等。测试人员可以使用相应的测试用例重新执行测试，并确认修复的效果。验证结果需要在缺陷记录中得到更新，以便开发人员和其他团队成员了解缺陷的修复情况。验证过程中发现修复无效或者引入的新的问题，需要及时反馈给开发团队重新处理。

在进行缺陷解决与验证时，需要注意以下几点：缺陷解决和验证的过程应该有明确的责任人和沟通机制，确保开发团队和测试团队之间的有效合作；需要建立全面的测试用例和验证计划，覆盖各个功能和场景，以确保已修复的缺陷不会再次出现；对于关键缺陷，尤其是那些可能对云服务系统安全性或关键业务造成严重影响的缺陷，应优先予以解决和验证。

在进行缺陷解决与验证时，开发人员和测试人员之间要保持良好沟通和协作。及时的交流和反馈能够加快缺陷修复和验证的进度，提高整体效率和质量。此外，建议定期对已解决的缺陷进行回顾和分析，以改进测试和开发过程，减少类似问题的再次发生。

8.3.4　缺陷跟踪与管理

缺陷跟踪与管理旨在有效地识别、记录和追踪云服务系统或功能中存在的缺陷。通过缺陷跟踪与管理，云服务测试能够及时发现、解决和验证云服务系统中的缺陷，提高产品质量和用户满意度，同时也能帮助团队更好地合作、沟通，以及优化测试和开发流程。

在修复期间，缺陷管理云服务系统会跟踪缺陷的状态和进展情况，包括缺陷修复进度、相关讨论和备注等信息，记录修复时间、版本号等关键信息。

通过缺陷管理云服务系统：开发人员及时更新缺陷状态，并与测试人员沟通和协作；测试人员应密切跟踪每个缺陷的处理进度，并及时更新其状态和相关信息。如果缺陷需要进一步验证或补充信息，相关人员要及时沟通并做出更新。开发人员与测试人员积极交流解决方案、修复进度和可能的延迟等，共同推进缺陷的修复和验证过程。

通过以上过程，云服务测试团队能够有效地跟踪和管理缺陷，确保缺陷得到及时修复和验证。这有助于提高产品质量和用户满意度，并持续优化测试和开发流程。

8.3.5　缺陷分析与报告

缺陷分析与报告旨在提高产品质量和验证测试的有效性。缺陷管理云服务系统提供了生成缺陷报告的功能，可以根据各种指标和维度进行数据分析，如缺陷趋势、类型分布等。缺陷报告与分析结果有助于团队识别常见问题、持续改进测试过程，并提供决策依据。

测试团队首先收集所有已记录的缺陷数据，包括缺陷描述、分类、优先级、状态、修复时间等。这些数据可以从缺陷管理云服务系统中导出或通过其他方式获取，同时有助于确保每个缺陷都得到适时解决。

其次，测试团队对收集到的缺陷数据按照不同的维度进行整理、分类和统计分析，以便发现问题模式和趋势。可以按照模块、功能、严重程度等维度对缺陷进行分类，并计算各类别的缺陷数量和比例，绘制图表，从而更直观地展示不同类别的缺陷情况。

通过对历史缺陷数据的分析，测试团队可以识别缺陷的趋势，如每个版本的新增缺陷数量、缺陷修复效率等。这有助于评估产品质量的改进情况，以及检测测试和开发过程中可能存在的问题。

对已解决的缺陷进行影响分析，评估缺陷对云服务系统功能和性能的影响程度。这有助于确定缺陷修复的优先级，并指导进一步的测试和验证活动。针对特定类别或频发的缺陷，测试团队会进行深入分析，以确定根本原因和潜在的诱因。

根据缺陷分析和统计结果，生成缺陷报告以进行沟通和共享。报告应包括关键的分析指标、图表、趋势分析和修复效果等内容，以便团队和相关利益者了解缺陷状况。

测试团队组织会议等，与开发团队、产品团队和其他相关人员分享和讨论缺陷报告，从而识别出重要的问题领域、改进测试策略并制定相应的决策，提高产品质量。

测试团队跟踪缺陷报告的落地情况，关注各项决策和改进措施的执行情况，并记录相关进展和结果。

通过缺陷分析与报告，云服务测试团队能够更好地了解缺陷情况，识别问题模式和趋势，并采取适当的措施来提高产品质量和测试效率。这也有助于加强团队协作，促进问题的解决和持续的改进。缺陷分析与报告不仅帮助测试团队优化测试策略，也促进测试团队与开发团队和产品团队有效沟通与协作，共同提升整体项目的成功率和用户满意度。

8.4 测试质量看板与质量评估实践案例

管理学大师彼得·德鲁克说过，没有度量，就没有管理。所有的商业产品质量管理都不例外。基于成熟的测试质量评估模型和规范，对产品质量进行科学、客观评估，可以使产品质量可视化、可度量，使产品发布前的质量评估不再"盲人摸象"，更利于产品持续改进，"让质量暴露在阳光下"，达成高质量的目标。

华为云 CodeArts TestPlan 提供需求覆盖率、需求通过率、用例执行率、遗留缺陷指数等 10 多个质量度量指标，支持功能、性能、可靠性等维度的质量评估，测试评估周期从天级缩短到小时级。测试看板与质量评估如图 8-1 所示。

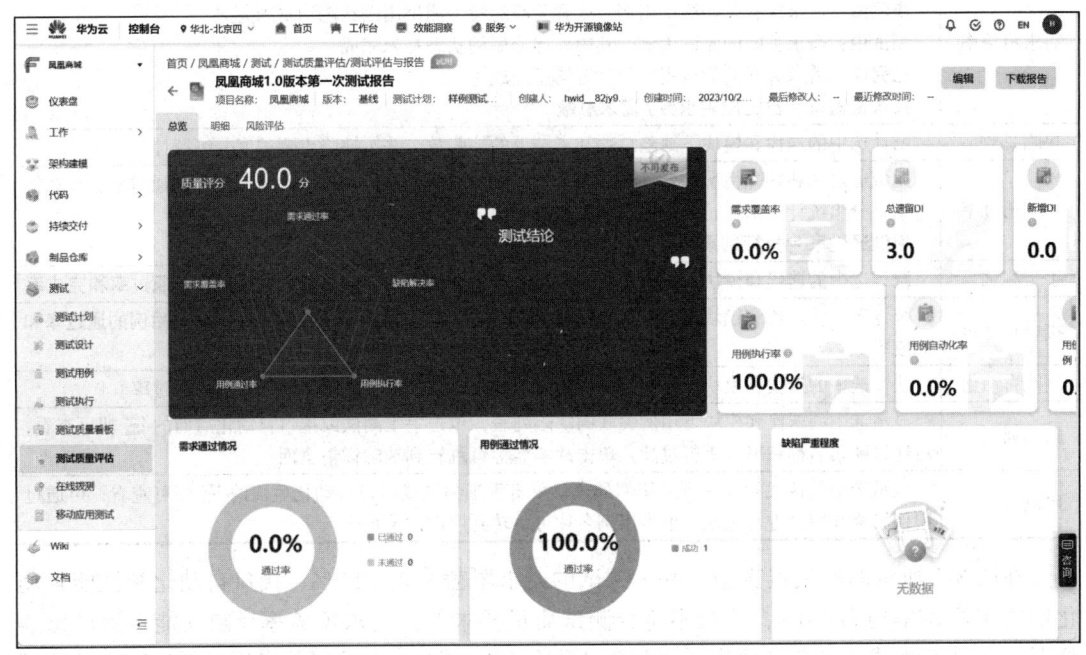

图 8-1　测试看板与质量评估

8.4.1　测试质量看板

1）**进入测试质量看板**：登录软件开发生产线首页，搜索并进入目标项目。在导航栏单击"测试"→"测试质量看板"，默认进入用例库"质量报告"页面，如图 8-2 所示。

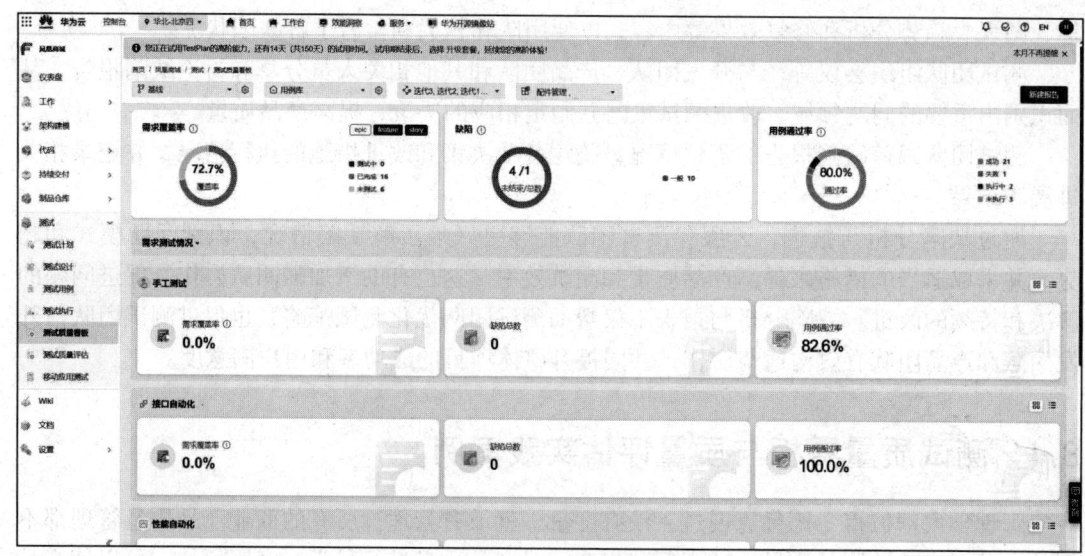

图 8-2 质量报告

报告内的各报告项与说明见表 8-1。

表 8-1 报告项与说明

报告项	说明
需求覆盖率	需求覆盖率反映功能点测试覆盖情况，统计选中的迭代和模块下所有需求的测试覆盖率 **未测试**：需求没有关联测试用例，或者关联的每个测试用例状态均是未完成 **测试中**：需求关联的测试用例，其中一部分用例状态是未完成 **已完成**：需求关联的测试用例的状态均是完成 **需求覆盖率 = 已完成需求数 / 需求总数**
缺陷总数	统计选中的迭代和模块下缺陷总数和未结束的缺陷数，并按缺陷重要程度分组统计
用例通过率	用例通过率和缺陷情况综合反映产品质量，统计选中的迭代和模块下所有用例的通过率，并按执行结果分组统计，未执行的用例计入**未执行**分组 **用例通过率 = 执行结果字段为成功的用例数 / 用例总数**
手工测试	统计选中的迭代和模块下，手工用例关联的**需求覆盖率**和**缺陷总数**，手工用例的通过率和完成率
接口自动化	统计选中的迭代和模块下，接口自动化用例关联的**需求覆盖率**和**缺陷总数**，接口用例的通过率和**完成率**
性能自动化	统计选中的迭代和模块下，性能用例关联的**缺陷总数**，以及**性能自动化用例的通过率**
缺陷列表	显示选中的迭代和模块下用例关联的缺陷列表，单击手工测试或接口自动化后面的 ≡ 即可查看，可通过缺陷名称和编号进行过滤，单击缺陷名称可跳转到缺陷详情页面
用例列表	显示选中的迭代和模块下的用例列表，单击手工测试或接口自动化后面的 ≡ 即可查看，可通过用例名称和编号进行过滤，单击用例名称可跳转到用例详情页面

在图 8-2 所示的质量报告中，手工测试的需求覆盖率是 72.7%、接口自动化和性能自动化的需求覆盖率均为 0.0%，这是不符合测试质量要求的。需求覆盖率反映功能点测试覆盖情况，在手工测试、接口自动化、性能自动化三个板块中，需求覆盖率均过低说明本轮测试执行无法对该次迭代的产品各方面需求进行完整和可靠的评估。在需求覆盖率较低的情况下，即便通过率高，本轮测试也无法很好地衡量需求是否满足质量要求。

2）查看指定测试计划的质量报告：在测试质量看板的"用例库"处，可以选择查看指定测试计划的质量报告，如图 8-3 所示。

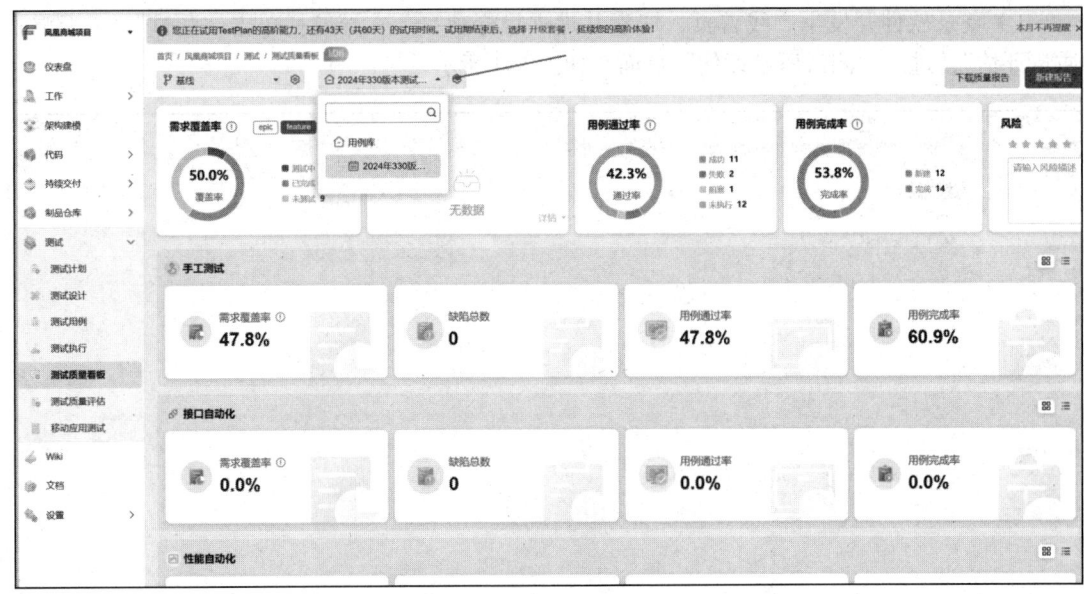

图 8-3　测试计划的质量报告

测试计划的质量报告与用例库的质量报告相比，不按迭代和模块过滤，增加用例完成率的统计报告和测试计划风险描述，其他报告项与用例库的质量报告相关内容相同。测试计划的质量报告新增的测试指标与说明见表 8-2。

表 8-2　测试指标与说明

测试指标	说明
用例完成率	用例完成率反映测试活动的进度，统计选中的计划下所有用例的完成率，并按用例的状态分组统计 用例完成率 = 处于完成状态的用例个数 / 用例总数
风险	测试计划的风险。可以评定测试计划的风险等级并添加风险描述

质量看板主要用于对过程质量及结果质量进行评估，具体质量评估的实践在下一小节介绍。

8.4.2　测试质量评估

在一轮测试或者一个迭代测试完成后，测试经理可组织测试组成员在华为云 CodeArts TestPlan 质量中心输出测试报告，进行本轮或本次迭代执行评估，为后续的测试活动总结经验和教训，并为测试策略优化提供依据。测试质量评估一般包含以下两项关键活动：

1）准备测试报告：测试经理根据缺陷分析输出的产品质量情况、测试用例执行情况编写测试报告；测试报告应侧重于经过测试后对产品质量状况的分析和报告；测试执行过程的总结和建议应纳入阶段结束评估报告中。本阶段需要输出测试报告。

2）测试评估：在一轮测试或者一次迭代测试完成，并进行了了度量分析后，测试经理可组织测试组成员进行本轮或本次迭代执行评估，确定本次测试对象是否满足发布要求，并且为后续的测试活动总结经验和教训，并为测试策略优化提供依据。

华为云 CodeArts TestPlan 提供基于测试过程数据和测试结果数据的测试报告生成及测试质量评估工具，具体使用方法如下：

1）登录软件开发生产线首页，搜索并进入目标项目。在导航栏单击"测试"→"测试质量评估"，进入"测试质量评估"页面，如图8-4所示。

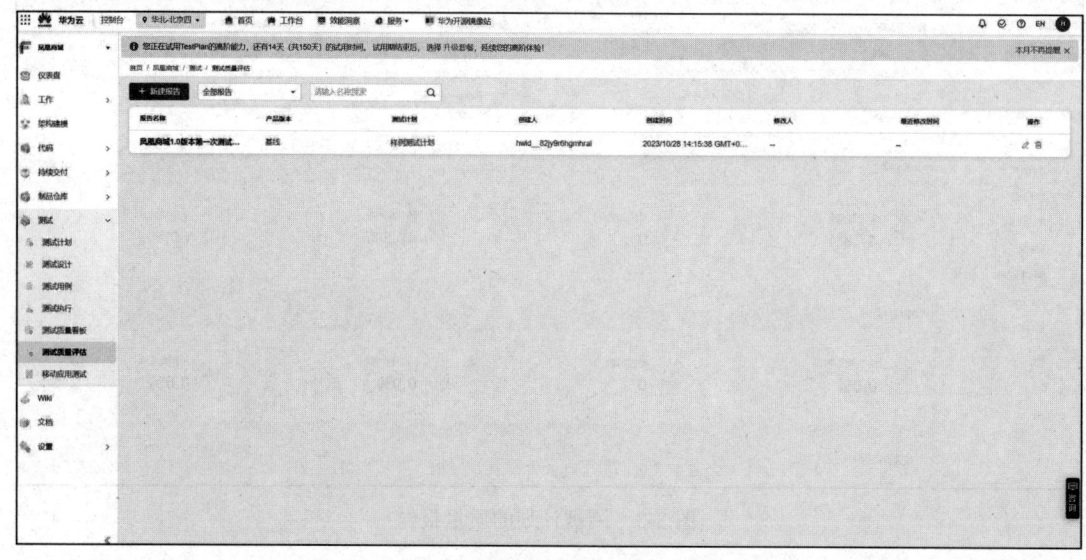

图8-4　测试质量评估（1）

2）单击页面左上角"新建"，输入报告名称，选择产品版本、测试计划、测试结论等信息，单击"确定"完成报告的创建。此外，也可以在测试质量看板页面，选择对应的测试计划，单击页面右上角的"新建报告"按钮完成测试质量评估报告的创建，如图8-5所示。

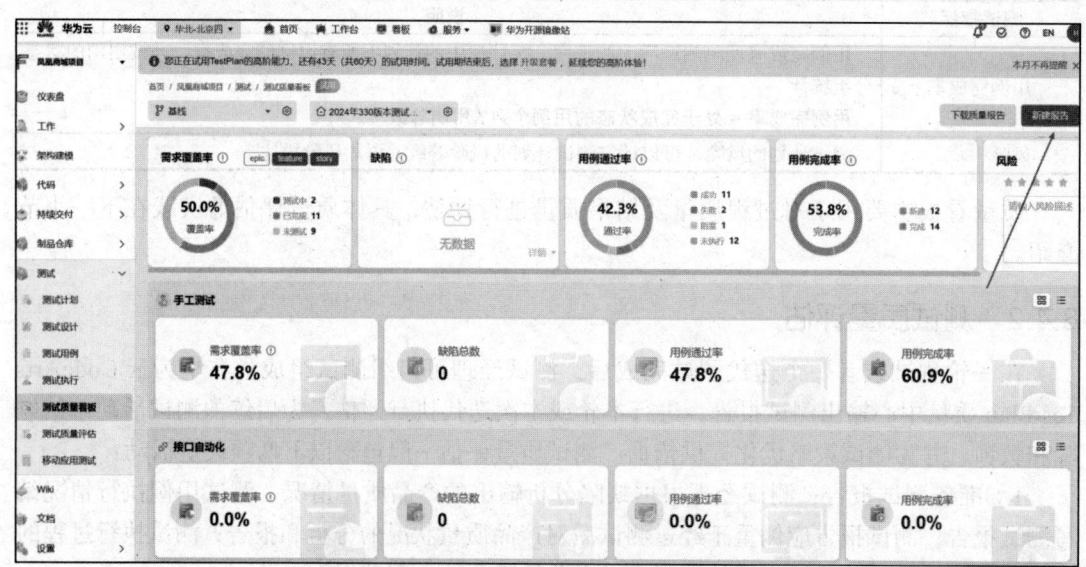

图8-5　创建测试质量评估报告

3）填写测试报告名称、版本、测试计划后单击"生成"按钮即可生成测试报告，生成测试报告成功后会自动跳转到测试质量评估页面，如图8-6所示。

在总览部分，会从需求通过率、需求覆盖率、用例执行率、用例通过率以及缺陷解决率五个维度给出客观质量评分，每个维度的满分为20分，综合总分为该版本本次测试计划的质量评分。下面是各维度质量评分的评价原则及意义：

图 8-6　测试质量评估（2）

①需求通过率：表示本次测试计划中，针对当前版本进行的需求测试验收的通过比率。按照产品质量出口标准，未通过测试的需求不能够上线发布。针对此类需求，需要开发人员进行缺陷修复，然后由测试人员进行回归测试，再根据测试结果决定此类需求能否上线发布。

②需求覆盖率：需求覆盖率是指测试对需求的覆盖程度，通常的做法是将每一个分解后的软件需求和对应的测试建立一对多的映射关系，最终目标是保证测试可以覆盖每个需求，以保证软件产品的质量。在一个版本的一次测试计划中，需求覆盖率无法达到 100%，说明在测试设计阶段存在过程质量把控不严格的问题。针对待发布的需求，需要组织架构师、开发人员等对测试人员进行多轮沟通，并进行测试用例评审，保证测试设计场景覆盖的完整性和测试用例的设计质量，测试用例全量覆盖本版本交付的特性范围，达成测试需求覆盖率 100% 的目标。

③用例执行率：统计用例的执行情况。用例执行率 = 计划内有执行结果的用例数量 / 计划内所有用例数量。用例执行率不达标，说明本次测试计划未能够有效开展测试活动，未能执行既定测试计划中所包含的全部用例。

④用例通过率：用例通过率反映产品质量，统计选中的计划下所有用例的通过率，并按用例的结果分组统计，未执行的用例计入"未执行"分组。

⑤缺陷解决率：缺陷解决率是指对于本次发布版本需求空间中的问题单，在本轮测试活动中能够解决的问题单的比率。在实践中，相比于缺陷解决率，遗留 DI（遗留问题缺陷密度）值更受关注。遗留 DI 值可以用于评估本次发布版本的发布风险和质量评估。

此外，用户在"明细"页面中，可以查看测试计划下需求、缺陷的遗留和完成情况。在搜索栏内输入标题或编号，可以查找对应的需求或缺陷，如图 8-7 所示。

如图 8-7 所示，"明细"页面中会显示未通过的需求，未关联用例的需求或只关联了用例但未测试通过的需求都会被计入未通过需求，这些需求的质量是无法保障的。

基于测试报告数据及明细数据，测试经理需要完成功能、性能、兼容性、可靠性等维度的测试风险评估以及风险分析。在华为云 CodeArts TestPlan 中，用户可以在风险评估页面中，填写"风险评估"和"风险分析"信息，如图 8-8 所示。

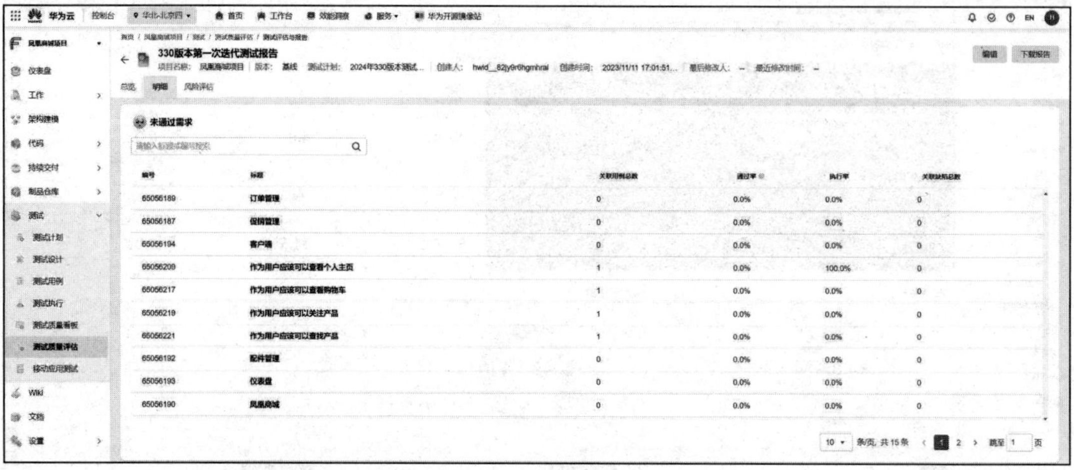

图 8-7　第一版迭代测试报告

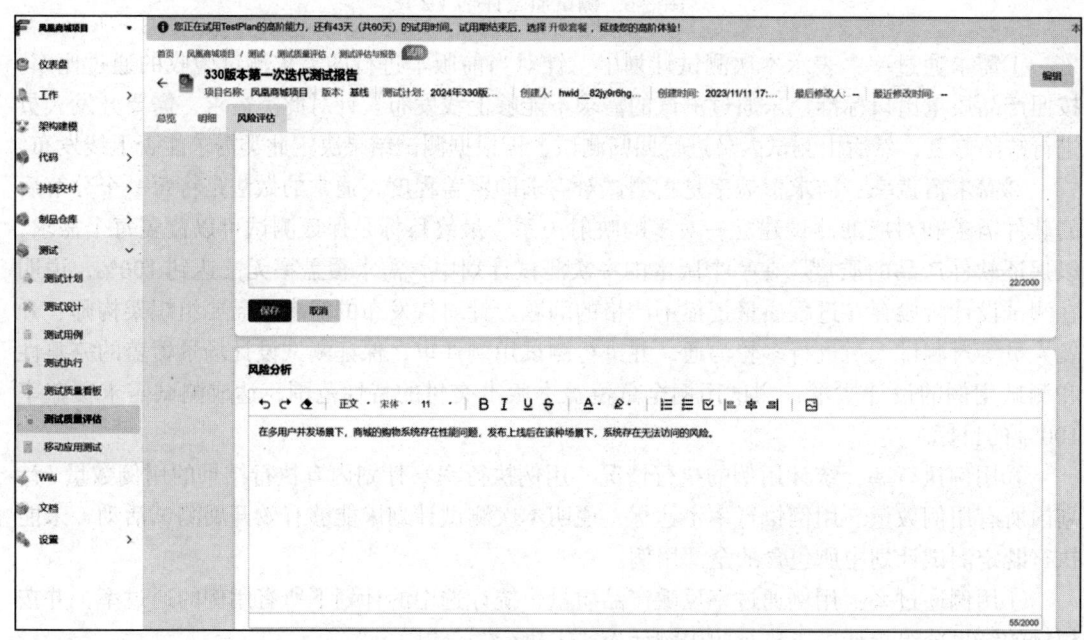

图 8-8　填写"风险评估"和"风险分析"信息

8.5　小结

本章介绍了测试分析与评估的常见方法与实践，包括商用特性评估实践、产品商用评估实践以及缺陷分析与管理实践。其中，商用特性评估是为了评估云服务系统在商业环境中的价值和适用性，主要包括对定价模型、可定制性、可扩展性和弹性、服务级别协议、技术支持和客服服务能力的评估。产品商用评估是指对云服务系统进行全面测试和评估，以验证其在商用环境下的可靠性、性能、安全性、可扩展性等方面是否符合商业需求。本章主要从市场需求、产品定位、商业模式及市场推广策略四个方面介绍产品商用评估。云服务测试的缺陷分析与管理是一种针对测试过程中发现的缺陷进行整理、分析和跟踪的操作和方法，主要包括缺陷识别与记录、缺陷分类与优先级评估、缺陷解决与验证、缺陷跟踪与管理以及缺陷分析与报告五个方面。这些实践有助于高效管理和解决测试过程中发现的缺陷，提高产品质量和用户满意度。

8.6 习题

1. 解释定价模型评估对于商用特性评估的重要性。
2. 解释服务级别协议评估对客户满意度的影响。
3. 说明如何评估技术支持和客户服务能力对产品成功商业化的影响。
4. 描述如何通过市场推广策略评估来提高产品的市场竞争力。
5. 说明如何对缺陷进行分类和优先级评估。
6. 说明如何通过缺陷跟踪与管理提高产品质量和生产效率。
7. 说明如何设计和实施测试质量看板。
8. 你在自己的项目中，会如何应用这些测试分析与评估方法？你期望从中获得什么优势？

参 考 文 献

[1] DAI Y S , YANG B DONGARRA J, et al.Cloud service reliability: modeling and analysis[EB/OL]. [2024-06-11]. http:// netlib. org/utk/people/JackDongarra/PAPERS/Cloud-Shaun-Jack. pdf.

[2] ESPOSITO C, FICCO M, PALMIERI F, et al.Smart cloud storage service selection based on fuzzy logic, theory of evidence and game theory[J].IEEE Transactions on Computers, 2015, 65(8):2348-2362.

[3] ZHOU X, PENG X, XIE T, et al. Fault analysis and debugging of microservice systems: industrial survey, benchmark system, and empirical study[J]. IEEE Transactions on Software Engineering, 2018, 47(2): 243-260.

[4] 张建勋，刘航．华为云从入门到实战 [M]. 北京：清华大学出版社，2022.

[5] 华为云容器服务团队，杜军．云原生分布式存储基石：etcd 深入解析 [M]. 北京：机械工业出版社，2019.

[6] 王隆杰，杨名川，齐坤．华为云计算 HCIA 实验指南 [M]. 北京：电子工业出版社，2021.

[7] 王毅．亚马逊 AWS 云基础与实战 [M]. 北京：清华大学出版社，2017.

[8] 怀特．Hadoop 权威指南：大数据的存储与分析 第 4 版 [M]. 王海，华东，刘喻，等译．北京：清华大学出版社，2017.

[9] 郑炜，李宁，陈翔，等．软件测试：慕课版 [M]. 2 版．北京：人民邮电出版社，2022.

[10] 朱少民．全程软件测试 [M]. 3 版．北京：人民邮电出版社，2019.

[11] THAKUR N, SINGH A, SANGAL A L. Cloud services selection: a systematic review and future research directions[J]. Computer Science Review, 2022, 46:100514.

[12] BUYYA R, YEO C S, VENUGOPAL S, et al. Cloud computing and emerging IT platforms: vision, hype, and reality for delivering computing as the 5th utility[J].Future Generation Computer Systems, 2009, 25(6):599-616.

[13] ZHOU J, GAO L, LU C, et al. Towards multi-task transfer optimization of cloud service collaboration in industrial internet platform[J]. Robotics and Computer Integrated Manufacturing, 2023, 80: 102472.

[14] 金，亨布尔，德博伊斯，等．DevOps 实践指南 [M]. 刘征，王磊，马博文，等译．北京：人民邮电出版社，2018.

[15] 陈琴，郑子颖，李中杰，等．阿里测试之道 [M]. 北京：电子工业出版社，2022.

[16] 华为云．华为云活动中心 [EB/OL].[2024-06-11]. https://activity.huaweicloud.com/.